数字时代信息资源管理丛书

主编◎刘越男

本书是中国人民大学信息资源管理学院 2024 年研究项目资助成果

中国人民大学"信管科研种子团队培育计划"中"AI 时代数据治理赋能产业数据价值化研究"的具体成果之一

数据要素管理

周文杰　杨阳　著

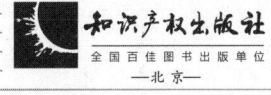

全国百佳图书出版单位

—北京—

图书在版编目（CIP）数据

数据要素管理/周文杰，杨阳著. —北京：知识产权出版社，2025.6. —（数字时代信息资源管理丛书/刘越男主编）. —ISBN 978-7-5130-9191-6

Ⅰ. TP274

中国国家版本馆 CIP 数据核字第 2025F41G12 号

内容提要

本书将数据定义为"可计算的记录"，构建了数据要素管理"基础理论—基本原理—典型案例"的三层论证体系。从数据的"记录"与"可计算性"双重属性出发，结合数字劳动、受众商品、产消一体化等现象，对价值规律在数字时代的作用展开了阐释，并对数据要素管理的层级结构进行了解析，提出了数据要素的分层管理框架，最后结合案例探究数据要素的应用场景，覆盖可信数据空间、数字化转型、数字劳动和数据要素价值指数编制等典型场景。本书可供数据管理等相关领域的研究者参考，也可作为数据管理领域相关课程的教材。

责任编辑：王玉茂　　　　　　　　　　责任校对：潘凤越
封面设计：杨杨工作室·张冀　　　　　　责任印制：刘译文

数字时代信息资源管理丛书

数据要素管理

周文杰　杨　阳　著

出版发行：知识产权出版社有限责任公司	网　址：http://www.ipph.cn
社　址：北京市海淀区气象路 50 号院	邮　编：100081
责编电话：010-82000860 转 8541	责编邮箱：wangyumao@cnipr.com
发行电话：010-82000860 转 8101/8102	发行传真：010-82000893/82005070/82000270
印　刷：三河市国英印务有限公司	经　销：新华书店、各大网上书店及相关专业书店
开　本：787mm×1092mm　1/16	印　张：17.5
版　次：2025 年 6 月第 1 版	印　次：2025 年 6 月第 1 次印刷
字　数：340 千字	定　价：105.00 元

ISBN 978-7-5130-9191-6

出版权专有　侵权必究

如有印装质量问题，本社负责调换。

丛书编委会

主　编　刘越男

编　委　（按姓氏笔画排序）

王英玮　卢小宾　冯惠玲　安小米

张　斌　张美芳　周晓英　索传军

贾君枝　梁继红

前　言

生产要素的嬗变是人类文明升华的重要引擎。18世纪的蒸汽机将热能转化为了机械动能，20世纪的电力网络点亮了工业社会的星空，而21世纪的数据洪流正以更深刻的方式重塑生产关系的底层逻辑。数据已超越传统生产要素的范畴，成为重构全球经济格局、社会治理模式乃至人类认知边界的核心变量。将数据列为第五大生产要素，实现"数据要素化"战略，这不仅是对马克思主义生产理论的创新与发展，更是实现中国式现代化的重要抓手。

具有市场性和社会性双重属性的数据要素，使传统的生产要素管理理论面临根本性挑战。当前，数据的流动已极大地突破了物理边界，用户的无意识在线浏览行为也在某种程度上成为参与价值创造的"数字劳动"，算法开始在诸多场景下替代人类进行生产决策。面对这些鲜活的社会现象，我们亟须重新审视劳动价值论、产权理论、生产力构成等基础命题。本书将数据定义为"可计算的记录"，试图在理论与实践的双重视野下，揭示数据要素管理的本质属性、内在机理及其对生产力变革的深远影响。为此，本书构建了"基础理论—基本原理—典型案例"的三层论证体系。

本书的基础理论部分聚焦于数据要素的基本属性、本质特征及其与新质生产力的关联，从数据的"记录"与"可计算性"双重属性出发，结合数字劳动、受众商品、产消一体化等学说，对价值规律在数字时代的作用展开了阐释。进而，本书从面向新质生产力的数字劳动者、作为新型生产资料的数据要素和数据要素对劳动对象的拓展三方面，实现了数据要素与生产力三要素（劳动者、劳动资料、劳动对象）的深度融合。基于此，本书沿着"数据要素理论属性揭示—数字劳动本质特征关联—新质生产力三要素解析"的逻辑主线，初步完成了数据要素管理理论闭环的建构。

基本原理部分旨在揭示数据要素管理的内在结构。首先，本书分别从数据的"记录"和"可计算性"两个属性入手，对数据要素管理的层级结构进行了解析。在此基础上，深入阐释了数字劳动的形成机理，总结了受众数字劳动、产消一体化数字劳动、平台型数字劳动和专业化数字劳动四种数字劳动形式，提出了数据要素的分层管理框架。对数据要素进行价值评估是数据要素管理的题中之义。本书在前文分析的基础上，对数据要素价值的形成路径进行了刻画，并在对数据要素成本进行解析的基础上，提出了一系列数据要素的定价方法。同时，着眼于从权属界定到价值评估的全链条方法论，本书提出数据要素价格指数体系的编制模型，为解决数据交易定价难题提供了参考方案。

本书的写作初衷是面向火热的数字经济和数据要素市场，助力数据基础制度的构建。为此，在完成基础理论建构和基本原理解析的基础上，本书以典型案例的形式，尝试将鲜活的社会场景引入数据要素管理的范畴之中。本书在典型案例部分设计了四个案例，覆盖了可信数据空间、数字化转型、数字劳动形态和数据要素价格指数编制等典型场景。这种安排的一个基本动机，是通过"理论嵌入案例、案例反哺理论"的叙事逻辑，实现数据要素管理的理论要素与实践智慧相互印证。

数据要素管理作为一个新兴交叉的学科领域，其理论体系仍在快速演进，实践场景更是呈现高度的动态复杂性。限于眼界和功底，笔者的研究或许仍存在视野局限与认知盲区。为此，笔者怀着最谦卑的心态，诚挚地期盼来自数据科学、经济学、法学、管理学等领域的学者、从业者与政策设计者提出批判性意见。笔者相信，这些思想碰撞迸发的火花，将进一步推动数据要素管理的理论建设与实践进程，最终助力我国数据要素市场的完善，数据基础制度的构建和数字经济的健康、稳定、可持续发展。

目　　录

第一部分　基础理论

第1章　概　　论 / 003

1.1　数据的定义 / 003
1.2　作为生产要素的数据 / 006
　　1.2.1　数据要素化的政策意涵 / 006
　　1.2.2　数据要素的定义及其关联概念 / 008
　　1.2.3　数据要素价值化驱动中国式现代化建设 / 016
1.3　数据权属 / 018
　　1.3.1　数据持有权 / 018
　　1.3.2　数据加工权 / 021
　　1.3.3　数据使用权 / 023
　　1.3.4　其他权属 / 024
1.4　数据要素的属性与功能 / 026
　　1.4.1　数据要素的双重理论属性 / 026
　　1.4.2　数据要素的双重功能 / 032

第2章　数字劳动、受众商品与价值规律 / 039

2.1　数字劳动与受众劳动 / 039
　　2.1.1　数字劳动 / 039
　　2.1.2　受众劳动 / 041
2.2　受众商品与"产消者" / 042
　　2.2.1　受众商品 / 043

2.2.2 产消者 / 044
2.3 数字时代的劳动时间与价值规律 / 046
　2.3.1 数字时代的劳动时间 / 046
　2.3.2 "自由劳动"与价值规律 / 047

第3章 数据要素与新质生产力 / 050

3.1 从生产力到新质生产力 / 050
　3.1.1 生产力相关传统理论 / 050
　3.1.2 新质生产力的理论内核 / 054
　3.1.3 数据要素与新质生产力 / 056
3.2 数据要素与新质生产力三要素 / 057
　3.2.1 面向新质生产力的数字劳动者 / 058
　3.2.2 作为新型生产资料的数据要素 / 061
　3.2.3 数据要素对劳动对象的拓展 / 064
3.3 数据要素管理视角下的新质生产力测度 / 065
　3.3.1 新质生产力的测量维度 / 065
　3.3.2 新质生产力发展水平的评估 / 071

第二部分 基本原理

第4章 数据要素的双重属性及其管理原理 / 079

4.1 基于"记录"属性的数据要素管理 / 079
　4.1.1 "记录"管理的理论基础 / 079
　4.1.2 "记录"视角下数据要素管理的本质 / 086
4.2 基于"可计算性"的数据要素管理 / 087
　4.2.1 数据"可计算性"的功能体现 / 087
　4.2.2 数据的"可计算性"及其社会后果 / 088
　4.2.3 "可计算性"视角下数据要素管理的本质 / 093
4.3 数据要素管理的层级 / 094
　4.3.1 不同目标的数据要素管理 / 094
　4.3.2 不同功能的数据要素管理 / 104

第5章 数据要素的功能与数字劳动的形成 / 110

5.1 数据要素的双重属性及其关联互动 / 110
  5.1.1 数据要素"记录"属性的层次性 / 111
  5.1.2 数据要素的"可计算性"与数字劳动者的层次性 / 113
  5.1.3 数据要素"记录"属性与数字劳动者的分层互动 / 121

5.2 数据要素对数字劳动的形塑 / 127
  5.2.1 数据的"记录"特性与数字劳动的物质基础 / 127
  5.2.2 数字劳动的本质是基于"记录"的"可计算性" / 129
  5.2.3 新发展理念下的数字劳动治理路径 / 132

5.3 数字劳动的四种形式 / 134
  5.3.1 受众数字劳动 / 134
  5.3.2 产消一体化数字劳动 / 136
  5.3.3 平台型数字劳动 / 139
  5.3.4 专业化数字劳动 / 142

第6章 数据要素的价值评估 / 149

6.1 数据要素价值的形成路径 / 149
  6.1.1 价值形成的必要性 / 150
  6.1.2 数据要素价值形成的基本逻辑 / 150
  6.1.3 数据要素价值形成的三阶段路径 / 152

6.2 数据要素的成本构成与评估 / 155
  6.2.1 数据获取成本 / 155
  6.2.2 数据管理成本 / 157
  6.2.3 数据质量评估 / 158
  6.2.4 数据价值形成 / 159
  6.2.5 数据要素价值的量化原则 / 161

6.3 数据要素的定价方法 / 162
  6.3.1 传统价格理论的扩展与创新 / 162
  6.3.2 资产评估的三大基本方法 / 163
  6.3.3 其他方法 / 168

6.4 数据要素价格指数体系的编制 / 186
  6.4.1 编制目的 / 186

6.4.2 编制原则 / 186

6.4.3 数据交易所数据产品分类 / 187

6.4.4 交易计价和价格信息处理 / 188

6.4.5 数据要素价格指数系列结构设计 / 190

6.4.6 数据要素价格指数编制 / 190

第三部分 典型案例

第7章 基于循证实践构建可信数据空间的原理、方案与案例 / 201

7.1 基于循证实践构建可信数据空间的基本原理 / 202

  7.1.1 循证实践在构建可信数据空间中的作用 / 202

  7.1.2 基于循证实践的数据空间核心能力建设 / 203

7.2 基于循证实践构建可信数据空间的行动方案 / 205

  7.2.1 行动主体与职责 / 205

  7.2.2 行动具体步骤 / 206

  7.2.3 行动阶段目标 / 208

  7.2.4 资源需求 / 209

  7.2.5 风险评估与应对措施 / 209

7.3 基于循证实践构建可信数据空间的典型案例 / 210

  7.3.1 企业供应链循证可信数据空间 / 210

  7.3.2 多主体联合打造行业可信数据空间 / 211

  7.3.3 以公共数据为牵引的城市可信数据空间 / 213

第8章 数字化转型中的数据要素管理案例分析 / 215

8.1 案例正文 / 215

  8.1.1 缘起：农村数字鸿沟与西滩村的觉醒 / 216

  8.1.2 蜕变：数字风潮中的西滩村觉醒 / 216

  8.1.3 转型：数字时代下的西滩村觉醒 / 218

  8.1.4 赋能：西滩村村民数字化素养提升之路 / 220

  8.1.5 尾声 / 221

8.2 启发思考题 / 222

8.3 数据叙事的逻辑主线 / 222

8.3.1 案例涉及的关键概念 / 222

8.3.2 数据叙事画布 / 222

8.4 主要知识点 / 226

8.4.1 产业数字化 / 226

8.4.2 数字化"赋能"传统产业 / 226

8.4.3 "滩慧通"的价值 / 227

8.4.4 "滩慧通"的测试 / 227

第9章 数字劳动与在线知识生产 / 229

9.1 案例正文 / 229

9.2 启发思考题 / 231

9.3 数据叙事的逻辑主线 / 232

9.3.1 案例涉及的关键概念 / 232

9.3.2 数据叙事画布 / 233

9.4 主要知识点 / 236

9.4.1 相关理论 / 236

9.4.2 开放式知识创新社区 / 239

9.4.3 花粉俱乐部的功能 / 241

9.4.4 用户在花粉俱乐部中的作用 / 242

9.4.5 花粉俱乐部实现知识创新的原理 / 243

第10章 数据要素价格指数编制的一个可行解决方案 / 245

10.1 案例正文 / 245

10.2 启发思考题 / 249

10.3 数据叙事的逻辑主线 / 249

10.3.1 案例涉及的关键概念 / 249

10.3.2 数据叙事画布 / 250

10.4 主要知识点 / 253

10.4.1 统计指数的概念 / 253

10.4.2 统计指数的种类 / 253

10.4.3 统计指数的作用 / 254

10.4.4 同度量因素的概念与作用 / 254

10.4.5 指数编制 / 255

后　　记 / 266

第一部分　基础理论

第1章 概 论

在数字经济蓬勃发展的浪潮中,数据已成为驱动社会经济发展的关键生产要素。本章立足于学术界和业界对数据本质的深刻认识,将数据定义为"可计算的记录",并以此为出发点,深入探讨数据作为生产要素的政策意涵及其相关核心概念。进而,本章聚焦数据权属问题,系统解析不同权属类型的特征及其在实践中的作用。最后,通过阐述数据要素的基本属性与核心功能,揭示其兼具市场性与社会性的双重特质,为深入理解数据要素的价值与意义提供理论基础。

1.1 数据的定义

在当前经济社会发展中,数据已展现出无可替代的战略性地位。中国信息通信研究院发布的《中国数字经济发展研究报告(2024年)》显示,2023年我国数字经济规模突破53.9万亿元,占GDP比重高达42.8%,其对GDP增长的贡献率更是达到66.45%。❶ 这一系列数据充分表明,数据已成为推动社会发展进程的核心引擎,其影响力贯穿经济、社会乃至国家治理的全领域。数据所代表的新质生产力,及其催生的新型生产关系,正在深度重构社会经济基础,并通过技术创新和制度变革,为上层建筑的调整提供持续的内生动能。然而,尽管数据被广泛视为当前社会形态下的关键战略资源,各领域对其定义却未形成清晰、统一的共识。这种定义模糊性不仅制约了对数据本质的深入理解,也为相关政策制定和实践应用带来了诸多

---

❶ 中国信息通信研究院. 中国数字经济发展研究报告(2024年)[EB/OL]. [2024-12-20]. https://www.gz.chinanews.com.cn/jjgz/rdxw/2024-08-27/doc-ihefqtew4675058.shtml.

挑战。

  词典对词语的释义通常被视为对约定俗成意义的规范化表达。然而，针对"数据"这一概念，不同语言的词典却呈现出不尽相同的界定。例如，《牛津词典》将数据定义为"计算机存储的信息"。❶《杜登德语大词典》则将其描述为"以电子化形式存储的信息"。❷ 而《现代汉语词典（第7版）》则将其界定为"进行各种统计、计算、科学研究或技术设计等所依据的数值"。❸ 尽管表述各异，但不同词典的界定已形成两点基本共识：一是数据以"电子化形态存储"，二是其"能够被计算机处理"。在此基础上，2024年，国家数据局发布的《数据领域常用名词解释（第一批）》进一步拓展了数据的内涵，将其定义为"任何以电子或其他方式对信息的记录"，并强调数据在不同语境下可被称为原始数据、衍生数据、数据资源、数据产品和数据资产等。❹ 这一更具包容性的定义，不仅反映了数据形式的多样性，也为其在不同领域的应用提供了更为灵活的理论支撑。

  不同学科领域对数据存在不同界定方式。例如，信息管理学、信息经济学和信息伦理学领域一般把数据释义为"信息本体演化出现的电子化形态"，而计算机科学则倾向于把数据界定为"对客观事物的符号表示，是载荷信息的物理符号"。❺ 有学者认为，信息是具有特定含义的数据，数据是未经加工的事实描述。这些学者将数据和信息的关系描述为原料与产品的关系。❻ 有学者认为，数据是计算机通过代码实现对现实世界中事物的记录或测量结果。❼ 有学者从事实、多学科、规范与理论共四重维度进行综合考察后提出，数据是对信息的一种电子化记录或表达形态。

  专业组织也对数据作出了各种界定。比较典型的有4种：国际标准化组织（International Organization for Standardization，ISO）在《信息技术词汇》标准中，将数据定义为：数据是对信息以特定方式的重新表达，以适用于沟通、诠释或加工处理，数据可以由人工或自动化方式进行处理。❽ 经济合作与发展组织（Organization for Economic Co-operation and Development，OECD）发布的《跨境数据流动与

---

❶ 魏远山. 论跨境数据流动的内涵与原理 [J]. 政法学刊, 2021, 38（1）: 110-122.
❷ 靳雨露. 立法视角下"信息"与"数据"的四重概念界定与区分 [J]. 网络安全与数据治理, 2024, 43（7）: 87-94.
❸ 刘红, 胡新和. 数据哲学构建的初步探析 [J]. 哲学动态, 2012（12）: 82-88.
❹ 国家数据局. 数据要素与新质生产力的关系 [EB/OL]. [2024-12-20]. https://mp.weixin.qq.com/s/x4YmgY0vP8MlevaL_ep4hg.
❺ 李唯. 数据结构 [M]. 北京: 冶金工业出版社, 2013.
❻ 党跃武, 谭祥金. 信息管理导论 [M]. 2版. 北京: 高等教育出版社, 2006.
❼ 乌普姆·马利克. SQL数据分析 [M]. 李安然, 张迎, 译. 北京: 清华大学出版社, 2020.
❽ 安小米, 许济沧, 王丽丽, 等. 国际标准中的数据治理: 概念、视角及其标准化协同路径 [J]. 中国图书馆学报, 2021, 47（5）: 59-79.

隐私保护指南》中将个人数据定义为："与已识别或可识别个人（数据主体）相关的任何信息。"[1] 2020年11月，东盟十国以及中国、日本、韩国、澳大利亚、新西兰共15个国家签署了《区域全面经济伙伴关系协定》（Regional Comprehensive Economic Partnership，RCEP）。RCEP中对个人信息的定义为："个人信息是指任何与已识别或可识别的自然人相关的信息，包括数据。"[2] 我国的全国信标委大数据标准工作组编制的《信息技术 词汇 第1部分：基本术语》（GB/T 5271.1—2000）中把数据定义为"信息的可再解释的形式化表示"，认为其"适用于通信、解释或处理"。

在全球各地的法律文件中，对数据的界定也各有特色。例如，欧盟数字市场法（Digital Markets Act，DMA）第2条规定，数据指数字化的行为、事实或信息，以及对行为、事实或信息的汇编，包括以声音、视频或视听记录的形式。[3] 通用数据保护条例（General Data Protection Regulation，GDPR）第4条对个人数据的定义为："个人数据是指与已识别或可识别的自然人（数据主体）有关的任何信息。"[4] 在美国2017年开放政府数据法案（Open Government Data Act）中规定，数据是指"被记录的信息，不论数据被记录的方式和媒介"。[5] 2017年我国施行的《中华人民共和国网络安全法》第76条将"网络数据"定义为："通过网络收集、存储、传输、处理和产生的各种电子数据。"《民法总则（草案一审稿）》第108条曾将"数据信息"作为权利客体。[6] 从"数据信息"一词的出现可以看出，我国立法者一直在对信息与数据区分问题上踌躇不定。[7] 2021年施行的《中华人民共和国民法典》（以下简称《民法典》）第127条将数据作为民事权利客体。从《民法典》对个人信息与数据的区分规定上来看，我国立法认可了信息与数据在规范层面的区分意义，并将数据与信息的本质等同，认为数据是信息的一种电子化或其他形式的记录。

本书是信息资源管理领域的一本专业著述。从信息资源管理角度看，学者一般

---

[1] OECD. OECD guidelines on the protection of privacy and transborder flows of personal data [EB/OL]. [2025-02-02]. https：//www.oecd.org/en/publications/oecd-guidelines-on-the-protection-of-privacy-and-transborder-flows-of-personal-data_9789264196391-en.html.

[2] RCEP协定数据跨境流动与中国数据跨境流动规则的冲突与完善 [EB/OL]. [2025-02-02]. https：//zhuanlan.zhihu.com/p/342914858.

[3] 叶明，李文博. 数字经济互联互通的实现方式：问题揭示、欧盟经验及调整方向 [J]. 科技与法律（中英文），2023（2）：1-13.

[4] 蔡宇姬. 数据出境的界定及监管制度 [J]. 中国政法大学学报，2023（3）：192-206.

[5] 程啸. 论个人数据经济利益的归属与法律保护 [J]. 中国法学，2024（3）：42-61.

[6] 雷震文. 民法典视野下的数据财产权续造 [J]. 中国应用法学，2021（1）：35-55.

[7] 靳雨露. 立法视角下"信息"与"数据"的四重概念界定与区分 [J]. 网络安全与数据治理，2024，43（7）：87-94.

认为数据存在于人类思维之外❶，通常以一组符号的形式存在❷，可被定义为"通过组合过程形成的一组词语、数字、符号、声音、图片和/或其他通信代码"。❸

综上所述，各领域、各学科和各种不同语言中，对于数据内涵的描述均围绕"可计算性"和"电子化记录"两个特性展开。据此，本书在博采各家之长的前提下，把数据界定为"可计算的记录"。❹ 相对于各领域关于数据的已有定义，上述定义将"记录"作为数据的上位类，明确了数据归属于信息资源的特色和定位。同时，以"可计算性"作为对数据这类"记录"的限定，则在撷取了不同学科、不同语言、不同领域关于数据定义中的核心要义的基础上，概括了数据这种独特的记录资源在整个信息资源体系中所具有的与众不同的特性。

1.2 作为生产要素的数据

数据要素市场既是数字经济的载体，又是数字经济发展到一定程度必然产生的结果。当前，数字经济和数据要素市场的建设和完善已得到了政府和学界的高度重视。作为生产要素的数据，已被赋予承载新时代经济社会持续稳定发展的历史使命。

1.2.1 数据要素化的政策意涵

数据要素化改革是构建"全国统一大市场"的重要制度突破。在加快建设高效规范、公平竞争、充分开放的全国统一大市场背景下，数据要素通过确权登记、流通交易、收益分配等制度创新，正在破解"数据孤岛"和"数据垄断"等市场分割问题。2019年10月31日，中国共产党第十九届中央委员会第四次全体会议通过了《中共中央关于坚持和完善中国特色社会主义制度 推进国家治理体系和治理能力现代化若干重大问题的决定》，首次明确提出数据可作为生产要素按贡献参与分配。2022年12月2日，《中共中央 国务院关于构建数据基础制度 更好发挥数据要素作用的意见》（以下简称《数据二十条》）明确指出："数据作为新型生产要素，是数字化、网络化、智能化的基础，已快速融入生产、分配、流通、消费和社会服

---

❶ ZINS C. Conceptual approaches for defining data, information, and knowledge [J]. Journal of the American Society for Information Science and Technology, 2007, 58 (4): 479–493.

❷ MEADOW C T, YUAN W. Measuring the impact of information: defining the concepts [J]. Information Processing & Management, 1997, 33 (6): 697–714.

❸ YU L. Back to the fundamentals again: A redefinition of information and associated LIS concepts following a deductive approach [J]. Journal of Documentation, 2015, 71 (4): 795–816.

❹ 虽然著者还没有检索到针对数据的"可计算性"和"记录"两大属性展开学理性界定的专门论著，但在学术会议及各种讨论场合，对数据的这种定义方式已在一定范围内得到认可。

务管理等各环节,深刻改变着生产方式、生活方式和社会治理方式。"2024年7月18日,中国共产党第二十届中央委员会第三次全体会议通过的《中共中央关于进一步全面深化改革 推进中国式现代化的决定》提出"完善要素市场制度和规则,推动生产要素畅通流动、各类资源高效配置、市场潜力充分释放。"2024年9月21日,《中共中央办公厅 国务院办公厅关于加快公共数据资源开发利用的意见》进一步指出:"充分发挥数据要素放大、叠加、倍增效应,为不断做强做优做大数字经济、构筑国家竞争新优势提供坚实支撑。"习近平总书记强调,"要构建以数据为关键要素的数字经济"。数据要素的市场化配置改革正推动着土地、劳动力、资本、技术等传统要素的数字化重构,形成全要素生产率的系统性提升。

2020年10月11日,中共中央办公厅、国务院办公厅印发了《深圳建设中国特色社会主义先行示范区综合改革试点实施方案（2020—2025年)》,授权深圳开展数据生产要素统计核算试点。2021年,试点采取全面调查和抽样调查相结合的方式,对深圳市南山区内8400多家调查单位2020年度的数据生产要素支出情况进行了统计调查。❶ 2020年,南山区市场生产者的数据要素支出达355.60亿元,符合资产化条件的相关支出为146.59亿元至336.01亿元。❷ 中华人民共和国工业和信息化部发布《"十四五"大数据产业发展规划》指出,面对世界百年未有之大变局和新一轮科技革命和产业变革深入发展的机遇期,世界各国纷纷出台大数据战略,开启大数据产业创新发展新赛道,聚力数据要素多重价值挖掘,抢占大数据产业发展制高点。❸

从政策设计的角度看,数据要素化可分为三个递进层次:一是数据资源化。它涉及原始数据的获取以及数据后期的加工组织,这是数据价值的潜力得以释放的前提。二是数据资产化。指数据资产地位在法律上的确立。在法律上确定数据的资产属性,就是要让数据成为个人财产、国家财产等不动产、物产一样可以入表的资产。三是数据资本化和商品化。指数据价值可度量、可交换,成为被经营的产品或者商品,是释放和创造数据要素价值的途径。❹

总之,数字经济是继农业经济、工业经济之后的新经济形态,数据已成为数字经济时代的新型生产要素。在数字经济的语境下,数据和其他生产要素进一步相互

---

❶ 郭驰. 深圳市数据生产要素统计核算试点工作取得阶段性进展［N］. 深圳特区报,2021-11-30（A07）.
❷ 郭驰,蔡天成. 数据生产要素价值统计核算理论研究与实践:以2021年深圳市南山区试点为例［J］. 统计研究,2024,41（12）:15-27.
❸ 中华人民共和国工业和信息化部信息技术发展司. 《"十四五"大数据产业发展规划》解读［N］. 中国电子报,2021-12-03（008）.
❹ 中国信息化周报. 关于数据要素化的若干认识和思考［N］. 中国信息化周报,2022-10-31（011）.

融合、相互作用，成为经济社会发展不可或缺的基础性战略资源。❶ 随着人工智能、区块链、云计算、5G 等数字技术应用场景的泛在化，数字经济与实体经济将进一步深度融合。一切皆可数据化的经济和社会发展愿景，使数据成为继土地、劳动、资本、技术之后的关键生产要素。❷

1.2.2 数据要素的定义及其关联概念

1.2.2.1 数据要素的定义

各领域的研究者针对数据要素的定义展开了大量研究，大部分从经济学视角出发对数据要素的内核进行了刻画。熊巧琴认为，数据要素是通过参与生产的智能设备记录的具有较强可分析性的某些可联结特定对象的行为轨迹和关联信息。❸ 白永秀认为，数据要素是数据成为用于生产产品和服务的基本投入因素之一。❹ 王传智将数据定义为"人类互联网行为产生的、一定条件下可被人类用于再生产的、被电子设备客观记录的内含丰富信息的符号"。❺ 李勇坚认为，数据要素是规模收益不确定且需要与其他资源协同的生产要素。❻ 亦有学者从信息学视角着手研究。奉国和认为数据要素是生产经营活动所需要的一种数字化基本单元。❼ 刘桂锋等将数据要素定义为数据经过数字化、网络化、智能化等处理后成为用于生产、分配、流通、消费和社会服务管理等环节的基本投入因素并发挥重要价值的数据资源。❽ 整体而言，各学科领域的研究者关于数据要素的定义突显了数据要素在推动生产要素效率和资源配置效率方面发挥的关键作用。

全国信标委大数据标准工作组编制的《数据要素流通标准化白皮书（2022版）》把数据要素定义为：参与到社会生产经营活动、为使用者或所有者带来经济效益、以电子方式记录的数据资源。❾ 如前文所述，本书将数据定义为"可计算的记录"。由于"可计算性"是数据"参与到社会生产经营活动、为使用者或所有者带来经济效益"的基本途径。同时，数据又是"以电子方式"存在的"记录"形

---

❶ 朱瑞博，底晶，刘芸. 激活数据要素着力推动实体经济高质量发展［J］. 上海经济研究，2023（1）：23-35.
❷ 李海舰，赵丽. 数据成为生产要素：特征、机制与价值形态演进［J］. 上海经济研究，2021（8）：48-59.
❸ 熊巧琴，汤珂. 数据要素的界权、交易和定价研究进展［J］. 经济学动态，2021（2）：143-158.
❹ 白永秀，李嘉雯，王泽润. 数据要素：特征、作用机理与高质量发展［J］. 电子政务，2022（6）：23-36.
❺ 王传智. 数据要素及其生产的政治经济学分析［J］. 当代经济研究，2022（11）：26-33.
❻ 李勇坚. 数据要素的经济学含义及相关政策建议［J］. 江西社会科学，2022，42（3）：50-63.
❼ 奉国和，肖雅婧. 数据要素价值释放研究进展［J］. 图书馆论坛，2024，44（8）：123-132.
❽ 刘桂锋，吴雅琪，韩牧哲，等. 我国数据要素研究进展：内涵阐释、运行机理、治理体系与实践应用［J］. 图书情报工作，2024，68（23）：139-152.
❾ 全国信标委大数据标准工作组. 数据要素流通白皮书（2022版）［EB/OL］.（2022-01-01）［2024-12-31］. https://www.cnbeta.com.

态。可见，全国信标委关于数据要素的定义较好地契合了本书关于数据是"可计算的记录"这种定义方式。为此，本书后续部分采用了全国信标委关于数据要素的定义。

1.2.2.2 与数据要素相关联的其他概念

除了数据要素本身的内涵，《数据要素流通标准化白皮书（2022版）》及《信息技术服务 数据资产 管理要求》（GB/T 40685—2021）等文件中，还对一系列与数据要素相关联的概念加以界定，其中，与本书后续部分有关的概念主要包括以下内容。

（1）数据资源

数据资源作为一种新兴的社会资源，其概念在学术界和实践中已有多种不同的界定。根据已有的研究和相关法规，可以从以下几个方面理解和界定"数据资源"的概念。

第一，学术界的定义与理论研究。Voich等首先提出了"数据资源"这一概念，并阐述了数据作为资源的属性，强调了数据在组织运营中的重要性。❶ Levitin等进一步深入探讨了数据的资源属性，认为数据不仅是生产过程中的一种原材料，还具备可重复使用、可增值的特性，是现代企业不可或缺的核心资产之一。❷ 朱扬勇等指出，数据资源代表组织可用的所有数据，是信息资源的基础，源于数据集，这一观点强调了数据资源在信息流转和知识管理中的重要地位。❸ 胡元林等认为，数据资源不仅包括数据本身，还涉及与数据相关的管理系统和工具，是支持企业业务运营与决策制定的关键资源。❹

第二，法律与政策层面的界定。从法规和政策文件来看，数据资源的定义和范围有所不同，但核心观点大体一致，均强调数据作为一种重要资源的价值和社会作用。《河南省数字经济促进条例》定义数据资源为"通过电子化形式记录和保存、能够通过大数据、云计算、人工智能等技术进行处理，并可供社会化再利用的各类信息资源的集合"，强调了数据的可分析性和再利用性。上海大数据交易所认为，数据资源是数据产品的组成成分之一，突出了数据在交易和市场流通中的角色。❺ 《贵州省数据要素登记服务管理办法（试行）》把数据资源定义为"在保护个人隐

---

❶ VOICH D, WREN D A. Principles of management: resources and systems [M]. New York: Ronald Press Company, 1986.

❷ LEVITIN A V, REDMAN T C. Data as a resource: properties, implications, and prescriptions [J]. MIT Sloan Management Review, 1998, 40 (1): 89–101.

❸ 朱扬勇, 叶雅珍. 从数据的属性看数据资产 [J]. 大数据, 2018, 4 (6): 65–76.

❹ 胡元林, 谢雨仟. 数据资源"入表"面临的挑战以及应对: 基于《企业数据资源相关会计处理暂行规定》的思考 [J]. 财会通讯, 2024 (5): 91–95.

❺ 王艳丽, 王沁冉. 数据概念的体系性建构 [J]. 经济问题, 2024 (7): 38–48.

私和确保数据安全的前提下,登记主体经过加工处理后的数据集、数据接口、数据报告及其他数据资源"。它将数据资源视为交易客体,强调数据经过加工处理后成为可供市场交换的商品。《安徽省数据资源登记管理办法(试行)(征求意见稿)》整合了数据资源的自然属性和商业属性,把数据资源定义为"通过合法途径制作或获取的、以电子形式记录并可供社会再利用的数据集",该定义涉及了数据的原创性和可机器读取性,并明确了数据资源的可加工性。

结合已有的理论与实践观点,本书将数据资源定义为:具备可计算属性并能够供人类利用且产生效益的所有记录资源的总称,是一种社会资源。这一概念既涵盖了数据本身的内容,也强调了数据作为资源的增值性和社会共享性。根据《数据要素流通标准白皮书(2022版)》和《信息技术服务 数据资产 管理要求》(GB/T 40685—2021),数据资源应具备可持续流通和再利用的特性,能够为各类用户和社会成员带来经济和社会效益。❶

(2)数据产品

在学术界和司法实践中,关于"数据产品"的定义存在一定的争议和多样化的理解。申卫星认为,数据产品是开发者通过一定算法,对数据集合进行深度分析、过滤、提炼和整合,并经过脱敏处理,最终形成具有市场价值的衍生数据。❷ 张素华认为,企业数据产品是企业利用算法技术对数据集合进行创造性分析,进而产出新知识,并基于商业模式转化为数据产品或服务的财产,体现了企业的智力投入。❸ 许可对数据产品的定义进一步扩大,认为"数据产品"不仅限于经过实质性加工和创新性劳动的结果,凡是经过合法处理并具有市场价值的数据均可以视为数据产品。❹ 陈佑琳认为,数据产品是经过挖掘、清洗、处理及可视化等流程,从原始数据转化而来的,并在数据交易平台上通过增值服务实现数字化的产品形态。❺

在杭州市中级人民法院作出的判决中,数据产品被定义为利用算法技术对大量原始网络数据进行匿名化处理、深度过滤分析和整合,最终生成具有预测或统计功能的衍生数据,并以可视化的形式呈现。❻ 李永明、戴敏敏认为,数据产品是网络运营者通过大量收集用户数据并使用算法或人工分析处理所得到的衍生数据。❼ 钟

---

❶ 全国信标委大数据标准工作组. 数据要素流通标准白皮书(2022版)[EB/OL].(2022-01-01)[2024-12-31]. https://www.cnbeta.com.

❷ 申卫星. 论数据产权制度的层级性:"三三制"数据确权法[J]. 中国法学,2023(4):26-48.

❸ 张素华. 数据产权结构性分置的法律实现[J]. 东方法学,2023(2):73-85.

❹ 许可. 从权利束迈向权利块:数据三权分置的反思与重构[J]. 中国法律评论,2023(2):22-37.

❺ 陈佑琳. 考虑政府补贴的数据供应链微分博弈决策与协调[D]. 重庆:重庆交通大学,2024.

❻ 王竹,唐先勇. 数据产品权益的添附解释路径与制度构建[J]. 数字法治,2024(3):142-159.

❼ 李永明,戴敏敏. 大数据产品的权利属性及法律保护研究[J]. 浙江大学学报(人文社会科学版),2020,50(2):26-37.

佳运认为，数据产品是基于原始数据生成的一种独立数据形态，与个人信息无关，包含网络运营者的劳动智力投入和深度开发整合的衍生数据。❶ 高阳认为，数据产品是经过加工和处理活动后形成的、具有商品属性的数据集合。❷ 全国人大财政经济委员会在《中国电子商务立法研究报告》中定义数据产品为网络运营者基于自身业务需求，通过汇集、清洗和加工用户个人信息后所得到的产品。❸

综合已有观点，数据产品指的是通过一定算法或技术手段，对原始数据进行加工、清洗、整合、分析和可视化处理后，生成的具有市场价值的衍生产品。这些数据产品不仅在形式上多样，涵盖从原始数据到数据服务的多个环节，而且能够为决策提供依据、满足特定需求，或通过增值服务在市场中进行交易。数据产品的形成不仅依赖于数据的加工和创新，还涉及智力投入、技术应用、法律保护等多个因素，体现了数据作为资源的新型属性。❹

(3) 数据交易与流通相关概念

数据交易是数据供方和需方之间以数据商品作为交易对象进行的以货币或货币等价物交换数据商品的行为。❺ 数据商品包括用于交易的原始数据及加工处理后的数据衍生产品。数据交易包括以大数据或其衍生品作为数据商品的数据交易，也包括以传统数据或其衍生品作为数据商品的数据交易。

数据交易平台是通过建立以市场为基础底座的数据资源体系，❻ 实现数据要素的市场动态配置，继而带动生产、消费等多个环节高效贯通。数据交易平台泛指规模化的数据市场交易所、交易中心/平台，包括公共机构、私营机构等各种形式。❼

数据交易平台作为衔接数据供需两端市场主体的中介，是数据要素市场化配置的重要载体。如表1－1所示，按照组织形式、建设主体可以将数据交易平台分为政府主导型、企业主导型和产业联盟主导型三种类型。❽ 政府主导的大数据交易中心一般由国有资本控股运营，能够获得政府数据资源支持，具有一定的公信力和权威性。企业主导型平台根据企业类型分为两类：一是由大型互联网公司主导的数据

---

❶ 钟佳运. 数据产品的法律属性和法律保护 [J]. 全国流通经济, 2021 (3): 130－132.
❷ 高阳. 衍生数据作为新型知识产权客体的学理证成 [J]. 社会科学, 2022 (2): 106－115.
❸ 全国人大财政经济委员会. 中国电子商务立法研究报告 [M]. 北京: 中国财政经济出版社, 2016.
❹❼ 全国信标委大数据标准工作组. 数据要素流通标准白皮书（2022版）[EB/OL]. (2022－01－01) [2024－12－31]. https://www.cnbeta.com.
❺ 国家市场监督管理总局, 国家标准化管理委员会. 信息安全技术 数据交易服务安全要求: GB/T 37932—2019 [S]. 北京: 中国标准出版社, 2019.
❻ 乔晗, 李卓伦, 黄朝椿. 数据要素市场化建设的影响因素与提升路径: 基于复杂经济系统管理视角的组态效应分析 [J]. 外国经济与管理, 2023, 45 (1): 38－54.
❽ 赵需要, 姬祥飞, 郭义钊. 创新激励目标下数据交易平台运行影响因素模型构建研究: 以贵阳数据交易平台为例 [J]. 现代情报, 2023, 43 (4): 101－112, 124.

交易平台，二是由数据服务商搭建的数据交易平台。企业主导型平台一般使用一体化经营方式，开展从数据采集到数据产品提供的一条龙业务。产业联盟主导型平台一般是由政府指导，国有企业和民营企业合资控股的，以联盟为手段，注重某一区域内数据交易生态的培育。❶

表1-1 现有数据要素交易平台类型

类型	特点	数据主要来源	主要平台
政府主导型	政府主导，国有控股，注重交易体系构建，股东以国有企业为主	政府开放数据、供应商数据	贵阳大数据交易所、北京国际大数据交易平台等
企业主导型	民间资本主导，以营利为目的，产品针对性强，股东以互联网公司或民营企业为主，强调数据变现	网页爬虫数据、企业内部数据	京东万象、淘数据、阿里云、数多多等；数据堂、美林数据、数据宝等
产业联盟主导型	政府指导、数据共享、区域合作为特点，股东以国有企业与民营企业合资为主，强调成员之间信息互通、平台共建、机遇共享，注重区域数据交易生态的培育	联盟内伙伴共享的数据	中国大数据产业联盟、上海大数据产业联盟、中国—东盟大数据交易产业联盟等

数据交易机构是指为数据供需多方提供数据交易服务的专业机构，❷通常是交易中心、交易所等形式。国内数据交易机构建设经历了三个阶段：第一阶段为2014～2016年。2014年，"大数据"第一次被写入当年的《政府工作报告》，随后，全国开始了数据交易机构建设的热潮。我国第一个数据交易所贵阳大数据交易所于2015年在贵阳成立。据数据交易网统计，2014～2016年，全国成立了近20家数据交易机构，如浙江大数据交易中心、上海数据交易中心、华东江苏大数据交易中心、武汉东湖大数据交易中心等，这个阶段一般被认为是数据交易机构建设的1.0阶段。第二阶段为2017～2019年。由于第一批建设的数据交易机构大多找不到可营利的商业模式，有的进入了交易"沉寂期"，导致全国数据交易机构的建设进入了"寒冬期"，这个阶段成立的数据交易机构仅为个位数。第三阶段为2020年至今。随着

---

❶ 吴江，袁一鸣，贺超城，等. 数据要素交易多边平台研究：现状、进路与框架［J］. 信息资源管理学报，2024，14（3）：4-20.

❷ 国家数据局. 关于向社会公开征求《数据领域常用名词解释（第二批）》意见的公告［EB/OL］. ［2024-12-31］. https：//mp.weixin.qq.com/s/na_B9paXVot6PpiCzkEhdg.

《中共中央 国务院关于构建数据基础制度 更好发挥数据要素作用的意见》的出台，数据正式成为新型生产要素，全国开启了数据交易机构建设的2.0阶段。在这个阶段，上海、深圳、广州、北京、福建、杭州等地相继成立数据交易所，重庆、郑州、天津等地成立数据交易中心。截至2023年底，全国数据交易机构有45家。❶ 随着数据要素市场化的推进，在数据交易所挂牌的数据产品逐渐多样化，这有利于构建良好的数字产业化格局。2023年底，深圳数据交易所上市数据标的1900个，累计交易规模达65亿元。❷

数据要素流通是指以数据要素作为流通对象，按照一定规则从数据提供方传递到数据需求方的过程，即数据资源先后被不同主体获取、掌握或利用的过程。❸

数据交易市场分为场内交易和场外交易。数据场内交易是指数据供需方通过数据交易机构达成数据交易的行为。数据场外交易是指数据供需方不通过数据交易机构达成数据交易的行为。数据撮合是指帮助数据供需方达成数据交易的行为。❹ 场外交易通常采用双方协商定价方式，且场外交易可能存在数据安全、产权、隐私等方面的潜在风险和合规问题，在此不深入讨论。在场内交易市场，企业数据产品按类型主要分为数据集、数据服务和数据应用。其中，数据集是以数据库的形式提供，满足客户模型化需求的数据产品。数据服务以数据资源库为基础，为客户提供满足其特定需求的信息类技术服务。数据应用是以应用程序的方式，基于统一的用户界面，提供基于数据资源和模型应用的数据产品。❺

（4）数据定价与数据资产评估相关概念

数据定价。价值是价格的基础，价格是价值的货币表现。数据作为新型的生产要素，其定价问题因其特殊性和复杂性，成为当前经济和法律领域的重要课题。《数据二十条》提出了探索多样化、符合数据要素特性的定价模式与价格形成机制，支持公共数据按政府指导价有偿使用，企业与个人信息数据市场自主定价。这一政策框架为数据定价提供了明确的方向，也为学术界和实务界提供了丰富的讨论空间。

数据定价不仅是市场交易的问题，还涉及数据生产和使用过程中各方的利益分

---

❶ 胡锋. 我国数据交易机构的建设现状、现实困境及发展对策 [J]. 湖南行政学院学报, 2024 (4): 75 - 84.
❷ 陈艳利, 刘亚. 数据要素市场化配置与全要素生产率: 来自数据交易平台设立的证据 [J]. 中南财经政法大学学报, 2024 (6): 131 - 143.
❸ 张敏. 数据要素流通全流程监管法律体系研究: 基于数据安全风险识别 [J]. 数字法治, 2024 (5): 76 - 90.
❹ 国家数据局. 关于向社会公开征求《数据领域常用名词解释（第二批）》意见的公告 [EB/OL]. [2024 - 12 - 20]. https://mp.weixin.qq.com/s/na_B9paXVot6PpiCzkEhdg.
❺ 赵公正, 杨幼明, 吕正英, 等. 加快探索多样化的企业数据定价模式 [J]. 价格理论与实践, 2024 (9): 90 - 95, 226.

配。数据定价应遵循公平性和有效性原则，根据各方在数据生产、使用中的贡献程度，可以制定合理的收益分配方案，确保各方的利益得到充分保障。❶

数据资产。资产是指由组织经营交易或由各项事项形成的，被组织拥有或控制的，预期会给组织带来经济利益的资源。资产是能以货币计量的并能够给组织带来经济利益的资源，组织具有拥有权或控制权。资产具有现实性、可控性和经济性三个基本特征。将数据作为资产，目前还没有权威的定义。档案学领域学者认为，数据资产是以知识形态存在的实物，是一项可为所有者带来某种权利、优势和效益的固定资产。❷❸ 计算机科学技术领域学者认为，数据资产是指可以格式化为"0"和"1"的二进制源，并对其拥有所有权或使用权的资源。❹ 以上各领域关于数据资产的定义更加突出数据作为物质的自然属性。会计学及相关应用经济领域则更加突出数据的社会属性，将数据资产定义为"由主体拥有或者控制的，未来能够为该主体带来直接和间接经济利益的，以物理或电子等媒介介质记录的数据资源"。❺❻❼ 会计学领域关于数据资产的定义强调拥有或控制、未来具有经济利益，并且该经济利益能够可靠计量。理论经济学则从劳动价值理论出发分析数据资产，认为数据资产是可复用的通用性资产，并且对实物生产资料具有功能替代性和数量倍增性。❽ 朱扬勇等在融合会计学资产定义的基础上，将数据资产定义为"拥有数据权属（勘探权、使用权、所有权）、有价值、可计量、可读取的网络空间中的数据集"，❾ 突出了数据资产的物理属性、存在属性和信息属性。

本书在已有研究的基础上，结合数据特性、《企业会计准则——基本准则》（财会〔2014〕76号）第20~22条、《资产评估专家指引第9号——数据资产评估》（中评协〔2019〕40号）第2条，将数据资产定义为：由主体在过去的对内对外事项中形成的、由其拥有或控制的、不具有实物形态、预期能持续发挥作用并为

---

❶ 林常乐，赵公正. 数据合理定价：利用数据资产图谱解析数据价值网络［J］. 价格理论与实践，2023（3）：20-25.

❷ 潘宝玉，康文军，武士耀. 档案学［J］. 地矿测绘，2005（4）：43-45.

❸ 何帅，俞勇，张文凯，等. 基于数据资产理念的海上油气设施工程信息数字化建设［J］. 档案学研究，2013（2）：47-50.

❹ 刘芳. "数字资产"科目增设与计量属性的若干思考［J］. 贵州工业大学学报（社会科学版），2008，10（6）：26-28.

❺ 秦荣生. 企业数据资产的确认、计量与报告研究［J］. 会计与经济研究，2020，34（6）：3-10.

❻ 闫珊珊，杨琳，宋俊典. 一种数据资产评估的CIME模型设计与实现［J］. 计算机应用与软件，2020，37（9）：27-34.

❼ 中国信息通信研究院云计算与大数据研究所. 数据资产管理实践白皮书（4.0）［R］. 北京：中国信息通信研究院，2019.

❽ 叶秀敏，姜奇平. 生产要素供给新方式：数据资产有偿共享机理研究［J］. 财经问题研究，2021（12）：29-38.

❾ 朱扬勇，叶雅珍. 从数据的属性看数据资产［J］. 大数据，2018，4（6）：65-76.

主体带来经济和社会价值的数据资源。❶

数据资产评估。数据资产价值评估普遍被认为是唤醒企业或组织内部沉睡的"暗数据",促进数据资产管理和运行,保障企业或组织之间进行数据资产相关业务活动的合理交易和数据要素流通的关键环节之一。数据资产评估范围分为狭义与广义。狭义的评估是对被评估资产进行价值分析和测算;广义的评估不仅限于价值的分析和测算,还包含查验特定主体、特定活动与工作等,对具体被评估资产持有主体的表现、能力、质量、效果等进行综合评定。❷ 综合前文关于数据资产概念的分析,并结合《中华人民共和国资产评估法》定义的资产评估概念❸以及《资产评估专家指引第9号——数据资产评估》定义的数据资产评估概念❹,本书将数据资产评估的概念界定为:依据法律、行政法规和资产评估准则,根据委托对评估基准日特定目的下的数据资产价值进行评定和估算,并出具数据资产评估报告的专业服务行为,❺是对组织内数据资产现状以及其质量、价值等进行定量和定性评价的活动。❻

(5) 其他概念❼

原始数据是指初次产生或源头收集的、未经加工处理的数据。

数据要素市场化配置是指通过市场机制配置数据这一新型生产要素,旨在建立一个更加开放、安全和高效的数据流通环境,不断释放数据要素价值。

数据处理包括数据的收集、存储、使用、加工、传输、提供、公开等。

数据处理者是指在数据处理活动中自主决定处理目的和处理方式的个人或者组织。

受托数据处理者是指接受他人委托处理数据的个人或者组织。

数据治理是指提升数据的质量、安全、合规性,推动数据有效利用的过程,包含组织数据治理、行业数据治理、社会数据治理等。

公共数据是指各级党政机关、企事业单位依法履职或提供公共服务过程中产生

---

❶ 中国国家标准化管理委员会. 信息技术服务 数据资产 管理要求:GB/T 40685—2021 [S]. 北京:中国标准出版社,2021.

❷ 周艳秋. 数字经济驱动下数据资产价值评估研究 [D]. 北京:首都经济贸易大学,2022.

❸ 《中华人民共和国资产评估法》定义的资产评估是:"评估机构及其评估专业人员根据委托对不动产、动产、无形资产、企业价值、资产损失或其他经济权益进行评定、估算,并出具评估报告的专业服务行为。"

❹ 《资产评估专家指引第9号——数据资产评估》(中评协〔2019〕40号) 定义的资产评估是:"资产评估机构及其专业评估人员遵守法律、行政法规和资产评估准则,接受委托对评估基准日特定目的下的数据资产价值进行评定和估算,并出具资产评估报告的专业服务行为。"

❺ 中国资产评估协会. 资产评估专家指引(第9号)[S]. 北京:中国资产评估协会,2021.

❻ 中国国家标准化管理委员会. 信息技术服务 数据资产 管理要求:GB/T 40685—2021 [S]. 北京:中国标准出版社,2021.

❼ 国家数据局. 数据定价的最新研究进展 [EB/OL]. (2025-01-01) [2025-01-02]. https://mp.weixin.qq.com/s/rf38xcOaKU55H2OsoRoOJA.

的数据。

数字产业化是指移动通信、人工智能等数字技术向数字产品、数字服务转化，数据向资源、要素转化，形成数字新产业、新业态、新模式的过程。

产业数字化是指传统的农业、工业、服务业等产业通过应用数字技术，采集融合数据，挖掘数据资源价值，提升业务运行效率，降低生产经营成本，进而重构思维认知，整体性重塑组织管理模式，系统性变革生产运营流程，不断提升全要素生产率的过程。

数字经济高质量发展是指围绕加快培育新质生产力，以数据要素市场化配置改革为主线，通过协同完善数据基础制度和数字基础设施、全面推进数字技术和实体经济深度融合、持续提升数字经济治理能力和国际合作水平，实现做强、做优、做大目标的数字经济发展新阶段。

数字消费是指数字技术应用支撑形成的消费活动和消费方式，既包括对数智化技术、产品和服务的消费，也包括消费内容、消费渠道、消费环境的数字化与智能化，以及线上线下深度融合的消费新模式。

元数据是定义和描述特定数据的数据，它提供了关于数据的结构、特征和关系的信息，有助于组织、查找、理解、管理数据。

结构化数据是指一种数据表示形式，按此种形式，由数据元素汇集而成的每个记录的结构都是一致的，并且可以使用关系模型予以有效描述。

半结构化数据是指不符合关系型数据库或其他数据表的形式关联起来的数据模型结构，但包含相关标记，用来分隔语义元素以及对记录和字段进行分层的一种数据化结构形式。

非结构化数据是指不具有预定义模型或未以预定义方式组织的数据。

数据挖掘是数据分析的一种手段，是通过统计分析、机器学习、模式识别、专家系统等技术，挖掘出隐藏在数据中的信息或者价值的过程。

1.2.3　数据要素价值化驱动中国式现代化建设

党的二十大报告指出，高质量发展是全面建设社会主义现代化国家的首要任务。党的二十届三中全会进一步提出"以数据要素市场化改革为抓手，全面激活新质生产力发展动能"的战略部署，标志着我国现代化建设进入数据驱动、创新引领的新阶段。2023年12月，国家发展和改革委、国家数据局印发《数字经济促进共同富裕实施方案》，提出通过数字化手段促进解决发展不平衡不充分问题，不断缩小区域之间、城乡之间、群体之间、基本公共服务等方面差距，持续弥合"数字鸿沟"，创造普惠公平发展和竞争条件，促进公平与效率更加统一，推进全体人民共享数字时代发展红利，助力在高质量发展中实现共同富裕。

在推进中国式现代化的进程中，数据要素的价值转化呈现三重突破：其一，数据要素通过"资源化—资产化—资本化"的递进路径，重构社会生产函数。国家工业信息安全发展研究中心数据显示，2023年我国数据要素市场规模突破1200亿元，预计2025年突破2000亿元，数据交易机构覆盖32个省级行政区，❶ 深圳数据交易所首创的"跨境数据海关"模式已实现超50亿元国际数据流通。❷ 其二，数据要素与实体经济深度融合催生新型业态。浙江"产业大脑"打造应用场景600余个，累计服务企业近15万家，降低企业生产成本约13%、提高效益23%；❸ 山东寿光农业大数据中心整合4000余个蔬菜大棚传感数据，全程实现智慧化生产管理，能耗降低50%以上，生产效率是普通温室的3~4倍，带动全市新建大棚物联网应用率达到85%以上。❹ 其三，数据要素创新应用加速技术攻关突破。2025年2月16日，北京协和医院与中国科学院自动化研究所共同研发的"协和·太初"罕见病大模型正式进入临床应用阶段。

这种变革深刻契合中国式现代化的本质要求：在数据要素流通中，广东探索打造"粤港澳大湾区数据特区"，通过隐私计算技术实现跨境数据"可用不可见"，既保障国家安全又促进区域协同发展；在数据要素分配环节，中国科学院计算技术研究所通过搭建"智慧农业数据底座"，打通农场生产数据流，自2019年以来，中国科学院计算技术研究所累计服务了呼伦贝尔农垦600万亩耕地，安徽芜湖繁昌22.85万亩耕地，成功经验已拓展至河北雄安、内蒙古兴安盟、湖北十堰、河南周口、山东农高区等地共计1000多万亩耕地，在呼伦贝尔农垦大河湾1300亩核心示范区，实现平均节本增效104元/亩，在安徽芜湖核心示范区，实现平均节本增效300~500元/亩。❺

国家数据局等17部门联合发布的《"数据要素×"三年行动计划（2024—2026年）》显示，到2025年将培育300个以上数据要素典型应用场景，数据要素投入对

---

❶ 工业和信息化部网络安全产业发展中心. 数据要素市场生态体系研究报告（2023版）[EB/OL]. [2025 - 04 - 21]. https://www.hulianhutongshequ.cn/upload/tank/report/2024/202401/1/f400bc3f3044462b87c4948ddec2f8f5.pdf.

❷ 跨境数据交易再升级：深圳数据交易所推出一站式服务方案 [EB/OL]. [2025 - 04 - 21]. https://tech.chinadaily.com.cn/a/202401/31/WS65b9f320a31026469ab16f58.html.

❸ 浙江多举措开展产业大脑建设 [EB/OL]. [2025 - 04 - 21]. https://epaper.cena.com.cn/pc/content/202409/27/content_11567.html.

❹ 潍坊寿光：深入实施数字强农工程，智慧赋能蔬菜产业提质增效 [EB/OL]. [2025 - 04 - 21]. https://news.qq.com/rain/a/20250209A067KC00.

❺ 【数据要素】国家数据局2024年第二批"数据要素×"28个典型案例汇编。

GDP增长贡献率有望达到15%。❶ 这标志着中国正以制度创新和技术创新的双轮驱动，走出一条不同于西方的现代化道路——既充分发挥超大规模市场的数据资源优势，又通过数据确权、交易、安全等基础制度构建防范资本无序扩张，在解放数据生产力与维护数字主权之间实现动态平衡。

1.3 数据权属

数据要素化的前提，是确认数据的权属。《民法典》第127条对数据保护仅作出了宣示性规定。一些地方出台的数据保护立法，如《上海市数据条例》《海南省数据产品超市数据产品确权登记实施细则（暂行）》，虽规定了数据确权相关内容，但相对笼统，实操性仍待考察。此外，在司法实践中，数据权属也未能得到司法机关的认可。法院往往以《中华人民共和国反不正当竞争法》规定的一般条款作为特殊渠道，将数据的财产权益认定为"竞争性利益"。❷ 在学术研究层面，数据确权的治理逻辑和路径同样面临莫衷一是、歧见纷呈的局面。本书根据《数据要素流通标准化白皮书（2022）》《信息技术服务 数据资产 管理要求》等文件，从数据来源和数据资产化的角度，将数据的权属关系分为持有权、使用权、经营权等诸多类型。

1.3.1 数据持有权

数据持有权是对数据"记录"属性的反映。与传统的实体物形态的记录资源（如书籍文献、档案卷宗、会计凭证等）相比，数据可复制、易共享的特征使得以排他性所有权为内核的物权说难以使用。数据往往由自然人和企业共创，是社会网络的共同产出，因此，数据权利呈现相对化趋势，难以套用民法中绝对权的逻辑。

中央全面深化改革委员会第二十六次会议审议通过了《关于构建数据基础制度更好发挥数据要素作用的意见》，其中提出"建立数据资源持有权、数据加工使用权、数据产品经营权等分置的产权运行机制"。❸ 应该说，该意见搁置数据所有权争议，旨在推动数据要素的进一步流通。"持有"成为一种事实性认定，指以某种方式对某种有形或无形物的直接支配或控制，并不依赖所有权。

学界对数据财产权制度展开了深入研究与探索，主要有以下内容。

---

❶ 十七部门关于印发《"数据要素×"三年行动计划（2024—2026年）》的通知［EB/OL］．（2024-01-05）［2025-05-20］．https：//www.cac.gov.cn/2024-01/05/c_1706119078060945.htm．
❷ 参见北京知识产权法院（2016）京73民终588号民事判决书。
❸ 中共中央 国务院关于构建数据基础制度更好发挥数据要素作用的意见［EB/OL］．（2022-12-19）［2024-02-15］．https：//www.gov.cn/zhengce/2022-12/19/content_5732695.htm．

第一,"单一数据所有权模式"。在"单一数据所有权模式"下,要么主张赋予个人对数据的所有权,要么主张企业对运营中依法收集的数据享有企业数据所有权。但是,这种单一赋权模式认可度极低,原因在于排他性极强的所有权相当于授予数据专有垄断权,可能导致数据市场的扭曲。❶

第二,"二元数据所有权模式"。"二元数据所有权模式"是一种双层所有权架构。在该模式下,数据所有权分为"名义所有权+实际所有权"❷或者"基础数据所有权+增值数据所有权"❸。其中,"名义所有权"和"基础数据所有权"均指向用户对其所提供的数据享有的数据所有权,主要是个人数据所有权。"二元数据权利结构"在否定双层所有权架构的基础上,以"自物权—他物权"的权利架构为借鉴,主张赋予数据原发者数据所有权和数据处理者数据用益权。❹申卫星主张对数据原发者权利的保护,应当赋予个人数据所有权,认为"数据所有权作为数据使用权的'母权',若被彻底否定,数据使用权将失去根基,成为无本之木。"正所谓皮之不存,毛将焉附!在采集阶段,数据处理者享有所采集数据资源的持有权,使用"持有权"这一表述方式就是为了有别于"所有权",而数据所有权应归属于引发数据产生的数据来源者。❺据此,申卫星主张确认数据来源者的数据所有权与数据处理者的数据用益权之二元权利结构,以数据用益权为基础性权利实现数据财产权益平衡。❻

第三,"二元数据权利结构"说之否定。从《民法典》对这三种民事权利分别规定的理念来看,数据作为一种新型财产权的客体,因其具有非独占性、非竞争性、非排他性等特征,❼不宜将其纳入物权客体范畴,即数据不宜采取所有权等物权方式予以保护。程啸认为:"自然人对个人数据的权利并非物权等可以积极利用的绝对权。"❽《中华人民共和国个人信息保护法》第45条第3款关于"个人数据可携带权"的规定,明确将该权利纳入个人信息保护范围,因而该权利应当属于人格权,而非数据财产权益保护范围。❾对数据原发者通过个人数据所有权进行保护,

---

❶ DUCH–BROWN N, MARTENS B, MUELLER–LANGER F. The economics of ownership, access and trade in digital data [J]. JRC Digital Economy Working Paper, 2017:20.
❷ 冯果,薛亦飒. 从"权利规范模式"走向"行为控制模式"的数据信托:数据主体权利保护机制构建的另一种思路 [J]. 法学评论, 2020, 38 (3):70–82.
❸ 丁道勤. 基础数据与增值数据的二元划分 [J]. 财经法学, 2017 (2):5–10, 30.
❹ 申卫星. 论数据用益权 [J]. 中国社会科学, 2020 (11):110–131, 207.
❺ 申卫星. 论数据产权制度的层级性:"三三制"数据确权法 [J]. 中国法学, 2023 (4):26–48.
❻ 申卫星. 数据产权:从两权分离到三权分置 [J]. 中国法律评论, 2023 (6):125–137.
❼ 梅夏英. 企业数据权益原论:从财产到控制 [J]. 中外法学, 2021, 33 (5):1188–1207.
❽ 程啸. 论大数据时代的个人数据权利 [J]. 中国社会科学, 2018 (3):102–122, 207–208.
❾ 王锡锌. 个人信息可携权与数据治理的分配正义 [J]. 环球法律评论, 2021, 43 (6):5–22.

是一种过度保护，实际上得不偿失。❶在《数据二十条》制定过程中，起草者认为推动数据产权结构性分置，应当跳出"所有权思维定式"，而聚焦于数据使用方面的权利。❷《数据二十条》淡化甚至放弃"所有权"概念，采用"数据产权"概念，完全不同于传统的财产权或产权概念，并不需要界定数据属于谁所有。❸

第四，"数据资源持有权"之肯定论。对数据权利而言，数据主体之多元，数据权利种类之繁多，各权利人对数据的各项权利边界往往难以清晰界定，从而呈现动态变化与复杂共存的局面。数据资源这种财产权客体可以被不同社会主体重复收集，而且每一次收集均属于一种原始收集，因而具有可重复的性质（学界称之为"非排他性""非独占性"）。基于这一特性，先收集的权利人不能阻止他人以合法方式获取相同的数据资源（当然，完全相同几乎是不可能的，但部分重合的海量数据可能已经构成大数据规模和算法分析的基础），因而数据资源这一客体之上确立的财产权不能是物权，只能是平等性权利。"持有权"这一称谓恰当地表达了数据资源收集处理人的权利属性，即"持有权"并非一种排他性的权利，而是平等的财产权利。数据资源持有权这一平等性权利又不同于债权。债权虽然是一种财产权，但其客体体现为人与人之间的行为的自由性，而数据资源持有权的客体是一种实在的"资产"，因而，也不宜以数据资源获取的先后或数据资源持有权登记的先后确定数据资源持有权的顺位。❹

根据国家发展和改革委员会发布的《数据基础制度若干观点》，数据持有权的权能至少涵括自主管理权，即持有者在法律或合同允许范围内可自主决策数据的应用场景等并能够防止侵犯或干扰持有者合法权利的行为。因而，数据的持有权具有私益性，持有者可享有数据资源的排他性和竞争性所带来的益处。数据资源的持有权人拥有管理和获得数据收益的权利，从这个意义上讲，数据资源的持有者对数据享有控制权。

数据持有权人认定包含两个要件：一是能够实现对数据的事实支配；二是自主决定处理目的和方式。各方都能成为数据持有权人，但对应不同的数据性质，需根据不同的法律框架对其进行行为规制。❺

---

❶ 李宗录. 数据产权：所有权之否定与持有权之肯定论 [J]. 辽宁公安司法管理干部学院学报, 2023（5）: 79 – 85.

❷ 国家发展和改革委员会. 加快构建中国特色数据基础制度体系，促进全体人民共享数字经济发展红利 [J]. 求是, 2023（1）.

❸ 国家发展和改革委员会. 数据定价政策研究 [EB/OL]. （2022 – 12 – 19）[2025 – 01 – 02]. https：//gb-dy. ndrc. gov. cn/gbdyzcjd/202212/t20221219_1343681. html.

❹ 李宗录. 数据产权：所有权之否定与持有权之肯定论 [J]. 辽宁公安司法管理干部学院学报, 2023（5）: 79 – 85.

❺ 辛苑. 公共数据信托的理论基础与实践探究 [J]. 江西师范大学学报（哲学社会科学版）, 2024（3）: 100 – 109.

1.3.2　数据加工权

数据要素市场上的数据加工权是指对数据进行加工处理并获得相应权利的权利。数据加工权是对其"可计算性"特性的典型反映。在数据要素市场上，数据加工权是数据要素市场的重要组成部分，它涉及数据的收集、整理、分析和挖掘等环节。数据加工权的拥有者可以对数据进行加工处理，并获得相应的收益。这种权利的持有者可以是个人、企业或组织，他们可以对数据进行加工处理，并从中获得相应的经济利益。

数据加工权具体包括但不限于以下几个方面。

（1）数据清洗

数据清洗是数据加工的基础步骤，旨在对原始数据进行去噪、去除重复、纠正错误等操作，提高数据质量。清洗操作通常包括以下三个方面：一是去噪，指消除数据中的无关信息或随机波动，确保数据的准确性和可靠性。比如在传感器采集的数据中，可能有误差或异常值，需要通过滤波等方法去除。二是去重，指去除重复的数据记录，防止相同数据的冗余存储和分析，确保数据分析的准确性。三是纠正错误，指修正数据中的错误或缺失值。通过数据一致性检查，修正错误值和不合理的空缺值，避免这些问题影响后续分析和决策。

（2）数据整合

将来自不同来源的数据进行汇总、融合，形成更具价值的信息。这一过程包括三步。一是数据融合，将结构化数据（如数据库表格）与非结构化数据（如文本、图片）结合，形成多维度的信息集合。不同来源的数据通常使用不同的格式和结构，整合时需要统一标准，以便后续的分析和应用。二是跨平台整合，将来自不同平台、系统或应用程序的数据进行整合，解决数据格式不一致、存储位置不同等问题，实现数据的无缝连接和共享。三是去除冗余，在整合过程中，通过去除冗余信息，保留重要的数据字段和数据点，提高数据的利用价值。数据整合后的结果能够形成一个更全面、更精确的数据集，使不同数据源之间的潜在关系得以揭示，促进更高效的决策支持。

（3）数据分析

数据分析是数据加工中的核心环节，指运用统计学、机器学习等方法对数据进行深入挖掘，发现数据中的规律和趋势。主要的方法包括但不限于以下三种：一是统计学分析。通过描述性统计（如均值、标准差）和推论性统计（如假设检验、回归分析）对数据进行分析，揭示数据之间的关系、趋势和规律。二是机器学习。运用监督学习和无监督学习等算法，识别数据中的潜在模式和关系。比如，分类、聚类、预测模型等，用于发现数据背后的复杂规律。三是深度学习。使用神经网络等深度学习技术进行复杂数据的模式识别，如语音识别、图像处理等。数据分析的目标是从大量的、杂乱的数据中提炼有价值的信息，支持决策和预测。

（4）数据可视化

将数据转化为图表、图像等形式，便于用户直观地了解数据信息。常见的可视化方法包括：图表，如柱状图、折线图、饼图等，用于展示数据的分布和趋势；热力图，用不同颜色表示数据值的强弱，帮助用户直观地理解数据的分布情况；仪表盘，将多个关键指标集成在一起，通过图形化展示实时数据，为决策者提供及时的反馈。

数据可视化在各行各业都有广泛应用。①商业分析，通过销售数据、用户行为数据等进行商业决策，帮助企业进行市场趋势预测、销售目标设置、成本控制等。②金融行业，通过可视化财务报表、投资组合分析、股票走势等，帮助分析师和投资者作出更好的决策。③医疗行业，对疾病数据、患者信息、医院运营等进行可视化，帮助医生、医院管理者更好地分析病情和优化资源。④政府与公共管理，用来展示社会经济数据、城市规划数据、环境数据等，帮助决策者优化政策。⑤教育和研究，通过科研数据、实验结果等进行可视化，帮助学者和研究人员更加清晰地理解研究成果。⑥社会网络分析，通过社交媒体数据、网站访问数据等进行可视化，揭示用户行为和网络关系。

（5）数据安全

确保数据在加工、传输、存储等过程中的安全性，防止数据泄露、篡改等风险。主要措施包括四种：一是加密，对数据进行加密处理，防止在传输和存储过程中被窃取或篡改。二是访问控制，设置权限管理机制，确保只有授权人员才能访问敏感数据。三是备份和恢复，定期备份数据，防止数据丢失，保证在数据发生意外损坏时能够及时恢复。四是防火墙和防病毒措施，通过技术手段防止黑客攻击和病毒入侵，确保数据的安全性。

（6）数据合规

确保数据加工过程符合国家相关政策法规要求，尊重用户隐私权益。一是数据隐私保护，确保在数据处理过程中，用户的个人隐私和敏感信息得到保护。根据不同国家的法律，需要采取必要的措施避免个人数据泄露或滥用。二是法律合规，确保数据的收集、存储和使用符合相关法律法规。例如，在某些国家，收集用户数据时必须得到用户的明确同意。三是数据存储地点合规，根据不同国家和地区的法律要求，数据可能需要存储在特定的地理位置，或者受特定监管。

(7) 数据授权

在数据加工过程中，对数据的使用、共享、传输等行为进行授权管理。在数据要素市场上，数据加工权的交易和转让也是常见的现象。数据加工权的持有者可以将数据加工权转让给其他个人或组织，以获得相应的经济回报。同时，数据加工权的交易也可以促进数据的流通和利用，推动数据要素市场的发展。需要注意的是，数据加工权的行使需要遵守相关法律法规和规定，确保数据的合法性和安全性。同时，在数据加工过程中，也需要尊重个人隐私和商业秘密，避免数据泄露和滥用。

1.3.3 数据使用权

数据的使用权是指机构使用、处置数据的权利。数据使用权必须具有一定的排他性才能够使数据确认为资产。虽然目前没有法规明确规定哪些数据资产具有排他性，但很多机构出于自我保护的目的独占数据，因而使数据资产具有了排他性。追根溯源，数据的排他性源自其"记录"属性：数据本身是由某个主体（通常是数据的收集者或创造者）创建并记录下来的，这意味着该数据是有来源的且具备一定的归属权。这种归属权通常由记录者或数据所有者控制。数据的记录性不仅体现为它由特定的技术手段或过程（如传感器、调查、交易记录等）产生的，还体现在数据的生成过程需要付出成本、时间与技术资源，使数据的使用权具备一定的排他性。数据的"可计算性"特性意味着数据不仅具有物理或信息性的存在，而且可以通过定量分析、建模或其他技术手段进行计算、分析和加工，从中提取有用的信息或洞察。通过这些计算过程，数据能够转化为有价值的商业资源，进而为持有者带来经济利益。

根据会计准则，无形资产的确认标准包括以下三点。一是资源的控制权，企业必须能够控制该资源，并通过其使用获得未来的经济利益。二是未来经济利益，企业应当能够通过数据使用权从中获得现金流或其他经济收益。三是可辨认性，该数据资源可以被单独识别，并与其他资源区分开来。

数据的"记录"与"可计算性"特性，使得数据使用权符合无形资产的确认标准。一是排他性使用权（控制权）。企业对数据的使用和加工具有控制权，意味着企业可以在特定时间内独占数据的使用，不允许他人未经授权使用该数据。数据的记录属性使得企业能明确界定数据的所有权，从而控制其使用。企业能够决定如何使用数据、如何进行数据处理与分析，并从中获得经济利益。因此，控制权是数据作为资产入表的一个关键因素。二是数据的经济利益，指通过数据的可计算性，企业能够从中提取有价值的信息，并通过各种方式将其转化为经济收益。例如，企业可以通过数据分析优化运营，改进产品，增加收入或降低成本；或通过出售数据或授权数据使用权获得收益。三是数据的可辨认性，尽管数据本身可能是动态变化的，但通过技术手段（如数据库的建立、数据标注、数据分类等）可以将数据资源明确标识和管理，从而确保其具有可辨认性。

1.3.4 其他权属

除了持有权和加工使用权，作为"可计算的记录"，数据及数据要素还有其他诸多权属。在《数据要素流通标准化白皮书（2022版）》《信息技术服务 数据资产管理要求》等文件中，规定的数据和数据要素权属还包括以下内容。

（1）数据许可权

指拥有数据的机构或个人有权将数据许可给其他单位或个人使用。这种权利通常在数据交易或合作研究中发挥作用，许可方可以在合同约定的范围内使用数据。这种权利在数据交易、合作研究等场景中尤为重要。其核心特性在于，数据的拥有者或记录者对数据的使用范围、方式和条件具有决定性权利。根据"记录"特性，数据许可权源自数据的归属和控制：数据所有者拥有决定是否将数据许可他人使用的权利，并可以在合同中对数据的使用范围和条件作出具体约定。

（2）数据转让权

指拥有数据的机构或个人有权将数据所有权或部分权利转让给其他单位或个人。数据转让通常涉及一定金额的补偿，转让方需确保受让方遵守相关法律法规和合同约定。该权利源于数据的"记录"特性，体现了数据的归属和转移的排他性。数据的所有者基于其对数据的控制，决定是否将数据的控制权或使用权转让给他人。在数据转让的过程中，记录者的控制权发生变化，转让方放弃部分或全部对数据的控制，而受让方获得相应的使用或管理权限。

（3）数据收益权

指拥有数据的机构或个人享有数据资产所产生的经济收益。这些收益可能来源于数据销售、数据许可、数据咨询服务等形式。数据的经济价值通常是通过对数据的分析和应用计算得出的，体现了数据的"可计算性"特性。只有经过数据的处理、分析和商业化应用，数据才得以转化为实际的经济收益。

（4）数据保护权

指拥有数据的机构或个人有权采取措施保护数据资产，确保数据的安全、完整和保密，其中包括对数据进行加密、备份、设置访问权限等。这一权利是对数据本身的保护，也是确保数据不被非法访问、篡改或泄露的手段。数据保护权基于"记录"特性，强调数据所有者在其掌控的数据上所享有的保护措施，包括加密、备份、权限管理等。这种权利表明，只有数据的记录者或所有者，才能够有效地实施数据的保护措施，防止数据遭受外部威胁。

（5）数据管理权

指相关机构或个人负责管理和维护数据资产，确保数据的准确、完整和及时更新。管理权包括数据采集、存储、处理、分析和共享等环节。数据管理是数据价值实现的前提，数据管理不仅是对数据进行保管，更重要的是对数据进行深度分析、清洗、优化和整合，以便使数据能够支持决策、创新和服务的开发。在这一过程中，数据的管理行为通常伴随着计算性活动，如数据挖掘、模式识别等。

（6）数据共享权

指拥有数据的机构或个人有权将数据与其他单位或个人共享，以促进科研协作和创新。数据共享通常需遵循相关法律法规和政策要求，确保数据安全和隐私保护。例如，在科研领域，共享的数据往往被用于跨学科的研究，或者通过机器学习模型进行数据融合和推理，从而创造新的知识和价值。因此，数据共享权的价值在于其促进数据的再利用和增值，尤其是在大数据时代，数据的共享与交换往往依赖于对数据的计算和分析。

（7）数据评价权

指相关机构有权对数据资产进行评价，包括数据的质量、价值、可信度等。评价结果可作为数据资产管理和使用的依据。数据评价不仅涉及对数据本身特性的考量，还包括对其潜在应用和市场价值的预测。

（8）数据创新权

指鼓励和支持数据资产的创新应用，以促进科技进步和产业发展，其中包括基于数据资产开发新的产品、服务和解决方案等。"可计算性"特性在数据创新中发挥着关键作用，因为创新往往是基于对数据的深度分析和技术应用实现的。通过对大数据的挖掘、模型的构建和人工智能技术的应用，数据可以被转化为新的商业模式、产品或服务。例如，在互联网金融、精准医疗等领域，基于海量数据的创新应用推动了新型业务的快速发展。因此，数据创新权的核心在于如何通过对数据的计算、分析和创新应用来创造新的经济价值。

（9）数据合规权

指拥有数据的机构或个人需确保数据资产的使用和运营符合国家法律法规、政策规定和行业标准，防范潜在的法律风险。合规性不仅要求数据的收集、存储和传输符合规定的法律框架，还要求数据使用和分享过程中遵循相关的隐私保护和安全管理规定。"记录"特性在数据合规权中尤为重要，因为合规性管理依赖于数据的归属和记录者的责任。数据所有者必须对数据的合法性负责，包括在数据的生命周期中进行合规审查和报告。

1.4 数据要素的属性与功能

作为生产要素的数据，与劳动、资本、土地、知识、技术、管理具有本质上的统一性，即都可以参与生产过程价值的创造。然而，与其他生产要素相比，数据也有一些独有的特征。站在信息资源管理的视角，数据的"可计算性"和"记录"两大关键特征使之与其他类型的生产要素之间产生了不同性质的关联。就"记录"的特性而言，数据与劳动、资本、土地等生产要素相类似，都体现了其作为一种具体资源形态对于生产活动的基础性影响。就"可计算性"的特性而言，数据则与知识、技术、管理等生产要素相类似，更侧重于体现这种资源形态需要与劳动者的主观能动性相结合，方可产生实际价值。可见，数据兼具资源的物质性和使用者的"智慧化参与"两方面特征。数据资源的物质性意味着其可以像资本、土地一样进行配置，而智能性则表明数据资源的价值创造功能复合于劳动者、劳动对象和劳动工具之上。这表明，数据资源在社会生产中的配置过程，不仅是一种按市场规则展开的逐利行为（数据要素的市场性），而且是一种需要社会性制度安排加以调整的涉及公共利益的行为（数据要素的社会性）。简言之，市场性和社会性构成了数据要素理论属性的一体两面。

本节旨在对数据要素的上述双重理论特性的理论渊薮加以阐释。其中，新古典经济学、信息经济学和创新经济学提供了对数据要素市场性原理的深刻阐释，而数字鸿沟、信息贫困及知识沟等方面的研究则为解析数据要素的社会性提供了大量证据。

1.4.1 数据要素的双重理论属性

1.4.1.1 数据要素市场性的理论渊薮

（1）新古典经济学

新古典经济学为解析数据要素的市场性特征提供了理论基石。保罗·A. 萨缪尔森（Paul A. Samuelson）将新古典经济学定义为"研究一个社会如何利用稀缺的资源生产有价值的商品，并将它们在不同的个体之间进行分配"的学科。[1]

按照新古典经济学的分析框架，数据要素在数字经济发展中的作用主要表现在：第一，数据可被视为一种具有供求关系和价值经济资源，通过数据的收集、分

---

[1] BREKKE A, SAMUELSON P A. Economics, an introductory analysis [J]. Journal of Farm Economics, 1948, 30 (4): 799.

析、加工和利用，企业可以创造出新型的数据产品。[1] 第二，新古典经济学认为市场机制可以促进资源的有效配置。在数字经济中，数据可以作为商品进行交易和流通，从而形成数据交易市场，使数据提供者和需求者可以在市场上自由买卖数据，根据供需关系决定数据的价格和分配。[2] 第三，新古典经济学关注资源的外部性效应。由于数据的开放共享和互联互通可以促进创新和合作，还可以促进网络涌现效应的形成，因此可能产生巨大的正外部性效应，使得数据的价值随着参与者的增加而发生质变。[3] 第四，在数字经济中，由于信息不对称和个人隐私权的限制，市场可能无法充分反映数据的真实价值，导致市场失灵。因此，政府和监管机构需要介入，制定合适的法规和政策来保护数据隐私，平衡数据的利用和个人权益之间的关系。

迄今为止，已有大量研究者立足于新古典经济学基本原理，对数据要素的市场作用展开了理论解析和实证研究。[4] 例如，杨汝岱认为，应该将数据要素直接引入生产函数，以解析数据要素影响企业微观决策并促进经济增长的机理。[5] 荆文君等指出，数据要素是宏观层面上数字经济促进经济增长的三大路径之一。[6] 蔡跃洲等提炼出数据要素发挥作用的微观机理，并从宏观层面揭示了数据要素促进高质量发展的机制。[7] 唐要家等研究发现，数据要素投入具有规模收益递增的特点，其增长幅度高于总产出增长幅度。[8]

总之，从新古典经济学角度展开的研究对于数据要素之于数字经济发展的贡献进行了较为充分的解释，为理解数据要素市场性特征提供了一个重要的视角。

（2）信息经济学

信息经济学以信息为主要研究对象[9]，重在从博弈的角度探讨信息在市场中的

---

[1] 笔者在撰写本书过程中，先后调研了中国石油天然气集团有限公司的档案数据管理部门和四维图新公司、中国知网两家典型的数据密集型企业，这些企业存在大量将经过序化整理的数据转化为实际产品的实例。

[2] 已有很多研究表明，数据的确权与定价问题虽然是一个远超其他类型产品定价的复杂问题，但数字劳动的本质、价值的形成及数据产品的供需机制仍然是其中的核心因素。对此，本书后续章节将进一步展开讨论。

[3] 例如，四维图新公司等地图数据生产企业一方面为美团、高德等其他企业提供位置信息等方面的支持服务；另一方面，来自美团、高德的用户数据进一步支持四维图新公司数据的细化、拓展和更新。迄今为止，已有大量研究者注意到用户、受众所产生的数据之于数字经济的影响。对此，本书后续章节进一步展开分析。

[4] 刘文革, 贾卫萍. 数据要素提升经济增长的理论机制与效应分析：基于新古典经济学与新结构经济学的对比分析 [J]. 工业技术经济, 2022（10）：13 – 23.

[5] 杨汝岱. 大数据与经济增长 [J]. 财经问题研究, 2018（4）：10 – 13.

[6] 荆文君, 孙宝文. 数字经济促进经济高质量发展：一个理论分析框架 [J]. 经济学家, 2019（2）：66 – 73.

[7] 蔡跃洲, 马文君. 数据要素对高质量发展影响与数据流动制约 [J]. 数量经济技术经济研究, 2021（3）：64 – 83.

[8] 唐要家, 唐春晖. 数据要素经济增长倍增机制及治理体系 [J]. 人文杂志, 2020（11）：83 – 92.

[9] 马费成. 信息经济学 [M]. 武汉：武汉大学出版社, 2012：1 – 2.

角色与价值。也有学者直接将其称为"非对称信息经济学"[1]，这表明信息经济学重点关注信息不对称对市场效率与资源配置的影响。它强调信息不对称和信息不完全的存在，认为数据作为信息的载体对市场决策和交易具有重要影响。

信息经济学从博弈的角度为探讨数据要素的市场性提供了如下分析视角。第一，信息经济学以不完全信息假设为基础，认为数据要素可以弥补市场竞争中的信息不完全问题。[2] 第二，信息经济学认为，数据的价值在于对决策和行为的指导作用，数据驱动型决策是数据科学在企业决策中的有效应用。[3] 第三，信息经济学关注信息在市场交易中的不对称性，即供给方和需求方在信息获取和使用方面的差异。通过数据的共享和开放，市场参与者可以获得更对称的信息，提高交易效率和资源配置效果。研究表明，企业对于数据要素的使用越充分，越能够提高其决策效率和预测精度，从而提升生产效率与盈利能力。[4] 第四，信息经济学强调网络效应对市场的影响，其中数据在数字经济中具有特殊的网络效应，即数据要素的积累和互联可以促进网络效应的形成与涌现，从而推动数字经济的发展和创新。

从信息经济学视角展开的相关研究表明：创新是数字经济的驱动力。[5] 布林约尔夫森（Brynjolfsson）等发现，在2005~2009年，美国企业5%~6%的生产率增长可归因于数据驱动型决策。[6] 法尔布迪（Farboodi）等认为，企业能够通过形成"数据反馈循环"，基于数据分析结果选用最优的生产技术，改善产品质量，并获得更多、信息量更丰富的数据。[7] 谢康等指出，数据是将现有生产要素更紧密地联系起来的关键"桥梁型"生产要素，信息与通信技术（ICT）使用强度高的企业能够通过发挥大数据资源作用改善企业绩效。[8] 总之，信息经济学从博弈论入手，为解析数据要素在数字经济中的市场价值提供了分析工具。

（3）创新经济学

由于数据要素是推动创新的重要驱动因素，因此，创新经济学也为解析数据要素的市场性提供了重要理论工具。具有经济学意义的创新概念首先由约瑟夫·A.

---

[1] 朱靖. 信息经济学研究综述 [J]. 情报科学, 2015 (5): 144-149, 156.

[2] 陈瑞华. 信息经济学 [M]. 天津：南开大学出版社, 2003: 16-17.

[3] PROVOST F, FAWCETT T. Data science and its relationship to big data and data-driven decision making [J]. Big Data, 2013, 1 (1): 51-59.

[4] 谢康, 夏正豪, 肖静华. 大数据成为现实生产要素的企业实现机制：产品创新视角 [J]. 中国工业经济, 2020 (5): 42-60.

[5] 蔡思航, 翁翕. 一个数据要素的经济学新理论框架 [J]. 财经问题研究, 2024 (5): 33-48.

[6] BRYNJOLFSSON E, MC ELHERANK. The rapid adoption of data-driven decision-making [J]. The American Economic Review, 2016, 106 (5): 133-139.

[7] FARBOODI M, MIHET R, PHILIPPON T, et al. Big data and firm dynamics [C]. AEA Papers and Proceedings, 2019, 109: 38-42.

[8] 谢康, 夏正豪, 肖静华. 大数据成为现实生产要素的企业实现机制：产品创新视角 [J]. 中国工业经济, 2020 (5): 42-60.

熊彼特（Joseph A. Schumpeter）于20世纪20年代正式提出，❶ 克里斯托弗·弗里曼（Christopher Freeman）等进一步将创新定义为新发明、新产品、新工艺、新方法或新制度并首次应用于经济领域的尝试，❷ 保罗·M. 罗默（Paul M. Romer）将知识作为一个独立的增长要素引入增长模型，强调知识的积累是现代经济增长的重要因素。❸ 由于创新经济学研究创新和知识对经济增长和竞争力的贡献，因此在如下方面支持了对数据要素的市场性的解释。第一，随着数字化技术的发展，互联网、物联网等技术使得数据的生成、采集和传输变得更加便捷和多样化。海量且多样的数据通过网络互联，成为创新的重要资源。在如此丰富的数据支撑下，创新的机会也随之涌现。第二，网络化的数据使得不同领域之间的信息和知识更容易共享与流动，从而实现跨领域的协同创新。第三，在数字经济的网络化环境中，数据的实时性和快速反馈机制极大加速了创新的节奏。第四，在数字经济中，网络化的数据构成了一个复杂的系统，不同的个体或节点相互作用，能够自发地产生新的行为或功能。这种"涌现"效应，即系统整体所展现出的创新现象，是单个元素无法预见的。第五，开放的数据政策和开放的平台生态系统在数字经济中促进了创新的涌现效应，更多的创新主体（如初创企业、个人开发者）能够基于现有的数据资源，开发新的应用和服务，从而推动整个生态系统的创新。

研究表明，大数据分析技术通过提升企业预测有用知识组合的精度，从而提升企业的创新效率。❹ 信息技术与大数据分析的运用使得流程效率更高的企业提升预测精度，优化流程并降低成本，属于迭代式创新。❺ 另有研究发现，数据要素通过与数字技术深度融合，影响企业研发创新行为❻，数据要素的存在使得企业的协同创新和合作研究效率更高。❼ 可见，创新经济学对于解析数据要素驱动下的数字经济发展动力提供了深刻洞见。

总之，新古典经济学、信息经济学和创新经济学分别从不同维度，对数字经济时代数据要素的市场作用作出了各具特色的理论解读。然而，在数据要素充分发挥

---

❶ SCHUMPETER J A. The theory of economic development [M]. Cambridge：Harvard University Press，1934.
❷ FREEMAN C，SOETE L. The economics of industrial innovation [M]. 3rd. Cambridge：MIT Press，1997.
❸ ROMER P M. Increasing returns and long run growth [J]. Journal of Political Economy，1986，94（5）：1002 - 1037.
❹ AGRAWAL A，GANS J，GOLDFARB A. Prediction machines：the simple economics of artificial intelligence [M]. Cambridge：Harvard Business Press，2018.
❺ AGHION P，BERGEAUD A，BOPPART T，et al. A theory of falling growth and rising rents [R]. NBER Working Paper Series，2019：w26448.
❻ 徐翔，赵墨非，李涛，等. 数据要素与企业创新：基于研发竞争的视角 [J]. 经济研究，2023，58（2）：39 - 56.
❼ AKCIGIT U，LIU Q. The role of information in innovation and competition [J]. Journal of the European Economic Association，2016，14（4）：828 - 870.

市场作用的同时，也需关注其社会后果。数字鸿沟、信息贫困及知识沟等方面所展开的大量研究为数据要素的社会化特征提供了大量经验证据。

1.4.1.2 数据要素社会性的经验证据

围绕数字鸿沟（数字不平等）、信息贫困和知识沟假说展开的大量研究表明，数据要素在社会中的流动，必然产生一定的社会后果。关于数字鸿沟、信息贫困及知识沟假说与数据的"可计算性"之间的关联，将在本书第4章第2节中进一步介绍。本章的重点是借助于现有研究，阐释数据要素在社会中的流动所引致的社会后果。

数字鸿沟最早在20世纪90年代被提出。国际电信联盟将其定义为："贫穷国家和发达国家之间、城市和农村地区之间，以及青年人和老年人因贫穷、教育机构缺乏现代技术和文盲的存在而导致数字化社会中存在信息与通信技术的使用和获取不平等现象"。[1] 在社会数字化进程进一步加速的背景下，"数字不平等"逐渐取代了"数字鸿沟"，因为它的含义更加准确，应用场景也更加广泛。[2] 数字不平等的研究者认为，数字技术和资源在社会中存在不平等分配和使用。数字富有者能够获得更多与数字技术相关性的机会，从而导致机会不平等现象[3]和数字经济不平等现象[4]产生。数字时代的资源、财富和权力日益集中到资本所有者手中，导致"数字穷人"相对贫困的社会不平等现象愈加严重。[5] 与数字不平等相伴而生的另一个概念是"数字公平"。研究者认为，数字公平一方面体现了数据要素在数字化社会中的均衡分布，另一方面体现在这些要素构成的数字化公共物品在不同社会人群之间再分配的过程及结果等。[6] 立足于克服数字鸿沟或数字不平等所造成的消极社会后果，研究者主张将数字包容作为应对信息社会问题的方案之一。[7] 数字包容的学者观点认为，数字技术的普及和普遍使用应该成为社会政策和实践的目标，以减少数字鸿沟和数字不平等，它强调提供平等的数字技术访问、适当的数字内容和服务，[8]

---

[1] 国际电信联盟（ITU）. 数字鸿沟的再定义［EB/OL］.（2002-01-17）［2023-10-22］. https://www.itu.int/md/D02-ISAP1.1.1.2-C-0014.

[2] 黄再胜，李灵硕. 数字不平等的现状、动因与后果：基于文献综述的分析［J］. 党政干部学刊，2023（2）：72-80.

[3] LUKE T. The politics of digital inequality：access, capabilities, and distribution in cyberspace［J］. New Political Science, 1997, 41/42：121-144.

[4] 黄再胜. 数字剩余价值的生产、实现与分配［J］. 马克思主义研究，2022（3）：104-119.

[5] 孙伟平. 人工智能与人的"新异化"［J］. 中国社会科学，2020（12）：119-137.

[6] 闫慧. 数字公平实现进程中的外部效应研究［J］. 国家图书馆学刊，2022，31（1）：3-12.

[7] 闫慧，张鑫灿，殷宪斌. 数字包容研究进展：内涵、影响因素与公共政策［J］. 图书与情报，2018（3）：80-89.

[8] MILLAN J M, LYAKOV S, BURKE A, et al. "Digital divide" among European entrepreneurs：which types benefit most from ICT implementation［J］. Journal of Business Research, 2021, 125：533-547.

促进社会参与[1]，以突破数字化技术所造成的社会壁垒并实现人人机会均等。[2]

信息贫困的研究者重点关注的是个人或群体由于缺乏适当的信息资源而无法获得所需信息的状态，认为信息贫困限制了人们的知识获取、决策制定和参与社会生活的能力。概括而言，信息贫困关注的是信息资源的分配不均衡和信息障碍对人们的影响。信息不平等研究者强调在信息社会中不同群体之间的信息获取和利用的不平等现象，认为由于教育、经济、技术等因素的差异，个体和群体之间存在信息资源和技能的不平等分布。也就是说，信息不平等关注的是信息资源的差异化对社会各群体造成的影响。过去十多年里，于良芝等学者围绕"个人信息世界"展开了一系列研究，从跨越结构与主观能动性的整体性视角，有效揭示了信息不平等发生的机理。[3]

知识沟重点关注信息和知识在社会中的不均匀传播和获取。1970年，美国学者菲利普·J. 蒂奇纳（Philip J. Tichenor）等为解释人们获取和利用信息时的差异，提出了"知识沟"假说，认为社会中高知识群体和低知识群体之间存在信息流动的差距，导致知识的积累和传递不平等。[4]围绕"知识沟"假说研究发现，人们的教育经历之于其信息富裕具有有效性，但信息贫困也存在独立于教育水平的"顽固性"，以及教育水平之于个体信息贫富状况的影响具有局部性。[5]

数据鸿沟、信息贫困和知识沟等社会现象的存在，充分说明了数据要素一旦开始在社会经济系统中流动，将会造成一系列社会后果。为此，不能局限于经济层面，将数据要素仅仅理解为单纯的市场现象。随着数字经济发展和数据要素市场的完善，对于数据要素社会特征的认识与治理将越来越需要得到理论家、管理者及实践者的关注和重视。

综上所述，新古典经济学、信息经济学和创新经济学对解析数字要素的市场效用机理提供了理论工具，围绕数字鸿沟、信息贫困和"知识沟"展开的研究则表明了数据要素流动的社会后果及其实质。总之，现有研究已清晰地表明，数据要素是一种兼具市场价值和社会功能双重属性的新型生产资源。面对数字经济蓬勃发展的社会情境，数据管理者需要从上述两个维度入手，充分理解数据要素的双重属性之间的对立统一关系。

---

[1] PHILIP L, WILLIAMS F. Remote rural home based businesses and digital inequalities: understanding needs and expectations in a digitally underserved community [J]. Journal of Rural Studies, 2019, 68: 306-318.

[2] WAGG S, SIMEONOVA B. A policy-level perspective to tackle rural digital inclusion [J]. Information Technology & People, 2021.

[3] 于良芝，周文杰. 信息穷人与信息富人：个人层次的信息不平等测度述评 [J]. 图书与情报，2015（1）：53-60.

[4] TICHENOR P J, DONOHUE G A, OLIEN C N. Mass media flow and differential growth in knowledge [J]. Public Opinion Quarterly, 1970, 34（2）：159-170.

[5] 周文杰. 教育水平之于个体信息贫富差异的影响研究：基于信息源可及性和可获性的比较 [J]. 中国图书馆学报，2021, 47（4）：61-75.

1.4.2 数据要素的双重功能

前文所展开的分析,揭示了数据要素市场性和社会性的双重属性。如果置身于鲜活的数字经济发展场景中,可沿着数据要素市场性和社会性的理论线索,对其既对立又统一的双重功能作出解析。本节旨在立足于以图书情报与档案管理为代表的信息资源管理具体职业情境,从功能逻辑入手,对数据要素在市场与社会两重理论属性下的具体功能特征加以比较。

1.4.2.1 共享与排他

共享与排他是数据要素的两个重要功能特征。共享指数据要素可以被多个利益相关者自由访问和利用,促进知识传播和合作。❶ 在符合相关法律法规的前提下,数据所有者(如企业或政府)有权将数据与他人共享,以推动跨领域的合作。例如,科研机构利用共享数据进行跨学科研究,或通过数据融合与分析发现新的知识价值。排他则指数据的使用和控制权集中于特定主体,意味着数据只能由特定的机构或个人使用,其他主体无法在未经授权的情况下对该数据进行处理或利用。❷ 根据《民法典》及其他地方性法规的规定,数据的所有者或控制者可以在一定时期内独占数据的使用权,这种排他性使得数据成为一种类似于传统资产的"可控制"资源,具备了明确的法律保护。这种控制权不仅能够保障数据所有者从中获取经济利益,还能够为数据的安全性提供保障。

数据持有权和数据使用权的明确,使得数据的排他性得以具体体现。数据所有者(如企业或政府)拥有数据的控制权,可以决定是否共享数据及如何处理数据。例如,企业能够利用数据分析和挖掘技术提取数据的商业价值,同时维护数据的专有性,以便在市场中保持竞争优势。然而,这种排他性有时也可能带来数据资源的集中化,进而导致弱势群体在数字经济中被边缘化。

数据共享权是对数据排他的一种平衡。通过合理的数据共享机制,数据的利用不再局限于单一主体,而是能够在多个领域中得到有效的重用和增值。例如,政府在公共管理中推广数据共享,不仅可以提升行政效率,而且能通过开放数据促进社会服务和公共创新。这一过程需要遵循严格的数据保护法规,以确保数据安全和隐私得到有效保障。

在数字经济背景下,数据要素的排他和共享常常处于一种对立关系中。排他赋予数据所有者在市场中的独占地位,有助于创造竞争优势和经济回报;然而,过度的排他可能导致市场上数据的不公平分配,形成数字鸿沟。因此,如何在排他和共

---

❶❷ 时建中. 数据概念的解构与数据法律制度的构建:兼论数据法学的学科内涵与体系[J]. 中外法学,2023,35(1):23-45.

享之间找到平衡点，成为数据要素管理的一个重要议题。可以说，数据要素的共享为开放获取提供了底层逻辑。从这个意义上说，排他是数据要素参与市场交易与竞争的前提和基础，而共享则为良性的、可持续的数字社会发展提供了保障。因此既要保障数据的排他，也要鼓励数据的共享。这样，不仅能够促进创新和竞争，还能够避免数据资源被少数主体垄断，从而实现社会公平与经济效率的双赢。

1.4.2.2 赋能与竞争

赋能和竞争是数据要素功能特征的另一方面体现。

赋能指通过数据要素的利用，个体或组织能够获得更多的信息、洞见和能力，从而作出更好的决策或创造更大的价值。数据的共享权和使用权是数据赋能的关键。数据共享权为更多主体提供了接触和利用数据的机会，从而推动知识的普及与技术的进步。共享的数据可以跨行业、跨领域地被利用，促进不同组织之间的合作与创新。例如，政府通过开放公共数据，鼓励科研机构和企业基于这些数据开展社会创新和技术应用。通过数据共享权的行使，数据成为推动公共利益和社会福利的工具。数据使用权使得数据持有者能够将数据授权给其他主体使用，从而促进资源的高效配置和社会整体的技术进步。在符合数据保护和隐私要求的前提下，企业和科研机构通过授权使用数据，能够推动产品开发、市场洞察和决策优化。

竞争是指不同利益相关者之间在获取和利用数据要素上的竞争，以获取市场优势和创造经济价值。在数字经济中，数据的竞争源自它作为一种稀缺资源的市场价值。数据的集聚和独占使用，使得某些企业能够通过数据驱动的技术创新，巩固其市场地位。因此，数据权属中的数据持有权和数据加工权成为推动市场竞争的核心力量。

数据持有权下，数据持有者对数据的独占使用为其带来了竞争优势，尤其是在大数据、人工智能等技术领域，掌握大量高质量数据的企业能够通过数据分析洞察市场趋势，优化产品和服务，从而占据市场主导地位。例如，科技巨头通过收集和掌握用户行为数据，能够实现精准的广告投放或推荐系统，占据市场优势。

数据加工权赋予持有者对数据进行深度分析、建模和挖掘的能力。数据不仅仅是静态的存储，它的价值还体现在对数据进行加工后的应用上。通过数据分析，企业能够优化其供应链、改进产品设计、提升用户体验等，从而在竞争中脱颖而出。

如前文所述，无论新古典经济学还是信息经济学，都强调数据要素是一种重要的竞争资源。换言之，来自市场竞争的不竭动力为数据要素得以优化配置提供了前提和基础。然而，市场竞争固然能够将数据要素配置到效率最高的经济环节中，但这也是社会排斥等诸多社会问题的渊薮。数据的竞争可能导致数据资源的集中化，使得部分主体通过数据的独占使用获得市场优势，从而加剧社会的不平等。而赋能则强调数据应当广泛共享，确保社会各层次的个体和组织能够平等地获得数据资源，从而促进社会福利的提升。过度强调竞争，可能使数据资源的分配不公平，无法最大化其社会价值。例如，某些人群因为性别、地域等天然的原因而处于市场竞争的不利位置，意味着其无法享受数据要素的红利。为此，社会需要一种专门的制度设计，以便通过为包括弱势群体在内的社会人群赋能，以防范和缓解数据要素市场化所带的社会排斥现象。

自产生之始，信息资源管理机构就是以赋能用户为目标的专业机构，而信息资源管理学科则致力于此方面的理论发展与人才培养。在信息社会的语境下，信息资源管理职业赋能用户数据素养的职能从很大程度上得到了进一步强化。如前文所述，数据要素的"可计算性"特性体现在其与劳动者主观能动性的深度契合上。在数字经济语境下，社会性信息资源管理体系存在的意义正是为了通过实现知识相关的高质量文献数据与用户需求之间的高效率匹配，从而实现对公众的启蒙与赋能。从这个意义上说，竞争是数据要素优化配置的基本动力，而赋能则意味着具有公共属性的图书馆等信息资源公益性机构需要承担起实现数据要素红利普遍均等地惠及更多社会公众的使命。

1.4.2.3　公益与交易

数据既可以用于公益目的，也可以进行交易。

数据作为一种社会性资源，其公益体现为数据要素服务于社会整体福利，促进公共利益的最大化。数据的公益关注的是数据如何作为公共资源广泛共享，以推动社会公平、促进公共服务的效率，并为社会群体提供普惠的价值。

数据的共享权和使用权是实现数据公益的重要保障。数据共享使得其能够跨越不同组织和社会群体的界限，服务于社会的普遍需求，提升社会福利。公共数据的开放，尤其是政府和公益组织管理的各类数据，为社会创新提供了源源不断的动力。例如，开放的公共卫生数据和气候变化数据能够帮助科研人员、政策制定者和社会组织基于数据作出更精准的决策，从而改善公共服务，提升民生福祉。公益要求数据资源管理者不单纯追求商业利益，而应更加关注数据资源如何为社会带来积极效益。在数据管理过程中，如何平衡社会福利与市场需求，成为数据公益实现的核心。

交易则指数据要素的买卖或交换行为，其中涉及市场规则和经济交换。数据交易为数据要素市场的发展提供了动力，它使得数据能够在不同利益相关者之间流动，从而实现数据的增值和市场效益的最大化。数据管理领域既包括公共数据资源，也涵盖商业数据交易和数据服务市场。

交易行为是数据要素实现市场价值的主要渠道，数据持有者可以将其持有的数据资源进行买卖或交换，获取经济回报，而数据加工权则使得持有者通过对数据的进一步加工、分析和利用，从而为市场提供具有高附加值的服务和产品。为此，数据要素的确权与定价就成为完善数据交易市场的基础性因素。[1] 权属明确、明码标价的数据要素借由市场的力量，方可产生利润，甚至迸发出比传统生产要素更强劲的经济效力。然而，"马太效应"是市场交易领域的普遍法则，即在市场交易活动中，强者恒强，弱者却因缺乏议价能力而被边缘化。一个和谐发展的社会，固然要重视市场交易行为而带来的活力，但同时须特别关注更广泛、更普遍人群的公共利益。为此，社会需要构筑必要的数据要素公益服务机制。

数据公益强调资源的广泛共享，以促进社会的整体福利；而数据交易则侧重于市场化运作和经济利益的最大化。市场中的数据交易行为可能导致数据资源的集中化，使得数据的收益主要流向少数大企业，从而加剧社会不平等。故数据交易可能对数据公益产生负面影响，特别是在数据垄断和不公平竞争方面。但实际上，公益和交易是相辅相成的。数据交易促进了市场活力和经济增长，而数据公益则确保数据的流通和利用能够普惠社会各阶层。在此过程中，数据的共享与交易需要有机结合，通过合理的制度和政策设计，既保证市场的竞争性，也保障社会福利的普及。举例来说，政府可以通过数据开放政策，让企业利用公共数据开展创新和商业活动，同时也要通过数据保护法律，确保个人隐私和社会公正。

毫无疑问，以图书馆为代表的信息资源管理机构是最贴近数据要素公益服务的公共机构。在我国，作为公共财政支持的社会机构，图书馆等信息资源管理职业以组织开展大量公益性服务活动为基本业务形态。例如，将珍贵的图书、期刊和档案资料数字化，并提供免费的在线访问服务。再如，图书馆通过数字化文献资源并提供在线访问服务，用户可以远程访问丰富的知识资源，促进教育和学术研究等事业。此外，许多图书馆和情报机构建立了数据分享平台，为研究人员、学生和社区提供共享数据的机会。另外，一些图书馆和情报机构经常开展信息素养培训，帮助用户学习如何有效地获取、评估和利用数据要素等。

1.4.2.4 公有与私有

公有和私有是数据要素在所有权和控制权维度上功能的区分。公有指数据要素属于整个社会或公共机构，并由政府代表全体人民加以管理。这类数据不以营利为目标，旨在提高公共服务质量，推动社会公平与创新。公有强调的是数据共享，即数据可以被多方利用和访问，推动知识传播、技术创新和社会福利。

共享权是公有功能的核心，它使得公共数据能够以开放、透明的方式为社会公

---

[1] 于施洋，王建冬，黄倩倩. 论数据要素市场 [M]. 北京：人民出版社，2023.

众所利用。例如，政府发布的统计数据、公共卫生数据等，都是为了提升社会福祉、服务民生而开放的。这种共享不仅促进了政府部门之间的协作，还能够推动社会各界在公共政策、环境保护、科技创新等领域的合作和发展。公共部门或机构所持有的数据，不仅可以用于直接的公共服务，还能够通过开放数据的形式，鼓励社会各界进行二次开发，激发创新活力。例如，开源数据平台和公共数据资源库的建设，鼓励企业、研究机构和个人利用这些资源进行创新，从而为社会提供更多的科技进步和服务。

私有则指数据要素属于个人、家庭或私营部门，并由所有者自主支配和利用。与公有相对，数据私有强调数据作为商业资源在市场中的交换与增值。

私有主要体现为数据的排他和交易，即数据的拥有者可以控制数据的流动，并通过市场化手段获取经济利益。私有数据的持有者可以基于市场需求，决定数据的使用、共享或交易。例如，大型互联网企业通过收集和处理用户行为数据，不仅优化了自己的产品和服务，还通过广告、推荐系统等形式变现数据。这些数据的交易行为，不仅带来了直接的经济回报，也为数据持有者提供了市场竞争优势。

公有强调资源的普惠和共享，旨在通过开放和共享推动社会福利和公共服务的提升；而私有则强调市场交换和经济利益的最大化，旨在通过交易和增值实现资源的优化配置。两者在目标上有所冲突，尤其在数据的共享和交易过程中，如何平衡社会公平与市场竞争则成为关键。例如，过度强调私有数据的保护可能导致数据流通受限，阻碍社会创新；而过度开放的数据则可能引发隐私泄露和安全问题。

尽管存在对立性，但公有和私有通过合理的政策调控，可以实现相互促进。例如政府可以通过制定合理的数据共享和数据交易政策，推动数据资源的高效流通，既能促进公共利益，又能激发市场活力。通过确立清晰的数据权属和数据定价机制，既能保障私有数据的交易利益，又能确保公有数据的社会效益最大化。

于施洋等指出，公共数据与社会数据的融合应用是未来数据要素市场一体化进程的突破口。❶ 根据《国家数据资源调查报告》，2021年，我国政府产生的数据资源共1100.4艾字节（EB），占全社会总量的21.2%。❷ 政府产生数据的前提是其公共管理职能的履行。这些数据虽不必然具有公有的性质，但为数据要素公有化提供了前提和基础。公有制是我国所有制的主体，也是我国社会主义经济的基本特征。面对方兴未艾的数字经济浪潮，如何在数据要素领域体现公共制的主体地

---

❶ 于施洋，王建冬，黄倩倩. 论数据要素市场［M］. 北京：人民出版社，2023.
❷ 国家统计局. 国家数据资源调查报告［M］. 北京：中国统计出版社，2021.

位，是一个亟待探讨的重要问题。鉴于图书馆天然的公共机构属性，参与具有公有制属性的数据要素的管理，显然是图书馆等信息资源管理机构一个极具前景的努力方向。

总之，作为生产要素的数据具有鲜明的私有特征，可由市场评价其贡献，按贡献决定报酬，这也奠定了数据要素参与市场分配的基础。然而，基于海量的公有数据及我国的所有制结构，在完善数据要素的分配机制过程中，科学界定数据要素的公有制属性及其分配机制，进一步完善以公共图书馆等社会性信息资源管理机构为代表的公有数据获取保障机制显得尤为重要且紧迫。

1.4.2.5 公平与效率

数据公平是指数据资源能够在社会各阶层、不同主体之间进行合理分配，确保数据的普惠性和可获得性。公平的核心目标是避免数据资源的过度集中，确保弱势群体、边缘地区和社会经济水平较低的个体或组织能够获得平等的机会和资源。

公共数据的开放和共享可以使得不同社会群体平等地享有数据资源，从而促进信息公平，提升社会整体福祉。举例来说，政府通过开放交通、教育、医疗等公共领域的数据，能够让社会各方，包括小型企业、非营利组织、科研机构等，均能在同等条件下使用这些资源，推动社会创新与进步。数据公平不仅是简单的共享，它还要求在共享过程中考虑隐私保护、数据安全等方面，避免数据滥用或泄露对弱势群体带来的负面影响。

数据效率指的是如何通过合理配置和流通数据资源，实现最大化的经济效益和社会价值。在数字经济时代，数据已成为核心生产要素之一，提升数据的利用效率是推动创新、提升竞争力、实现可持续发展的关键。

数据的持有权与加工权直接影响数据资源的流通和利用效率。私有数据通常由企业控制，其市场化的流通能带来更多的经济效益。例如，大型互联网企业通过数据的收集、分析和应用，推动商业创新、精准营销等，实现数据的价值最大化。而单纯追求效率可能导致数据的过度集中和垄断，从而阻碍市场竞争并加剧数字鸿沟。

公平与效率是数据要素管理中的两个关键目标。在追求效率的过程中，数据的市场化交易可能导致资源向少数强者集中，从而使得弱势群体难以享有数据带来的利益。实现资源的优化配置，需要在追求效率的同时，关注公平。如前文所述，新古典经济学、信息经济学及创新经济学为在市场条件下解析数据要素经济效用提供了理论支撑。然而，如同其他经济资源一样，仅仅强调效率，必然导致贫困陷阱、社会排斥等社会问题。为此，完善数据要素市场，实现数字经济的可持续发展，就有必要着眼于公平，消弭数字鸿沟与信息贫困。简言之，数据管理的基本目标，是在公平和效率之间取得平衡，以满足不同利益相关者的需求。

在实践中，数据要素的管理应当兼顾公平与效率，可采取以下措施实现两者的平衡。一是加强数据共享平台建设，通过建设公共数据平台、政府数据开放等方式，推动数据资源的广泛共享，提高数据的社会价值。此举不仅可以推动科技创新和社会合作，还能提升数据的使用效率。二是制定公平的数据授权政策，确保数据使用权的授权机制透明、公正，避免数据的滥用。为不同社会群体提供平等的获取机会，尤其要关注边缘群体的需求，避免数字鸿沟的加深。三是完善数据保护法规。在确保数据高效流通的同时，建立数据隐私保护和安全管理制度，保障个人和组织的数据权益，防止滥用和泄露。四是推动跨领域合作，鼓励政府、企业、科研机构等多方参与数据要素的管理与应用，建立开放协作的创新环境，在确保公平的基础上，提升数据资源的综合效益。

于施洋等将数据要素参与分配的实现路径划分为三部分。一是"由市场评价贡献、按贡献决定报酬"的一次分配；二是"发挥数据财税政策作用"的二次分配；三是"引导数据企业承担社会责任"的三次分配。❶ 其中，三次分配主要通过促使市场主体主动开放数据，以弥补数字鸿沟，最终促进数据公平。显然，这一实现路径同时关注了数据要素市场上的效率与公平问题。于施洋等指出，"将散落在全社会的各类数据资源进行归集、整理并加工成为可进入市场流通使用的生产要素，将成为有效赋能千行万业和经济社会转型升级的不竭动力"。对于信息资源管理职业来说，数据、信息资源的归集与序化整理是其基本使命，如何直面数字社会的公平，有效融入数字经济发展的主战场，无疑是当代信息资源管理者需要直面的关键问题。

综上所述，市场化趋向的数据要素决定了其排他、竞争、交易、私有和效率的功能特征，而数据要素的社会性则将其导向共享、赋能、公益、追求公有和公平的功能。总之，对于数据要素而言，无论是其一体两面的理论属性，还是其对立统一的"功能悖论"，都可以统整于马克思主义关于生产劳动与价值规律的学说之下，体现了数字经济的一般规律和数据要素的本质特征。为此，本书后续章节将进一步从数字劳动、受众商品及价值规律的角度，立足于马克思主义基本原理，对数据要素的理论属性展开进一步解析。

---

❶ 于施洋，王建冬，黄倩倩. 论数据要素市场［M］. 北京：人民出版社，2023.

第 2 章 数字劳动、受众商品与价值规律

本章以马克思主义劳动学说为框架，系统剖析数字经济时代的劳动形态与价值规律，以便为理解数据要素管理的理论基础提供支撑。首先，本章阐释了数字劳动的本质及其在数据生产与消费中的"产消一体化"特征，强调用户行为数据既是劳动成果也是生产资料；其次，本章结合受众商品理论，揭示了社交媒体用户如何通过生成内容与社交关系被资本商品化，成为"产消者"这一新型劳动者；最后，指出用户在线时间被转化为创造价值的劳动时间，数据商品化既推动资本积累，也重塑社会关系与个体权利。通过统整数据要素的市场性与社会性，本章不仅深化了对数字经济运行机制的理解，也为信息资源管理机构（如图书馆）在数字时代参与数据要素管理提供了理论依据。

2.1 数字劳动与受众劳动

马克思主义劳动学说为剖析数字经济时代的劳动形态提供了理论工具。数字劳动以知识、信息为对象，呈现"产消一体化"特征，用户生成内容（user-generated content，UGC）既是劳动成果，也是生产资料。数字劳动不仅驱动数据要素市场化，而且通过社会关系的重塑凸显其社会性，揭示资本积累与个体权利间的张力，为统整数据要素的双重属性提供了理论框架。

2.1.1 数字劳动

劳动学说是马克思主义学说的重要组成部分。在数字经济日趋兴起的背景下，

大量学者运用马克思主义的理论工具，对数字劳动展开了研究。西方学者普遍认为数字劳动是与数字媒体的生产和消费有关的一种特定形式的文化劳动。❶ 例如，日本学者森健认为，数字劳动指的是由数字平台提供的免费搜索服务。❷ 文森特·莫斯可（Vincent Mosco）和凯瑟琳·麦克切尔（Catherine McKercher）认为，从事数字劳动的人包括"知识产品生产和传播链中的任何人"。❸ 大卫·赫斯蒙德夫（David Hesmondhalgh）侧重内容生产，将数字劳动描述和界定为"符号创造者的工作"。❹ 雷蒙德·威廉姆斯（Raymond Williams）则将数字劳动与信息加工过程相关联。❺

一些学者在针对数字劳动展开的研究中，自觉应用了马克思主义哲学关于"社会存在决定人们的意识"的思想。❻ 例如，达拉斯·史迈兹（Dallas Smythe）主张将数字劳动与马克思主义结合起来，使马克思主义成为批判性理解数字劳动的有效媒介。❼ 克里斯蒂安·福克斯（Christian Fuchs）认为马克思主义理论有助于推进数字劳动的理论化，他主张将马克思主义理论作为研究数字劳动的理论基础。❽ 妮可·科恩（Nicole Cohen）主张将资本主义的数字劳动与资本主义普遍剥削结构和其他形式的劳动联系起来，深化数字劳动的研究。❾

一般认为，运用数字技术开发软件、设计制造硬件、收集和加工数字信息产品，以及进行其他生产的劳动❿是典型的"数字劳动"。⓫⓬ 数字劳动的对象主要是人类的知识、信息、经验、情感以及思想。⓭ 劳动对象数字化是数字劳动的关键特征。另外，劳动成果的数字化也是数字劳动的重要体现。有学者提出，数字劳动不

---

❶ 郑吉伟，张真真. 评西方学者对数字劳动的研究［J］. 经济学家，2019（12）：100 – 108.
❷ 森健，日户浩之. 数字资本主义［M］. 野村综合研究所，译. 上海：复旦大学出版社，2022：48，58.
❸ MOSCO V，MCKERCHER C. The laboring of communication：will knowledge workers of the world unite？［M］. Lanham：Lexington Books，2009.
❹ HESMONDHALGH D. The cultural industries［M］. London：Sage，2013：20.
❺ WILLIAMS R. What I came to say［M］. London：Hutchinson Radius，1989：231.
❻ 中共中央马克思恩格斯列宁斯大林著作编译局. 马克思恩格斯文集（第2卷）［M］. 北京：人民出版社，2009：591.
❼ SMYTHE D. Communications：blindspot of western marxism［J］. Canadian Journal of Political and Social Theory，1977，1（3）：1 – 27.
❽ FUCHS C. Digital labour and karl marx［M］. New York：Routledge，2014.
❾ FISHER E. Introduction：value and labour in the digital age［G］//FISHER E，FUCHS C. Reconsidering value and labour in the digital age. UK：Palgrave Macmillan，2015：3 – 25.
❿ 对于应用数字技术进行其他生产的劳动，范围非常广泛。例如，快递员、外卖员、代驾、网约工等劳动者在从事劳动的过程中也要使用手机软件等数字技术设施，这些人也被纳入"数字工人"的范畴。参见余斌. "数字劳动"与"数字资本"的政治经济学分析［J］. 马克思主义研究，2021（5）：77 – 86.
⓫ 孙萍. 媒介作为一种研究方法：传播、物质性与数字劳动［J］. 国际新闻界，2020，42（11）：39 – 53.
⓬ 余斌. "数字劳动"与"数字资本"的政治经济学分析［J］. 马克思主义研究，2021（5）：77 – 86.
⓭ 乔晓楠，郗艳萍. 数字经济与资本主义生产方式的重塑：一个政治经济学的视角［J］. 当代经济研究，2019（5）：5 – 15.

仅在于数字劳动过程的"对象化",而且在于"对象化"的劳动产品既是对劳动者生活需要的满足,同时也作为"劳动资料"成为数字生产与再生产过程中重要的生产性消费对象,呈现独特的"产消一体化"特征。❶ 例如,当下的抖音、知乎、小红书等平台中的用户生成内容既是一种劳动产品,也是一种消费对象。

概括而言,马克思主义劳动学说对数据要素市场性与社会性的统整主要体现在如下两个方面。

首先,就数据要素的市场性与数字劳动的关系而言,数字经济强调数据作为一种经济资源,其价值在于促进市场交易、提高生产效率和创新能力。在这一过程中,数字劳动被视为一种特定的文化劳动,涉及知识产品生产和传播链中的各个环节。如果将数字劳动定义为包括知识产品生产和传播链中的任何人,则这种劳动形式在数字经济中尤为重要,因为它直接关联数据的收集、处理和利用,从而创造经济价值。马克思主义哲学强调社会存在决定社会意识,即物质生产方式制约社会生活、政治生活和精神生活的过程。在数字经济时代,数字劳动成为物质生产的一种新形式,它不仅包括传统的工业生产,也包括信息加工和数字内容的创造。这种劳动形式体现了数据要素市场化的一面,即通过数字劳动创造和处理数据,进而推动经济增长和市场发展。

其次,就数据要素的社会性与数字劳动的关系而言,数字鸿沟、数字不平等和数字包容等社会问题反映了数据要素在社会分配和使用上的不平等,可能导致社会结构和权力关系的重组。由于数字劳动的对象主要是人类的知识、信息、经验、情感以及思想,而劳动成果的数字化则表现为"产消一体化"。因此,数字劳动不仅是经济活动,也是社会和文化活动,它影响人们的社会参与和文化生活。

综上所述,马克思主义劳动学说提供了一个将数据要素的市场性和社会性统一起来的框架。从马克思主义的视角来看,数据要素既是数字经济中的一种生产资料,也是社会生活中的一种文化和意识形态的载体。这种二元性体现了数据要素在推动经济增长的同时,也参与了社会结构和文化价值观的塑造。数据要素的市场性与社会性的桥接,有助于全面揭示数据要素在数字经济时代的角色和影响,从而为包括图书馆在内的信息资源管理机构参与数字经济提供了理论依据。

2.1.2 受众劳动

马克思在《资本论》中明确指出,劳动者是生产力发展的主要推动力量,在生产过程中,劳动者不仅发挥了自身的体力和智力,还通过不断学习和实践,积累了

---

❶ 邹琨. 数字劳动的生产性问题及其批判 [J]. 马克思主义理论学科研究,2020,6 (1): 46-54.

丰富的劳动经验，改进了生产工具，促进了生产技术的进步。❶ 马克思在《哲学的贫困》中进一步强调，劳动是创造价值的唯一源泉，而劳动者是劳动的主体，他们的劳动创造了社会财富，推动了社会的进步，在生产力发展中具有至关重要的地位和作用。❷ 恩格斯在《自然辩证法》中也提出，劳动者通过劳动实践，不仅改变了自然界的形态和面貌，还创造了新的社会关系和文化形态，推动了人类社会的发展。❸ 总之，依据马克思主义理论，劳动者是生产力中的决定性因素，是生产力发展中最活跃、最革命的因素，应当通过大力提高劳动者的素质和能力，以充分发挥劳动者在生产力发展中的积极作用。同时，也要通过调整生产关系和社会制度，为劳动者创造更好的发展环境，促进生产力的持续、健康发展。❹

与传统劳动方式相比，以受众作为劳动者已成为数字经济最鲜明的特征。甘迪·奥斯卡（Gandy Oscar）认为，受众是工业产品打包出售（或短期租赁）给有东西要卖的人。❺ 在数字经济环境下，免费的受众劳动已从文化知识消费转化为生产性行为。❻ 受众成为劳动者（或者至少是劳动资料的提供者），这使数字经济时代的马克思主义劳动学说焕发出新的光彩。受众劳动学说使我们可以基于马克思主义立场，更深刻地理解数据要素市场性和社会性一体两面的理论属性。首先，马克思主义强调劳动者在生产力发展中的决定性作用。在数字经济中，由于受众作为劳动者参与了数字劳动，因此受众的数字素养不仅是关乎生产效率的经济问题，也是一个具有公共性质的社会问题。以图书馆为代表的信息资源管理机构所承担的赋能数字时代普及大众数字社会参与能力的职能由此而得到持续彰显。其次，随着受众参与数字劳动，生产关系也需要相应调整。如何通过有效的社会性制度设计（如公共图书馆等公益性信息资源管理与保障制度）以优化数字劳动者的发展环境和权益保护，对于数字时代的经济社会的可持续发展至关重要。

2.2 受众商品与"产消者"

在数字经济浪潮下，受众角色发生了深刻转变，数据的商品化进程不断加速。

---

❶ 卡尔·马克思. 资本论（第1卷）[M]. 北京：人民出版社，2004：22.
❷ 卡尔·马克思. 哲学的贫困（答蒲鲁东先生的《贫困的哲学》）[M]. 北京：人民出版社，1961：38.
❸ 弗里德里希·恩格斯，中共中央马克思恩格斯列宁斯大林著作编译局. 自然辩证法 [M]. 北京：人民出版社，2015：90.
❹ 周文杰. 走向"新启蒙"：简论图书馆何以赋能新质生产力时代的劳动者 [J]. 图书馆建设，2024（3）：27-30.
❺ GANDY O. Review of R. Butsch (2008) the citizen audience [J]. Journalism & Mass Communication Quarterly，2008，85（3）：678-724.
❻ 余斌. "数字劳动"与"数字资本"的政治经济学分析 [J]. 马克思主义研究，2021（5）：77-86.

上一节阐述了数字劳动与受众劳动相关理论,为理解数字经济时代劳动形态奠定了基础。本节将进一步深入探讨受众商品与"产消者"这两个关键概念,剖析社交媒体用户如何被卷入资本的商品化逻辑,以及"产消者"的形成对数字经济和社会结构产生的深刻影响,从而为理解数据要素管理的实质提供参照。

2.2.1 受众商品

由达拉斯·斯迈兹(Dallas Smythe)于 1977 年正式创立的受众商品理论认为,大众媒体为广告商生产并出售"受众商品",受众"学着去购买"的行为就是受众的劳动过程。❶ 受众商品理论经过苏特·杰哈利(Sut Jhally)、比尔·利文特(Bill Livant)和艾琳·米韩(Eileen Meehan)等学者的不断发展完善,已经成为传播政治经济学用以描述资本主义传播产业特征的主要理论。❷ 克里斯蒂安·福克斯等学者在受众商品理论的基础上,根据网络 2.0 时代社交媒体的新特征,发展了互联网产消者商品理论,认为社交媒体的用户可被视为数据价值的生产者,❸ 受众商品是一种互联网"产消者"商品。❹ 同时,福克斯强调互联网"产消者"不断为媒体资本生产可供出售的数据商品,同时生产了包含用户创造力的媒体内容,即个人主动发布的文字、图片、视频等用户生成内容,这是一种"人类创造活动的全面的商品化"。❺

首先,数据的商品化过程极大地强化了用户商品化的质量和水平,用户所生产的数据成为社交媒体资本获取利润最基础和最关键的要素和机制之一。❻ 埃兰·费舍尔(Eran Fisher)分析了社交媒体脸书(Facebook)后认为,"被商品化的是社交媒体用户之间的相互了解、熟识和社交关系,这是一种具有交换价值的关系,是一种'关系'的商品化"。❼ 李·阿特兹(Lee Artz)认为将受众视为商品,既不能将受众简化为数据❽或将平台用户的活动与平台收集和变现这些活动(产生交换价

---

❶ 按照达拉斯·斯迈兹的陈述,受众商品的主要含义是"如果你不为之付费,你就是产品"。参见 SMYTHE D. Communications: blindspot of western marxism [J]. Canadian Journal of Political and Social Theory, 1977, 1 (3).

❷ 陈诚,陈翔云. 网络 2.0 时代的传播政治经济学理论评述 [J]. 政治经济学评论, 2023, 14 (2): 208 - 218.

❸ 常江,史凯迪. 克里斯蒂安·福克斯:互联网没有改变资本主义的本质:马克思主义视野下的数字劳动 [J]. 新闻界, 2019 (4): 4 - 10.

❹ 克里斯蒂安·福克斯. 数字劳动与卡尔·马克思 [M]. 北京:人民出版社, 2020: 136.

❺ FUCHS C, 陈婉琳, 黄炎宁. 信息资本主义及互联网的劳工 [J]. 新闻大学, 2014 (5): 8 - 24.

❻ KANG H, MCALLISTER M. Selling you and your clicks: examining the audience commodification of Google [J]. Triple C: Communication, Capitalism & Critique, 2011, 9 (2).

❼ FISHER E. Class struggles in the digital frontier: audience labor theory and social media users [J]. Information Communication & Society, 2015, 18 (9): 9.

❽ JENKINS H. Quentin Tarantino's star wars? digital cinema, media convergence, and participatory culture [M] // THORBURN D, JENKINS H. Rethinking Media Change: The Aesthetics of Transition. Cambridge: MIT Press, 2003: 281 - 312.

值)的工作混为一谈。❶ 斯迈思认为,广告商从大众传播系统的所有者那里购买的就是受众商品,受众商品的价值来自大众传播系统劳动者的劳动,而其使用价值则来自受众的忠诚度和注意力。❷ 例如,大众媒体作为生产商,通过显性或隐性的广告与电视节目相结合,传递给受众娱乐等免费信息。一方面,人们为了成为受众承担了有线电视的收视费、电费、折旧费等;另一方面,人们在观看广告的同时被引诱为潜在的受众并维持对广告传递的品牌的忠诚度,因而在广告宣传过程中成为广告商的"受众商品"。其次,受众的工作就是列出购物清单并购买特定"品牌"的消费品,同时进行自身劳动力的再生产。在这一过程中,大众传媒"通过引导制定购物清单以及将意识形态渗透进广告中来生产受众商品"。❸ 概括而言,受众商品揭示了如何利用受众的劳动为平台创造价值。❹

"受众商品"的概念与马克思主义学说中的"商品"和"劳动"概念相呼应。在马克思看来,服务本身是一种商品,无论是实物商品还是过程商品,都涉及劳动者的参与和价值的创造。在数字经济中,受众的劳动被转化为数据商品,这一过程既是市场化的(因为数据被作为商品交易),也是社会化的(因为数据要素流动影响甚至形塑了劳动者的社会地位和社会的整体权利架构)。可见,马克思主义对于数据要素市场性与社会性实现统整的基础在于:一方面,数据作为商品在市场上流通和交易,推动了经济增长和资本积累;另一方面,数据的收集和利用对社会结构和个体生活产生深远影响,涉及权利、隐私和社会公正等问题。在图书馆学领域,围绕数字包容与信息贫困等议题展开的研究一直高度关注数据资源的分布与应用之于社会结构和个体生活的影响,从而为图书馆职业从人文关怀的角度为保障用户融入社会数字化进程提供了支撑。

2.2.2 产消者

在"受众商品"理论的基础上,美国学者阿尔文·托夫勒(Alvin Toffler)在其著作《第三次浪潮》中提出了"产消者"(prosumer)❺概念,认为与传统的大众媒体受众不同,网络2.0时代的社交媒体用户不仅是内容的消费者,也是数据和内容

---

❶ ARTZ L. The audience commodity in a digital age: revisiting a critical theory of commercial media [J]. New Media & Society, 2015, 17: 310 – 312.

❷ 达拉斯·W. 斯麦兹, 杨嵘均, 操远芃. 大众传播系统:西方马克思主义研究的盲点 [J]. 国外社会科学前沿, 2021 (9): 50 – 65.

❸ SMYTHE D. Communication: blindspot of western marxism [J]. Canadian Journal of Political and Social Theory, 1977, 1 (3): 1 – 27.

❹ 利文斯通 S, 杨嵘均, 谢芷珺. 数据化时代的受众:媒体研究的关键问题 [J]. 国外社会科学前沿, 2023 (9): 41 – 51.

❺ 阿尔文·托夫勒. 第三次浪潮 [M]. 北京:生活·读书·新知三联书店, 1983: 337 – 346.

的生产者，因此可被称为"产消者"，即生产者（producer）和消费者（consumer）的结合体。例如，"在社交媒体上，我们可以将用户视为数据价值的生产者，这些数据又被作为商品出售给谷歌、脸书、微博、百度等公司的目标广告客户，他们是在社交媒体中的数字劳工。"❶ "我们可以说在社交媒体企业中，受众商品是一种互联网产消者商品。"❷

概括而言，产消者这一概念主要指网络 2.0 时代社交媒体用户的一种新型角色，他们既是内容的消费者，也是内容的生产者。❸ 产消者具有如下一些基本特征。

第一，用户参与性增强。在网络 2.0 时代，用户不仅是信息的接收者，也是信息的创造者。他们在社交媒体平台上发布内容、互动交流，这些活动产生了大量数据，这些数据随后被平台用于商业目的。同时，数字技术的发展使得平台能够根据用户的行为和偏好提供个性化的内容和服务，这进一步增强了用户的参与度，同时使得用户的消费行为更加符合其个人需求。

第二，数据的商品化。用户在社交媒体上的行为和互动被视为一种生产性劳动，他们产生的数据被平台收集、分析，并作为商品出售给广告商，从而实现价值的创造和捕获。

第三，平台的双重角色。社交媒体平台既是用户交流和分享的场所，也是资本积累的工具。平台通过提供免费服务吸引用户，同时利用用户的活动和数据来谋取利润，用户在不知不觉中参与了资本积累的过程中，他们的个人数据和社交互动成为资本增值的新领域。

第四，对民主潜能的影响。尽管互联网和社交媒体被认为具有促进民主的潜能，但"产消一体化"的现象可能导致这种潜能的异化，因为用户在追求个性化和定制化体验的同时，可能忽视了公共利益和民主参与的重要性。

迄今为止，研究者已针对产消一体化展开了大量论述。较典型的观点如下：康贤进（Hyunjing Kang）和马修·麦卡利斯特（Mattegew NcAllister）认为，"数字媒体通过对数字受众不断深入的监控过程，实现了用户本身及其所生产数据的商品化，同时实现了对这种商品的无偿占有。与广播、电视等传统大众媒体不同的是，数字媒体凭借强大的信息采集技术和算法技术，不再依赖对传统媒体起协助作用的收视率统计公司，而是直接完成对受众的全面系统的监控和分析，甚至可以向每一位用户精准投放其可能偏好商品或服务的目标广告。数据的商品化过程极大强化了

---

❶ 常江，史凯迪. 克里斯蒂安·福克斯：互联网没有改变资本主义的本质：马克思主义视野下的数字劳动 [J]. 新闻界，2019（4）：4-10.

❷ 克里斯蒂安·福克斯. 数字劳动与卡尔·马克思 [M]. 北京：人民出版社，2020：136.

❸ 陈诚，陈翔云. 网络 2.0 时代的传播政治经济学理论评述 [J]. 政治经济学评论，2023，14（2）：208-218.

用户商品化的质量和水平,用户所生产的数据成为社交媒体资本谋取利润最基础和最关键的要素和机制之一,这一过程极大地提升了媒体广告的转化率,降低了广告投放的相对费用,使得数字媒体得以获取相较于传统大众媒体更多的利润"❶。埃兰·费舍尔(Eran Fisher)以"脸书"为分析案例,指出社交媒体正是通过利用受众在网络空间的交往需求,诱使其不断发布和分享关于自我表现和日常生活的内容,使具有相同或相似兴趣爱好的用户聚集成一个社交圈子,并通过"受赞助内容"广告项目,将某个用户点赞、签到或评论的特定品牌商品推送到具有相似消费偏好的脸书好友主页,以获得更好的广告营销效果。他认为,"被商品化的是社交媒体用户之间的相互了解、熟识和社交关系,这是一种具有交换价值的关系,是一种'关系'的商品化"。❷ 福克斯则强调互联网产消者不断为媒体资本生产可供出售的数据商品,同时生产了包含用户创造力的媒体内容,即个人主动发布的文字、图片、视频等用户生成内容,这是一种"人类创造活动的全面的商品化"。❸

2.3 数字时代的劳动时间与价值规律

在数字经济蓬勃发展的当下,劳动形态和价值创造方式发生了深刻变革。在前两节探讨了数字劳动、受众商品等概念,明晰了数字经济时代劳动与数据的紧密联系的基础上,本节将围绕数字时代的劳动时间与价值规律展开,分析用户在线时间的价值创造以及"自由劳动"的基本属性,进一步揭示数字经济运行机制及数据要素管理的本质。

2.3.1 数字时代的劳动时间

关于劳动时间,马克思区分了必然王国和自由王国。前者指的是物质生产领域,即人的劳动过程和劳动时间,后者指的是与劳动时间不同的自由时间。❹ 就劳动作为一种必然王国而言,它"首先是……人以自身的活动来中介、调整和控制人和自然之间的物质变换的过程"。❺ 就自由时间和自由王国而言,马克思认为自由

---

❶ KANG H, MCALLISTER M. Selling you and your clicks: examining the audience commodification of Google [J]. TripleC: Communication, Capitalism & Critique, 2011, 9 (2).

❷ FISHER E. Class struggles in the digital frontier: audience labor theory and social media users [J]. Information Communication & Society, 2015, 18 (9).

❸ 克里斯蒂安·福克斯. 信息资本主义及互联网的劳工 [J]. 新闻大学, 2014 (5): 8-24.

❹ 马克思. 资本论: 第3卷 [M]. 北京: 人民出版社, 2004: 928.

❺ 杨宇辰. 马克思主义劳动价值论视阈下"玩工"劳动关系的再探讨 [J/OL]. 马克思主义研究, 2024 (8): 141-151 [2024-12-21]. http://kns.cnki.net/kcms/detail/11.3591.A.20241218.1653.058.html.

时间由"闲暇时间"和"从事较高级活动的时间"组成。❶ 如果说后者指的是用于科学研究和艺术创作的时间，那么，闲暇时间所指的就是用于娱乐和休闲的时间。❷ 福克斯认为，马克思的价值规律适用于分析媒体资本的收入——劳动时间（用户的在线时间）构成社会媒体创造的价值的衡量标准。❸ 福克斯认为用户所有在线时间都是生产性的，因为它产生用户数据，价值是在广告展示和数据销售时实现的。❹

在马克思看来，劳动时间是创造价值的基础，而自由时间是个人发展和自由发展的空间。在数字经济中，用户的在线时间被转化为劳动时间，创造了经济价值，同时影响了社会结构和个体行为。因此，马克思主义学说中关于劳动时间的概念能够实现对数据要素市场性和社会性在如下三个方面的统整。首先，在数字经济中，用户的在线时间被视为劳动时间，这是因为他们直接参与了价值创造过程。这种劳动时间的扩展，使得数据要素的市场性过程与社会性影响紧密相连。其次，用户在线时间的价值创造过程，不仅涉及经济价值的创造，也涉及社会关系的构建和个体行为的塑造，体现了数据要素的社会性。最后，在数字经济中，用户不仅是消费者，也是生产者，他们的在线活动既是消费行为，也是生产行为，这种双重角色体现了数据要素市场性和社会性的统整。

用户在线时间被视为创造价值的劳动时间且体现产消一体化特征，这是数字经济时代对马克思主义劳动时间学说边界的进一步拓展。简言之，图书馆借由其所拥有的高质量文献资源，有望成为影响用户在线行为的关键公共机构，而产消一体化则为图书馆在数字经济时代拓展新的业务提供了足够的"想象空间"。

2.3.2 "自由劳动"与价值规律

马克思指出："如果一种职能本身是非生产的，然而是再生产的一个必要的因素，现在这种职能由于分工，由多数人的附带工作变为少数人的专门工作，变为他们的特殊行业，那么，这种职能的性质本身并不会改变。"❺ 由前述部分的分析可以看出，无论是数字劳动与数字时代劳动者的新特征，还是受众商品及劳动时间边界的拓展，都显示了在数字经济时代，虽然没有改变劳动的本质，但确实正在产生

---

❶ 中共中央马克思恩格斯列宁斯大林著作编译局. 马克思恩格斯全集：第31卷 [M]. 北京：人民出版社，1998：108.
❷ 中共中央马克思恩格斯列宁斯大林著作编译局. 马克思恩格斯全集：第35卷 [M]. 北京：人民出版社，2013：229.
❸ 魏旭. 数字资本主义下的价值生产、度量与分配：对"价值规律失效论"的批判 [J]. 马克思主义研究，2021（2）：50-61.
❹ FUCHS C. A contribution to the critique of the political economy of Google [J]. Fast Capitalism, 2011, 8 (1)：10.
❺ 中共中央马克思恩格斯列宁斯大林著作编译局. 马克思恩格斯全集：第45卷 [M]. 北京：人民出版社，2009：148.

许多"由多数人的附带工作变为少数人的专门工作"。

数字化生产的一个鲜明特征是,"活的知识"或"活劳动"的认知维度成为生产的主要力量,[1] 是价值创造和积累的主导来源。[2] 蒂齐安娜·特拉诺娃(T. Terranova)将这种劳动称为"自由劳动"。[3] 立足于对价值规律的解析,数字经济领域的研究者迄今为止已形成了一种主张,即基于数据、知识、信息,以及其他互联网经济内容的生产代表了一种新的价值生产模式,并且正在成为占主导地位的社会生产体系。[4] 在这些学者看来,这种新的价值生产模式甚至已经摆脱了工业资本主义生产方式所遭受的诸如资源、能源等的限制。[5] 简言之,以智能算法、数据存储与处理、大数据技术为核心的信息与通信技术的发展正在重塑当代的生产方式;数字设备也正在使生产者和消费者之间的联结关系日益紧密,供给和需求之间的匹配性日益精准,以智能制造为标志的生产自动化程度的大幅提高正在使可变资本的配置比例最小化。[6]

马克思主义关于价值规律的理论之于数据要素市场性和社会性的统整主要体现在以下三方面。首先,以"自由劳动"等形式存在的非物质劳动(如数据工程师的劳动)也服从价值规律的调节,仍然是社会必要劳动时间的体现。不过这种劳动越来越复杂化、合作化,在价值规律的作用下,数据的生产和分配不仅影响经济价值的创造,也影响社会价值的分配。另外,数据的收集和利用可能侵犯个人隐私,也可能加剧社会不平等。这表明,数据要素市场性和社会性共同整合于价值规律的框架之下。其次,用户在线活动产生的数据被资本化,从而在"不知不觉"中创造了价值,这体现了数字经济时代新型生产关系的形塑。这种新型生产关系跨越了数据要素的市场性和社会性双重属性。最后,"活劳动"的认知维度所体现了受众的能动性与马克思主义中劳动的主观能动性相一致。在数字经济中,受众通过社交媒体平台创造内容和数据,这些活动虽然可能不直接获得报酬,但它们产生的数据被平台商业化利用,体现对数据要素市场性与社会性统整的一面。

总之,数字经济时代层出不穷的崭新劳动形式与价值创造特征进一步丰富了马克思主义学说。在理解马克思主义学说对数据要素市场性和社会性统整的问题上,

---

[1] VERCELLONE C. From formal subsumption to general intellect: elements for a marxist reading of the thesis of cognitive capitalism [J]. Historical Materialism, 2007, 15 (1): 12.

[2] VERCELLONE C. Wages, rent and profit in cognitive capitalism [C]. Historical Materialism Conference, 1999: 15.

[3] TERRANOVA T. Free labor: producing culture for the digital economy [J]. Social Text, 2000, 18 (2): 6.

[4] CASTELLS M. The rise of network society [M]. Oxford: Blackwell, 2010: 69 – 76.

[5] 魏旭. 数字资本主义下的价值生产、度量与分配:对"价值规律失效论"的批判 [J]. 马克思主义研究, 2021 (2): 50 – 61.

[6] 杨善奇, 刘岩. 智能算法控制下的劳动过程研究 [J]. 经济学家, 2021 (12): 31 – 40.

马克思提出的"总体工人"概念值得重视。一方面，因为"总体工人的各个成员较直接地或者较间接地作用于劳动对象"，所以他们的劳动都与劳动产品及其使用价值形成技术上的联系，因而是产品生产在技术上不可或缺的。另一方面，因为"总体工人的各种职能有的比较简单，有的比较复杂，有的比较低级，有的比较高级"，所以"他的器官，即各个劳动力，需要极不相同的教育程度，从而具有极不相同的价值"。[1]

---

[1] 杨宇辰. 马克思主义劳动价值论视阈下"玩工"劳动关系的再探讨［J/OL］. 马克思主义研究，2024(8)：141-151 ［2024-12-21］. http://kns.cnki.net/kcms/detail/11.3591.A.20241218.1653.058.html.

第 3 章
数据要素与新质生产力

新质生产力已成为推动经济高质量发展的关键力量,而数据要素在其中扮演不可或缺的角色。本章围绕数据要素与新质生产力展开论述,先梳理生产力相关传统理论,介绍新质生产力提出的时代背景与理论内核。接着从劳动者、劳动资料、劳动对象三要素剖析数据要素对新质生产力的影响。最后探讨新质生产力的测度,包括测量维度和评估方法,并指出当前研究的不足与改进方向,旨在深入探究两者关系,助力经济发展。

3.1 从生产力到新质生产力

3.1.1 生产力相关传统理论

3.1.1.1 生产力学说的历史脉络

生产力这个概念由法国重农学派的创始人之一弗朗斯瓦·魁奈(Francois Quesnay)率先提出。18 世纪中后期之后,伴随着资本主义生产方式的兴起,古典经济学渐成经济学说的主流。在《国民财富的性质和原因的研究》中,古典经济学家亚当·斯密(Adam Smith)对生产力的形成进行了解析。他指出:"劳动生产力上最大的增进,以及运用劳动时所表现的更大的熟练、技巧和判断力,似乎都是分工的结果。"❶ 他强调,劳动是财富增长的关键因素,并通过分工、交换、市场和运输等方面解释了劳动生产力的提高。斯密从分工与生产力的关系着手对生产力的

---

❶ 亚当·斯密. 国民财富的性质和原因的研究(上)[M]. 郭大力,王亚楠,译. 北京:商务印书馆,1972:5.

发展进行了有价值的探讨，为经济学的后续发展奠定了基础。

作为古典经济学的集大成者，大卫·李嘉图（David Ricardo）在生产力的理论建设上作出了重要贡献。他不仅沿用了生产力和劳动生产力的概念，还提出了"土地是不可推毁的生产力""未来生产力""资本的生产力"等概念❶，并通过探讨生产要素的有机结合推动了资本主义生产力的发展，也对后续生产力理论产生了深远影响。❷

弗里德里希·李斯特（Friedrich List）认为，生产力的发展不仅依赖于市场的自由竞争，还需要国家的积极干预与保护。李斯特的理论强调工业化、教育和科技进步对提升生产力的重要性，主张生产力的核心在于国民的创新能力和组织协调能力。他提出，国家应在发展过程中注重培养技术人才、推动产业升级，并通过协调社会各方面力量实现长远的经济繁荣。❸

马克思和恩格斯早期的生产力思想深受亚当·斯密和大卫·李嘉图的"劳动生产力"理论，以及李斯特生产力理论的影响，他们在早期主要沿用了这些经典经济学家对生产力的定义。然而，在撰写《德意志意识形态》时，马克思和恩格斯已经转变为历史唯物主义者，并开始对生产力概念进行更为深刻的哲学阐释。他们保留对劳动生产力的重视，同时融入对科技生产力的思考，阐明分工在推动社会生产力及社会形态发展中的重要作用。❹ 在《共产党宣言》中，马克思进一步深化这一思想并指出："资产阶级除非对生产工具，从而对生产关系，从而对全部社会关系不断地进行革命，否则就不能生存下去。"❺ 这说明其统治地位的本质是依靠资产阶级通过持续变革生产工具和生产关系维持的，也蕴含了马克思关于技术创新推动社会发展的重要思想。《资本论》是马克思一生科学研究的集大成之作，其中系统阐述了他成熟的思想理论，特别是对生产力的深刻分析和全面发展。在《资本论》中，马克思的生产力思想进入了一个新的阶段，他对生产力的基本构成和其复杂性、多样性进行了详细阐释。马克思指出"劳动过程的简单要素是有目的的活动或劳动本身、劳动对象和劳动资料"❻，由此明确了生产力的三个核心要素，构成了生产力的基础，是推动生产力发展的不可或缺的条件。同时，其指出"劳动生产力

---

❶ 大卫·李嘉图. 政治经济学及赋税原理［M］. 北京：商务印书馆，1962.
❷ 宋子昂，上官文慧. 习近平总书记关于新质生产力重要论述研究［J］. 西安建筑科技大学学报（社会科学版），2024，43（4）：68-75.
❸ 梅俊杰. 弗里德里希·李斯特学说的重商主义渊源［J］. 经济思想史学刊，2022（3）：116-137.
❹ 王欢，杨渝玲. 马克思生产力思想的逻辑进程及现实启示［J］. 北京理工大学学报（社会科学版），2024，26（1）：1-11.
❺ 中共中央马克思恩格斯列宁斯大林著作编译局. 马克思恩格斯文集：第2卷［M］. 北京：人民出版社，2009：34.
❻ 中共中央马克思恩格斯列宁斯大林著作编译局. 马克思恩格斯文集：第5卷［M］. 北京：人民出版社，2009：208.

是由多种情况决定的"❶，这表明生产力的发展不仅依赖于基本的构成要素，还受到技术水平、社会组织、自然条件等多种因素的影响，体现了生产力的复杂性和多维性。

马克思主义政治经济学是阐释"新质生产力"内涵最重要、最基础的理论依据，这一理论不仅阐释了生产力的形成要素，而且强调了生产力和生产关系的矛盾运动规律，这为生产力的时空演变和动态化阐释提供了思想基础。此外，李斯特的国民经济学强调了国家在生产力保护和发展中的作用。经济增长理论将要素组合效率引入分析之中，经济结构变迁理论则关注增长中的产业形态问题，这些学说可以部分地整合在马克思主义的生产力—生产关系分析框架中，从而形成对"新质生产力"这个概念内涵的系统化阐释。❷

3.1.1.2 新质生产力提出的时代背景

1978~2022年，我国城镇居民家庭恩格尔系数从57.5%降至29.5%，农村居民家庭恩格尔系数从67.7%降至33.0%。当前城乡居民恩格尔系数均在30%左右。❸说明居民消费结构已从生产型资料主导转变为发展型、享受型资料主导。伴随着人均国民收入和消费结构的转变，我国社会主要矛盾中的"需求端"表述从"人民日益增长的物质文化生活需要"转化为"人民日益增长的美好生活需要"。❹

生产力是一个历史的范畴，马克思从古典政治经济学家那里继承下来并将其发展成为一个科学的理论。随着现代科学技术的发展以及在生产上的应用，生产力理论的内涵始终处于不断发展过程中，生产力在实践上也必然获得不同的表达式并呈现新的形态，新质生产力是生产力发展进程中历史地、逻辑地获得的一种新形态。❺我国经济社会发展所面临的新局面预示着深刻的生产力变革正在成为主流。着眼于当前我国生产力发展新阶段，2023年9月，习近平总书记在黑龙江考察期间首次提出了"新质生产力"这一重要概念。2024年1月31日，习近平总书记在中共中央政治局第十一次集体学习时强调"发展新质生产力是推动高质量发展的内在要求和重要着力点""新质生产力已经在实践中形成并展示出对高质量发展的强劲推动力、支撑力"。2024年3月5日，习近平总书记在参加第十四届全国人民代表大会第二

---

❶ 中共中央马克思恩格斯列宁斯大林著作编译局. 马克思恩格斯文集：第5卷 [M]. 北京：人民出版社，2009：53.

❷❹ 高帆. "新质生产力"的提出逻辑、多维内涵及时代意义 [J]. 政治经济学评论，2023，14 (6)：127-145.

❸ CEIC 中国经济数据库 [EB/OL]. [2024-10-20]. http://iffay1106aea2646e4edasnwvvqfb509n06qku.ghha.libproxy.ruc.edu.cn/en.

❺ 贺正楚，李玉洁，任宇新. 从生产力到新质生产力：基于新中国经济发展进程的考察 [J]. 湖南科技大学学报（社会科学版），2024，27 (3)：94-103.

次会议江苏代表团审议时再次强调："要牢牢把握高质量发展这个首要任务，因地制宜发展新质生产力。面对新一轮科技革命和产业变革，我们必须抢抓机遇，加大创新力度，培育壮大新兴产业，超前布局建设未来产业，完善现代化产业体系。"❶

注重从社会经济运动整体上把握社会生产力的内涵、把握生产力和生产关系的矛盾运动，深化解放生产力和发展生产力理论在中国特色社会主义经济关系新发展中的基本动因和矛盾节点，是习近平总书记对生产力理论探索的基本立场和根本方法。❷ 在对新质生产力的阐释中，习近平总书记提出："生产关系必须与生产力发展要求相适应。发展新质生产力，必须进一步全面深化改革，形成与之相适应的新型生产关系。"从社会生产力整体论上，"要深化经济体制、科技体制改革，着力打通束缚新质生产力发展的堵点卡点""让各类先进优质生产要素向发展新质生产力顺畅流动"。❸

相对于传统生产力的概念，"新质生产力"创造性地揭示了当代中国生产力发展的新趋势和新特征。新质生产力得以提出的理论背景下：一方面，新质生产力立足于马克思和恩格斯科学的生产力理论的元理论；另一方面，随着科学技术的不断发展和生产力水平的不断提高，生产力的内涵和外延也在与时俱进地发生变化。❹ 在此背景下，我们需要对新的生产力形态加以描述和揭示。新质生产力作为创新驱动主导的生产力，以科技创新为核心，强调数字生产力、知识生产力，以及智能生产力的重要意义。通过变革生产方式和生产关系，新质生产力为高质量发展提供动能和机遇。同时，新质生产力致力于提高劳动者的素质与劳动效率、改进生产方式和生产工具，推动全要素生产率的大幅提升，从而实现经济的持续健康发展。

综上所述，我国经济建设所取得的历史性成就意味着我国的生产力水平已经站上新起点，从而构成了新质生产力概念得以提出的现实背景。同时，新质生产力概念的提出，也意味着我国对生产力发展规律的认识在不断深化。❺

新质生产力作为一种以科技创新为核心驱动力的生产力形态，其具有现代创新特点，但其本质仍然属于马克思主义生产力理论的范畴。它是对马克思主义生产力理论在当代实践中的进一步应用和丰富，体现了生产力在新时代背景下的发展演

---

❶ 李小健，张宝山，张维炜，等. 凝心聚力谱写中国式现代化壮美华章：十四届全国人大二次会议综述[J]. 中国人大，2024（6）：22 – 27.

❷ 顾海良. 从"社会生产力水平总体跃升"到新质生产力：习近平经济思想关于新时代社会生产力理论创新挈要[J]. 经济学家，2024（4）：5 – 15.

❸ 加快发展新质生产力扎实推进高质量发展[N]. 人民日报，2024 – 02 – 02（01）.

❹ 史小宁，魏荣. "变"与"不变"的辩证统一：从"生产力"到"新质生产力"的逻辑关系探究[J]. 求实，2024（5）：4 – 13，109.

❺ 高帆. "新质生产力"的提出逻辑、多维内涵及时代意义[J]. 政治经济学评论，2023，14（6）：127 – 145.

化。因此，研究新质生产力的发展必须回归马克思主义政治经济学的基本原理，深入考察生产力发展变化的基本规律，理解生产力的内涵和演进逻辑。❶

3.1.2 新质生产力的理论内核

生产力是人类在长期的生产实践中逐步形成的一种物质力量，它体现了人类通过劳动改造自然、满足社会需求的能力。作为推动历史发展的根本动力，生产力构成了人类社会生活和整个历史进程的基础。人类最早的活动便是生产维持基本生存的物质资料，因此，生产力始终是社会发展的核心要素。

有学者指出，"新质生产力"是立足我国经济发展的新时代特征提出的新概念，是基于马克思主义生产力理论的守正创新、传统生产力的全面升级，为推进中国式现代化、培育国际竞争新优势提供了重要契机。❷ 也有学者提出，学理化阐释习近平总书记关于新质生产力重要论述的重大意义：一是有利于推动马克思主义经典理论的中国化时代化，二是有利于促进中国式现代化话语体系的构建与传播，三是有利于充分彰显习近平总书记关于新质生产力重要论述的原创性贡献，四是有利于增强全社会参与科技创新与经济高质量发展的积极性主动性。❸

当前，学界关于新质生产力的定义也日趋清晰，即新质生产力以科技创新为主导，是在传统生产力基础上发生质变后形成的更加适应当下的先进生产力质态。它由技术革命性突破、生产要素创新性配置、产业深度转型升级而催生，以劳动者、劳动资料、劳动对象及其优化组合的跃升为基本内涵，以全要素生产率大幅提升为核心标志，特点是创新，关键在质优，本质是先进生产力。科技创新能够催生新产业、新模式、新动能，是发展新质生产力的核心要素。

很多学者从"新"和"质"两方面出发，对新质生产力的理论内核展开了解读。有学者认为，新质生产力与传统生产力的差异主要表现在"新"这个方面。例如，魏崇辉指出，新质生产力的特点在于科技创新和推动经济发展的能力。❹ 另一些学者则聚焦于"质"的提升，认为新质生产力是在生产力构成要素上进行质量的变革。蒲清平等人提出，新质生产力通过对劳动者、劳动资料和劳动对象进行创新

---

❶ 韩喜平，马丽娟. 新质生产力的政治经济学逻辑［J］. 当代经济研究，2024（2）：20－29.
❷ 周杰，焦玉瑞. 论新质生产力的理论意涵、历史回溯与现实观照［J］. 长春大学学报，2024，34（9）：41－46.
❸ 吴增礼，刘熠凡. 习近平总书记关于新质生产力重要论述的学理化阐释：意义、原则与方法［J/OL］. 海南大学学报（人文社会科学版），（2024－10－08）［2025－01－20］. https：//doi.org/10.15886/j.cnki.hnus.202408.0400.
❹ 魏崇辉. 新质生产力的基本意涵、历史演进与实践路径［J］. 理论与改革，2023（6）：25－38.

变革来实现。❶ 王国成等学者也认为,其核心在于通过对劳动者、劳动资料和劳动对象的优化整合来推动生产力的质变。❷ 此外,有学者认为,新质生产力是"新"和"质"的有机结合。例如,周文认为"新"指新质生产力是实现关键性颠覆性技术突破的生产力,其内涵包含新技术、新经济和新业态。其"质"则指的是坚持创新驱动的基础上发展新质生产力。❸ 胡莹认为,新质生产力的特点在"新",关键在"质",落脚点在"生产力",是以科技创新为引擎,以新产业为主导,以产业升级为方向,以提升核心竞争力为目标。❹ 贾若祥等人指出,新质生产力的"新"依赖现有的科技进步,催生新型产业发展,而"质"则体现在对劳动者、劳动资料和劳动对象的质量提升。❺ 蒋永穆等学者认为,"新"体现在新的生产要素、科技和产业上,而"质"体现在高质量的发展模式,新质生产力是"新"和"质"的有机结合与优化。❻

从不同学科的角度来看,新质生产力的内涵也有所不同。当前学术界主要从政治经济学、人文经济学,以及马克思主义生产理论等视角对其内涵展开了详细分析。韩文龙等基于政治经济学的角度,认为新质生产力是一种具有先进特征的生产力,其"先进性"体现在生产结构和内容的进步性,而"新"体现在生产要素的创新性,"质"则表现为高质量和高水平。❼ 周绍东等基于人文经济学视角,指出新质生产力的发展需要有包容创新精神的人文伦理支持,理性与包容的人文经济伦理是其创新能力的关键。❽ 贺俊从经济学角度认为,相较于传统生产力,新质生产力是一个更高效的生产函数,其中创新推动了生产效率和经济水平的提升。在经济学视角下,新质生产力包含投资者、劳动者、技术创新者和制度供给者四类主体,表面上是新技术和新产业的竞争,实质上是制度的竞争。❾ 汪大本从马克思主义生产力理论出发,认为新质生产力是通过对劳动者、劳动资料和劳动对象的优化组

---

❶ 蒲清平,黄媛媛. 习近平总书记关于新质生产力重要论述的生成逻辑、理论创新与时代价值 [J]. 西南大学学报(社会科学版),2023,49(6):1-11.
❷ 王国成,程振锋. 新质生产力与基本经济模态转换 [J]. 当代经济科学,2024,46(3):71-79.
❸ 周文,许凌云. 论新质生产力:内涵特征与重要着力点 [J]. 改革,2023(10):1-13.
❹ 胡莹. 新质生产力的内涵、特点及路径探析 [J]. 新疆师范大学学报(哲学社会科学版),2024,45(5):36-45.
❺ 贾若祥,窦红涛. 新质生产力:内涵特征、重大意义及发展重点 [J]. 北京行政学院学报,2024(2):31-42.
❻ 蒋永穆,乔张嫒. 新质生产力:逻辑、内涵及路径 [J]. 社会科学研究,2024(1):10-18.
❼ 韩文龙,张瑞生,赵峰. 新质生产力水平测算与中国经济增长新动能 [J]. 数量经济技术经济研究,2024,41(6):5-25.
❽ 周绍东,李靖. 人文经济学视阈下新质生产力发展研究 [J]. 商业经济与管理,2024(5):93-104.
❾ 贺俊. 新质生产力的经济学本质与核心命题 [J]. 人民论坛,2024(6):11-13.

合，促使生产力的提升，核心在于劳动者对劳动对象的改造过程。[1]

总之，从生产力到新质生产力，生产力的构成要素并没有发生根本的变化，发生变化的不过是要素的具体内涵。在新质生产力时代，数字技术、人工智能赋予劳动力完全不同于过往的内涵。科学技术在新质生产力语境下具象化为计算机技术、物联网技术、5G 技术、人工智能、生物技术、新能源新材料、算法算力等；数据要素在新质生产力中开始扮演关键作用；生产的社会过程也随着科学技术发展及其在生产工艺上的应用而相应调整，呈现出劳动者与劳动资料的结合从物理空间向数字虚拟空间转向等诸多全新特征。[2]

新质生产力理论创新，是习近平经济思想中最具时代性和学理性的标志，是对中国经济学自主知识体系建构的显著成就，是新时代"系统化的经济学说"及其"术语的革命"的最新成果，也是当代马克思主义社会生产力理论的科学革命。[3]为此，在完成中国自主知识体系构建的过程中，学术界需要面向蓬勃发展的新质生产力，用中国道理总结好中国经验，把中国经验提升为具有主体性、原创性的中国理论，从而以中国化时代化的马克思主义的立场观点方法，推进中国共产党的创新理论的学理化阐释、学术化表达和学科化建构。[4]

综上所述，作为构建中国自主知识体系的中坚力量，学术界要深入研究中国共产党的创新理论，将其与新时代背景和实践结合，推动理论的创新与发展。同时，要以简明易懂、系统深入的方式，将中国共产党的创新理论传播给社会各界，特别是基层干部和广大群众，增强全社会对党的理论和政策的理解与认同。此外，学术界也要通过研究为党和国家的实际工作提供理论支持，助力政策制定和实施，并在国际舞台上阐释党的创新理论，促进国际社会对中国发展的认知与理解，推动全球范围内的理论对话与文化交流互鉴。

3.1.3 数据要素与新质生产力

在新质生产力的视角下，数字劳动、受众商品、产消者、自由劳动与数据要素紧密相连，共同推动经济与社会的发展变革。数字劳动通过创造和处理数据为新质生产力提供关键支撑；受众商品和产消者作为数字经济下的特殊现象，其产生和发

---

[1] 汪大本. 马克思主义生产力理论视域下发展新质生产力的逻辑进路［J］. 苏州科技大学学报（社会科学版），2024，41（3）：6-12.
[2] 王朝科. 从生产力到新质生产力：基于经济思想史的考察［J］. 上海经济研究，2024（3）：14-30.
[3] 顾海良. 从"社会生产力水平总体跃升"到新质生产力：习近平经济思想关于新时代社会生产力理论创新挈要［J］. 经济学家，2024（6）：5-15.
[4] 庞立生，孙安民. 党的创新理论体系化学理化与中国自主知识体系的构建［J］. 思想理论教育导刊，2024（8）：26-33.

展与数据要素的商品化紧密相关,影响新质生产力的市场格局;自由劳动则在新质生产力的创新发展中扮演重要角色,为数据要素的价值创造注入新的活力。

首先,数字劳动与数据要素是助力新质生产力发展的核心动力。数字劳动是数据要素参与生产活动的驱动者。在新质生产力时代,数字技术广泛应用,数字劳动涵盖软件开发、数字信息处理等领域,劳动者在这些数字劳动过程中产生大量数据,这些数据经收集、分析和利用,成为新质生产力发展的关键要素。例如,在电商平台,商家通过数字劳动收集消费者浏览、购买数据,借助数据分析实现精准营销、优化产品,提升生产效率和服务质量,推动新质生产力发展。数字劳动还能提升劳动者技能,使其更好地适应新质生产力对高素质人才的需求,进而促进新质生产力的发展。

其次,受众商品与产消者体现数据要素的市场价值。受众商品理论揭示了受众在数字经济中被商品化的现象,受众的劳动成果转化为数据商品,这与新质生产力的数据要素市场价值紧密相关。例如,社交媒体用户作为受众,其行为数据被平台收集、分析并出售给广告商,实现了数据的商品化。这些数据成为广告商精准营销的依据,提高了市场交易效率,体现了数据要素的市场价值,推动了新质生产力在市场中的发展。产消者则进一步强化了这种关系,他们既是内容消费者,也是数据和内容生产者。在社交媒体上,产消者发布内容、互动产生的数据,被平台用于商业目的,为新质生产力的发展提供了丰富的数据资源,促进了新质生产力与市场需求的精准对接。

最后,"自由劳动"为数据要素价值创造注入活力。"自由劳动"强调"活的知识""活劳动"的认知维度在生产中的主导作用,这与新质生产力对创新的追求高度契合。在新质生产力环境下,以智能算法、大数据技术为核心的数字经济发展,使得自由劳动成为价值创造的重要形式。数据工程师、科研人员等从事的创造性工作属于自由劳动范畴,他们运用专业知识和技能处理数据,挖掘数据潜在价值,推动技术创新和产业升级。自由劳动产生的创新性成果,如新技术、新算法等,为数据要素的价值创造提供了新的途径和方法,为新质生产力的发展注入了强大动力。

3.2 数据要素与新质生产力三要素

马克思和恩格斯在《德意志意识形态》中明确强调"一定的生产方式或一定的工业阶段始终是与一定的共同活动的方式或一定的社会阶段联系着的,而这种共同活动方式本身就是'生产力';由此可见,人们所达到的生产力总和决定着社会状况，因而，必须始终把'人类的历史'同工业和交换联系起来研究和探讨"。[1]

生产力是一个历史范畴，随着科学技术的发展以及在生产上的应用，生产力的内涵始终处于不断发展过程中，生产力在实践上也必然获得不同的表达方式并呈现出新的形态，新质生产力是生产力发展进程中历史地、逻辑地获得的一种新形态。随着社会经济的发展，人类对生产力的认识不断深化，那些原来不构成生产力要素的或未被人们认识的要素随着生产条件的变化和认识深化也被纳入生产力的构成要素是必然的。数据作为生产要素纳入新质生产力，不仅是技术进步使然，也是人们对生产力认识不断深化的结果。[2]

3.2.1 面向新质生产力的数字劳动者

数据要素对于劳动者的影响是全面而复杂的。特别是在数字劳动、受众商品及"自由劳动"的新形态下，数据要素之于劳动者的影响复合于多种多样的场景之中。数字劳动者与传统劳动者的差异反映了时代变革中的生产方式变化和社会进步。数据叠加数字技术使传统的劳动者跃升为数字劳动者[3]，能大幅提高传统劳动力的质量和生产潜能，提升劳动生产率，并倒逼劳动力结构趋向高级化。[4] 从理论上说，数据要素与新质时代劳动者之间的关联，不仅体现在其赋能数字时代的劳动者方面，也体现在对用户信息素养、数字素养的影响中。这些影响大致体现在以下几个方面。

一是提升劳动者技能与知识水平。在新质生产力时代，劳动者需要具备处理和分析数据等方面的素质，能够熟练掌握和应用数字化的劳动工具，不断更新其知识结构和技能水平，以便有效参与高新技术产业和高端服务业。[5] 数据作为一种可记录的信息资源，在参与生产过程后，通过大数据分析和应用，有助于劳动者获取新知识、新技能，促进其终身学习和职业发展。帮助劳动者积累并系统化其技能和知识，例如，通过数字平台的记录和分析，劳动者能够精准地追踪自己的工作表现、技能掌握情况及成长轨迹，从而不断更新知识结构和提升技能水平。数字劳动者能够通过获取和分析这些数据记录的反馈，提升个体的知识水平，促进终身学习与职业发展。

二是增强数据经济参与各方的决策能力。数据要素的一个重要特征就是渗透

---

[1] 中共中央马克思恩格斯列宁斯大林著作编译局. 马克思恩格斯选集：第1卷［M］. 北京：人民出版社，2012：160.
[2] 王朝科. 从生产力到新质生产力：基于经济思想史的考察［J］. 上海经济研究，2024（3）：14-30.
[3] 崔云. 数字技术促进新质生产力发展探析［J］. 世界社会主义研究，2023，8（12）：97-109.
[4] 熊映梧. 生产力的经济学原理［M］. 哈尔滨：黑龙江人民出版社，2001.
[5] 魏崇辉. 新质生产力的基本意涵、历史演进与实践路径［J］. 理论与改革，2023（6）：25-38.

性，大量数据中提炼的有效信息可以缩短其他要素相互衔接的成本和时间，提高产业链的整体运行效率。在新质生产力的语境下，数据的记录特性使得劳动者拥有丰富且持续更新的数据信息资源，从而有望作出更加科学和精准的决策。同时，在生产过程中，劳动者可以利用数据分析结果优化工作流程，提高生产效率和质量。❶

三是促进劳动者的创新能力。新质生产力具有创新性、包容性、先进性、绿色性和开放性的属性❷，数据的记录性使得创新过程中的试验、反馈和优化变得更加高效。数字劳动者可以通过对已记录的历史数据的反复推敲和分析，发现潜在的创新机会。数据计算能够揭示潜在的趋势、机会和问题，使得劳动者在技术和产品创新过程中能够作出更加精准的决策。这种基于数据的创新模式，不仅提高了劳动者的创造力，还促使技术与产品创新从数据中获得支持，从而推动技术进步和产业升级。

四是提高劳动者的生产率。新质生产力将科技创新作为核心要素，推进了马克思关于科学技术与生产力、财富创造与环境保护之间关系的判断。❸ 在数据要素的参与下，劳动者通过对智能化和自动化技术的应用，利用数据驱动的智能工具和系统，完成更复杂、更高效的工作任务，有效提高劳动生产率。例如，通过对大量生产数据的计算分析，劳动者可以实时优化工作流程，减少无效工作，提高劳动生产率。这种数据驱动的智能工作方式，将大力提升生产效率和质量，推动劳动者向更加高效、精细的工作模式转型。

五是增强劳动者的适应性和灵活性。在数据要素的驱动下，劳动者需要适应快速变化的工作环境和市场需求，这要求劳动者具备更高的适应性和灵活性，以应对新质生产力时代的挑战。❹ 数据的"可计算性"为劳动者提供了实时的反馈和预测功能，帮助其及时调整自身工作策略和技能方向。例如，通过对行业趋势、消费者需求变化的数据分析，劳动者可以预测未来的需求变化，并快速调整自身的工作内容或产品设计，从而保持在变革中的竞争力。

综上所述，数据要素的"记录"特性赋予劳动者对自身工作和技能进步的追踪能力，同时提高了其决策过程的科学性和准确性；而"可计算性"则通过数据分析与计算的支持，促进了劳动者生产率的提升、创新能力的激发，以及适应性和灵活性的增强。数据要素不仅为劳动者提供了更为高效的工作工具，还通过精细化的数据管理和应用提升了其整体素质和竞争力，从而推动新质生产力时代劳动者的全面

---

❶ 韩文龙，张瑞生，赵峰. 新质生产力水平测算与中国经济增长新动能 [J]. 数量经济技术经济研究，2024，41（6）：5-25.
❷ 张东刚. 新质生产力：理论创新、形成机理与未来展望 [J]. 应用经济学评论，2024，4（1）：3-15.
❸ 刘同舫. 以唯物史观理解新质生产力 [J]. 马克思主义理论学科研究，2024，10（4）：27-36.
❹ 张杰. 新质生产力理论创新与中国实践路径 [J]. 河北学刊，2024，44（3）：127-134.

发展。

笔者通过以下场景，帮助读者理解在新质生产力背景下，数字劳动者如何通过数据管理提升工作效率，推动制造业的高效生产。

> **场景：制造业中的数字化转型——数字劳动者的崛起**
>
> 在数字化转型的过程中，制造业不仅是技术的引入，更重要的是劳动者的工作方式发生了深刻变化。通过数据驱动的智能化管理系统，传统劳动者逐步转型为"数字劳动者"，他们不仅依赖于设备操作，更是借助智能工具优化工作流程，提高生产效率，减少浪费，适应不断变化的市场需求。
>
> NJ是一家制造企业，随着全球工业4.0浪潮的推进，该公司通过引入数字技术和智能化系统，彻底改变了工人的工作模式和生产效率，生产线上的传统工人逐步成为"数字劳动者"。具体如下。
>
> 智能化生产：工人们通过嵌入在生产设备中的物联网传感器，实时监控设备的运转状态。例如，车间的自动化装配线可以自动收集机器的工作数据，分析设备是否存在异常情况。一旦某台机器出现故障，系统会提前通过预测算法警示操作员，自动触发维护流程，从而避免生产线的意外停机。这种"预警－维修"的机制，不仅提高了设备利用率，还大大减少了生产中断的风险。
>
> 数据驱动决策：通过数据采集和实时分析，生产管理系统能够持续优化生产任务的分配。工人们通过智能终端获得实时指令，这些指令基于历史生产数据、当前生产环境以及市场需求预测，智能分配生产任务，帮助工人合理安排工作进度。例如，如果某个产品的市场需求突增，系统会自动调整生产节奏，优先安排该产品的生产任务。工人根据这些数据动态调整操作，提高了生产效率。
>
> 提升生产率与适应性：数字化系统的引入，使得工人不再依赖传统的经验和直觉来判断操作步骤，而是通过数据分析的支持，实时调整工作流程。这种变化使得生产效率提升了20%以上，工人的工作方式变得更加精准与高效。此外，生产环境中的数据反馈使得工人能够迅速适应生产计划的变化，无论是订单需求的突发变化，还是设备状态的突然变化，工人都能在数据的指导下作出快速反应。

事实上，数字技术不仅提升了生产效率，还极大地增强了工人的适应性和灵活性，使其能够在快速变化的工作环境中保持高效运作。数据通过其"可计算性"，帮助工人实时优化工作流程、提升生产率，并在更高层次上支持智能决策过程。

3.2.2 作为新型生产资料的数据要素

作为新型生产资料的数据要素在新质生产力的发展中扮演着至关重要的角色，具体体现在以下五个方面。

第一，数据要素是科技创新的重要基础。[1] 数据要素参与生产过程，能够显著提升生产效率并推动创新。在新质生产力中，数据不仅是生产过程中的关键输入，也是创新和优化生产流程的基础。数据的"记录"特性使得生产过程中的每一个环节都能被追踪与监控，从而为后续的优化和创新提供宝贵的反馈信息。通过对这些记录的分析和评估，企业能够精准识别效率低下的环节，并针对性地进行改进。数据的"可计算性"能够通过大数据分析揭示潜在的规律和趋势，从而推动科技创新和生产流程的优化。

第二，数据要素作为新型生产资料，对传统产业的数字化转型和新兴产业的发展起到推动作用。数据的"记录"特性允许企业全面积累生产过程中的各类数据，形成对生产系统的全面理解，从而为智能化、自动化升级奠定基础。数据的集成和分析能力使得传统产业能够实现智能化、自动化升级，同时，数据的"可计算性"通过对大量历史数据的深入分析，能够为新兴产业，如大数据、云计算和人工智能等，提供技术支持和创新驱动力，推动其快速发展。[2]

第三，当数据要素加入生产过程后，可通过提供精确的市场信息和消费者需求，帮助企业和组织更有效地配置资源。数据的"记录"特性使得市场需求、消费者行为等关键数据能够长期积累，为决策者提供精确的依据。而数据的"可计算性"则通过对这些历史数据的深度分析，帮助企业识别潜在的不必要劳动和优化空间，从而提升资源利用效率，推动可持续发展与绿色生产。[3]

第四，数据要素促进了跨地域、跨行业的网络化、协同化生产，提升了整体生产力系统的灵活性和响应速度。在新质生产力中，数据要素的应用催生了平台经济、共享经济等新型合作模式，改变了传统的产业组织方式。[4] 通过数据的"记录"特性，跨行业、跨地域的合作方能共享和交换必要的生产信息，实现高效协同。与此同时，数据的"可计算性"则通过数据挖掘与分析，快速为合作方提供决策支持，确保生产决策的及时性和准确性。

---

[1] 魏崇辉. 新质生产力的基本意涵、历史演进与实践路径 [J]. 理论与改革, 2023 (6): 25–38.
[2] 韩文龙, 张瑞生, 赵峰. 新质生产力水平测算与中国经济增长新动能 [J]. 数量经济技术经济研究, 2024, 41 (6): 5–25.
[3] 刘同舫. 以唯物史观理解新质生产力 [J]. 马克思主义理论学科研究, 2024, 10 (4): 27–36.
[4] 王海杰, 王开阳. 数据要素驱动新质生产力发展的机制、挑战与应对措施 [J]. 中国流通经济, 2025: 3–13.

第五，数据作为知识和技术要素的载体，其"记录"特性使得技术和知识能够系统化、可追溯地积累和传递，有助于整合和传播新技术、新知识，加速科技成果的转化和应用。在新质生产力中，数据要素的流通和共享能够促进不同领域和技术的融合，推动产业创新和技术进步。❶

综上所述，数据要素作为新型生产资料，在新质生产力的发展中起到了多方面的关键作用，包括提高生产效率、促进产业升级、优化资源配置、增强决策科学性、推动新型合作模式和产业组织方式，以及促进知识和技术要素的整合。这些贡献不仅推动了经济的高质量发展，也为构建现代化经济体系和实现中国式现代化提供了重要支撑。

笔者通过以下场景，帮助读者理解在新质生产力背景下，数据要素作为新型生产资料，如何赋能产业发展。

场景："以数补链"发展新质生产力 赋能车路云一体化产业能级提升❷

车路云一体化是包括云计算、人工智能大模型等新一代信息技术深度赋能汽车和交通产业的战略性新兴产业，未来发展潜力巨大。智能驾驶汽车测试存在数据采集成本高、周期长、高价值场景缺乏等痛点。浙江德清莫干山智联未来科技有限公司、德清县数据局、阿里云计算有限公司、杭州数据交易所有限公司等单位联合构建以车路一体化场景数据库为核心的数据要素流通平台，通过融合红绿灯、交通事故、道路施工等公共数据和路侧车路协同行业数据，提供智能驾驶仿真场景库，基于先导区已建成的智能网联汽车封闭测试场和全域开放测试道路，补全"仿真测试－封闭测试－开放道路测试"的智能驾驶研发测试服务全链条，构建"以数补链、以链优数"的产业协同创新生态。

一是以授权运营促行业数据流通。依托省、市公共数据授权运营平台，针对数据产品开发所涉及的字段实施分类分级脱敏管理，将脱敏后的交通信号灯、道路施工、交通事故等公共数据，融合路侧设备采集和感知融合后获取的路侧交通参与者、路况感知等数据，为智能驾驶和交通等行业大模型训练提供智能数据底座。

---

❶ 贾利军，郝启晨. 新质生产力的生成逻辑：历史回溯、现实审视与政策实践［J］. 教学与研究，2024（5）：45－58.
❷ 2024年8月29日，国家数据局会同科技部、农业农村部、文化和旅游部、中国科学院、中国工程院、国家文物局、国家中医药局等部门在中国国际大数据产业博览会上发布第二批28个"数据要素×"典型案例。

二是以场景驱动补数据服务链条。研发上架智能驾驶仿真场景库、路口车流量统计等系列数据产品，服务自动驾驶系统仿真测试、交通违法治理辅助决策、优化能源基础设施规划与选址等场景。截至目前，累计为20余家汽车企业、交通研发企业和高校提供服务。

三是以标准体系筑数据安全底线。聚焦车联网数据安全生命周期，率先出台数据脱敏和分类分级两方面地方标准规范，创新车路云一体化数据要素流通平台全流程监管技术，如图3-1所示，实现数据"采存算管用"的全过程安全保障，筑牢数据安全合规利用底线。

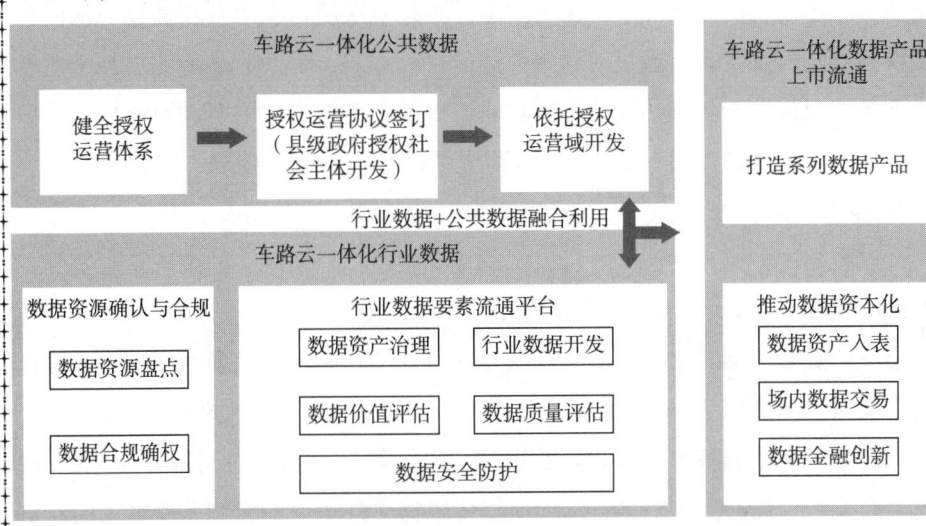

图3-1 车路云一体化数据要素流通路径

四是以登记交易引数据资产增值。有关数据产品通过上架杭州数据交易所等交易机构，完成合规认证和数据要素流通交易闭环。实现国家级车联网先导区行业数据产品场内交易。智能驾驶仿真库数据产品应用效果如图3-2所示。

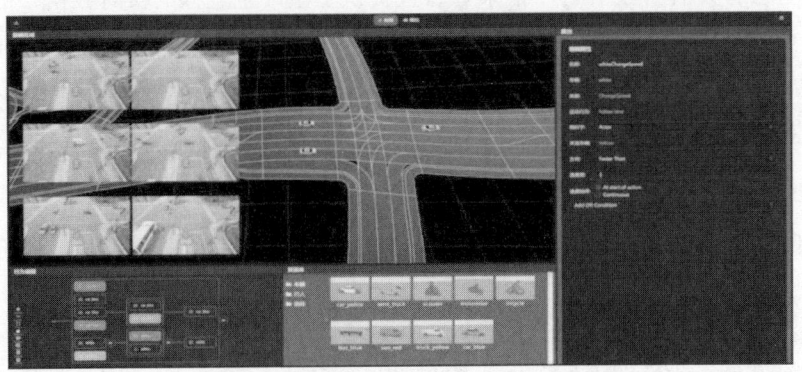

图3-2 智能驾驶仿真库数据产品应用效果

3.2.3　数据要素对劳动对象的拓展

作为新型劳动对象,数据要素在新质生产力时代的作用主要体现在以下几个方面。

第一,扩大劳动对象的范围。新质生产力不仅包括更高素质的劳动力、具有新介质的劳动资料,还扩展了劳动对象的范畴。❶ 数据要素的加入使得劳动对象不再局限于物质资源,而是涵盖了非物质资源,特别是数字数据。数据的核心特性之一是"记录",即它能够将生产过程中的各类信息进行长期积累和保存。这些数据不仅记录了生产活动的每个环节,还可以追溯到每一次决策、每一项操作,从而为生产提供精确的信息支持。通过对这些数据的持续积累,生产活动能够更加透明和高效,不再仅仅依赖于传统的物质劳动对象,形成了更加丰富的劳动对象体系。数据的另一个核心特性是"可计算性",即数据可以经过分析、处理,转化为有价值的信息和知识。这些经过处理的数据能够为生产活动提供指导,优化生产决策。例如,通过数据的分析,生产企业可以识别效率瓶颈,发现潜在的市场需求变化,并及时调整生产策略。

第二,提升劳动对象的价值。数据要素通过与其他生产要素的结合,能够提升传统劳动对象的价值。❷ 数据的"记录"特性提供了生产过程中的详细数据,可以精准反映生产活动的各个环节。而数据的"可计算性"则通过对这些数据的分析,优化生产流程,提升生产效率,从而使得传统物质劳动对象能够发挥更大的经济效益。例如,在制造业中,通过收集和分析生产数据,可以优化生产流程,提高产品质量,使得传统的物质劳动对象(如原材料、机器等)发挥更大的效益。

第三,实现劳动对象的动态优化。新质生产力具有创新性、先进性等属性,数据要素在提升劳动对象管理效率方面发挥关键作用。❸ 数据要素使得劳动对象的管理更加动态和灵活。数据的"记录"特性提供了生产全过程的实时数据,帮助企业及时跟踪和监控劳动对象的使用状况。而"可计算性"则通过对这些实时数据的分析,使得企业能够动态调整生产计划、资源配置及劳动对象的使用,优化生产流程,提升效率,减少浪费。这一过程使得劳动对象的管理不再是静态的、被动的,而是动态调整和优化的,提升了资源的利用率和生产效益。

第四,实现对劳动对象的创新驱动。数据要素作为劳动对象,其核心价值在于

---

❶ 魏崇辉. 新质生产力的基本意涵、历史演进与实践路径[J]. 理论与改革, 2023 (6): 25-38.
❷ 韩文龙, 张瑞生, 赵峰. 新质生产力水平测算与中国经济增长新动能[J]. 数量经济技术经济研究, 2024, 41 (6): 5-25.
❸ 张东刚. 新质生产力:理论创新、形成机理与未来展望[J]. 应用经济学评论, 2024, 4 (1): 3-15.

驱动创新。通过对数据的分析，能够揭示新的市场需求、消费趋势以及技术机会，从而推动新产品、新服务以及新商业模式的开发。[1] 数据要素的"记录"特性使得市场变化、消费者需求等信息得以长期保存和追溯，而"可计算性"则通过对这些信息的分析和处理，帮助企业识别创新机会，推动生产力的提升。

第五，实现劳动对象的绿色转型。新质生产力强调绿色发展，数据要素在推动劳动对象绿色转型方面具有重要作用。[2] 数据要素的"记录"特性能够精准追踪和管理资源消耗、生产过程中的环境影响等关键数据，形成全面的环境监控体系。而数据要素的"可计算性"则能够通过对这些数据的分析，帮助企业优化资源配置和能源使用，从而推动劳动对象的绿色转型，实现可持续发展。

第六，实现劳动对象的智能化。数据要素在推动劳动对象智能化方面发挥着基础性作用。[3] 在智能制造、智慧城市等领域，数据的集成和分析是实现自动化和智能化的关键，数据要素的"记录"特性为智能化系统提供了源源不断的实时数据，而数据要素的"可计算性"则通过对这些数据的处理和分析，实现劳动对象的智能化控制，使其能够更灵活、快速地响应生产需求。

综上所述，数据要素作为新型劳动对象，在新质生产力时代扩展了劳动对象的范围、价值和功能，推动了劳动对象的动态优化、创新驱动、绿色转型和智能化发展。这些变化不仅提高了生产效率和质量，也为经济发展提供了新的动力和方向。

3.3 数据要素管理视角下的新质生产力测度

新质生产力的测度是衡量数字经济发展水平的重要工具。本节旨在对新质生产力测度相关研究进行回顾的基础上，结合数字劳动、受众商品、产消者等概念，对数据要素管理视角下的新质生产力测度和发展水平的评估展开阐释。

3.3.1 新质生产力的测量维度

随着新质生产力在当代经济社会发展中重要性的日益凸显，学术界已全面投入对新质生产力的探索与研究之中。当前，新质生产力的研究已取得一定进展，特别是在定性分析方面，众多学者通过深入探讨其概念、内涵和特征，提出了许多有价值的理论观点。然而，当前的研究仍处于理论构建与发展的初级阶段，主要聚焦于

---

[1] 刘同舫. 以唯物史观理解新质生产力 [J]. 马克思主义理论学科研究, 2024, 10 (4): 27-36.
[2] 张杰. 新质生产力理论创新与中国实践路径 [J]. 河北学刊, 2024, 44 (3): 127-134.
[3] 贾利军, 郝启晨. 新质生产力的生成逻辑: 历史回溯、现实审视与政策实践 [J]. 教学与研究, 2024 (5): 45-58.

对其内涵的诠释以及新质生产力与不同产业融合发展的理论探讨。相对而言，针对新质生产力的实证研究尚显匮乏，未能充分展现其在实践应用中的广泛影响与具体成效。同时，新质生产力的概念正逐步从抽象理论向具体实践转化，这一趋势需要一套科学、系统且全面的评价指标体系。目前有少量学者在这一领域进行了初步探索。这些研究主要从以下三个维度构建评价体系。

3.3.1.1 从生产力要素维度构建评价体系

生产力发展具有历史的规定性，马克思指出："就劳动过程只是人和自然之间的单纯过程来说，劳动过程的简单要素是这个过程的一切社会发展形式所共有的。但劳动过程的每个一定的历史形式，都会进一步发展这个过程的物质基础和社会形式。"❶ 因此，对于新质生产力指标体系的构建可以从传统生产力中寻找共性与时代异性。新质生产力的要素可以总结概括为新型劳动者、新型劳动对象和新型劳动工具等新型生产力要素，各种新型要素是相互依存、相互关联的有机统一体。新质生产力作为生产力的新质态和新形态，其发展是由具备一定知识和素质的新型劳动者使用新型劳动工具、作用于新型劳动对象的过程。

首先，劳动者是生产力中最具活力的因素，其知识、能力和素质随着科技进步而不断提升。在大工业时代，劳动者呈现机械式、被动性与重复性工作特征；在电气时代，劳动者呈现扁平化和依赖性工作特征。❷ 在大数据智能时代，参与新质生产力的劳动者是能够充分利用现代技术、适应现代高端先进设备、具有知识快速迭代能力的新型人才。❸ 其次，劳动资料是划分人类社会生产力发展不同阶段的首要依据，自然经济时代起决定作用的是农业生产工具，工业经济时代起决定作用的则是机器装备等固定资本，信息经济时代起决定作用的则进一步发展为集成电路、处理器、软件系统等控制单元。❹ 在智能时代，劳动资料的变革体现为虚拟与现实的深度融合，从大机器转向自动化机器、智能机器和数字技术，呈现信息化、数字化和智能化的特点，如各类算法、算力和人工智能等软性的劳动资料。❺ 这促进劳动要素在现代产业体系中的合理配置，有利于产业结构高级化的跃迁，加速新质生产力的形成与发展。❻ 最后，人类社会生产力迈入新纪元的首要标志，在于劳动对象

---

❶ 中共中央马克思恩格斯列宁斯大林著作编译局. 马克思恩格斯全集：第23卷［M］. 北京：人民出版社，1972.

❷ 熊亮. 数字媒介时代的马克思生产力理论创新认知［J］. 江苏社会科学，2022（4）：94–103.

❸ 简新华，聂长飞. 论新质生产力的形成发展及其作用发挥：新质生产力的政治经济学解读［J］. 南昌大学学报（人文社会科学版），2023，54（6）：29–36.

❹ 赵峰，季雷. 新质生产力的科学内涵、构成要素和制度保障机制［J］. 学习与探索，2024（1）：92–101，175.

❺ 晏志伟. 新质生产力：出场语境、理论内涵和发展路径［J］. 湖南社会科学，2024（5）：83–90.

❻ 姜奇平. 新质生产力：核心要素与逻辑结构［J］. 探索与争鸣，2024（1）：132–141，179–180.

发生根本性的变化。回溯自然经济时期，劳动对象主要局限于土地、林木、矿产等大自然赋予的原始资源。❶ 在工业经济时代，劳动对象普遍转型为蕴含人类普遍劳动价值的产物。到信息时代和智能时代，劳动对象的范畴进一步拓宽，由传统的自然物质逐步转向数字化、智能化及信息化的新型对象。在这一过程中，算力、算法等先进生产技术广泛渗透于各行各业，促使海量数据得以高效利用与整合，催生数据成为新型劳动对象。❷ 这一转变激发了生产力的新质潜能，优化市场资源的配置效率，提升社会经济的整体生产效能。❸

新质生产力的现实因素具有现代化特征，现代科技的创新和应用使劳动者、劳动资料、劳动对象三个方面的生产力现实因素都呈现更高水平的特征，使新质生产力在高质量发展中最大限度地发挥作用。❹ 基于这一特征，许多学者将生产力的三大核心要素作为一级指标，构建新质生产力的评估体系。例如，王珏等基于这三大维度构建了新质生产力的综合评价体系，并对新质生产力的总体水平及区域差异进行了测度分析。❺ 董庆前通过同样的维度构建指标体系，研究了全国及四大区域的新质生产力发展水平、时空演变规律以及收敛效应。❻ 张哲等则通过构建三维度的指标体系发现，新质生产力的发展呈现空间上的正相关性，其中东部地区多表现为"H-H"型集聚，而中部、西部及东北地区则多为"L-L"型集聚。❼ 王洋基于三大要素构建数字新质生产力的指标体系，并验证了新质生产力对农业农村现代化具有显著的正向影响。❽ 龚宇润等利用其中两者"高素质"劳动者和"新质料"生产资料构建体系。❾

新质生产力的测度与数据的"可计算性"和"记录"属性存在紧密关联。从数据的"可计算性"看，劳动者对数据的计算分析能力成为生产活动的关键。在新质生产力中，劳动者借助数据分析工具，对生产数据进行深度计算挖掘，能发现潜

---

❶ 中共中央马克思恩格斯列宁斯大林著作编译局. 马克思恩格斯全集：第23卷 [M]. 北京：人民出版社，1972.

❷ 余东华，马路萌. 新质生产力与新型工业化：理论阐释和互动路径 [J]. 天津社会科学，2023（6）：90-102.

❸ 杜传忠. 新质生产力形成发展的强大动力 [J]. 人民论坛，2023（21）：26-30.

❹ 任保平. 生产力现代化转型形成新质生产力的逻辑 [J]. 经济研究，2024，59（3）：12-19.

❺ 王珏，王荣基. 新质生产力：指标构建与时空演进 [J]. 西安财经大学学报，2024，37（1）：31-47.

❻ 董庆前. 中国新质生产力发展水平测度、时空演变及收敛性研究 [J]. 中国软科学，2024（8）：178-188.

❼ 张哲，李季刚，汤努尔·哈力克. 中国新质生产力发展水平测度与时空演进 [J]. 统计与决策，2024，40（9）：18-23.

❽ 王洋. 数字新质生产力对农业农村现代化的影响：指标体系构建与影响效应检验 [J]. 统计与决策，2024，40（14）：23-28.

❾ 龚宇润，刘宏伟. 新质生产力的理论意蕴、统计测度与时空分异特征 [J]. 湖北民族大学学报（哲学社会科学版），2024，42（4）：69-79.

在规律和趋势，为生产决策提供依据。例如，精准计算市场数据，可助力企业把握市场需求，调整产品策略。测度时，可增加劳动者运用数据分析工具进行复杂计算任务的完成效率、基于数据计算的决策准确率等指标。

数据"可计算性"也体现在劳动资料上，如先进的算力设备和智能算法，能高效处理海量数据。评估新质生产力时，要考量算力水平、算法的计算复杂度和优化能力等，这些直接影响数据处理效率和生产流程的智能化程度。对于劳动对象，数据的"可计算性"让其价值深度挖掘成为可能。通过计算分析，能精准定位市场需求、优化生产流程。在测度中，可设置数据驱动的生产流程优化程度、基于数据计算的产品创新数量等指标，衡量数据"可计算性"对劳动对象价值提升及新质生产力发展的作用。

从"记录"属性出发，劳动者的数据记录意识和能力影响生产经验传承与知识积累。规范准确的数据记录，便于后续分析和学习。比如制造业中工人记录生产参数，为工艺改进提供参考。测度时，可关注劳动者数据记录的完整性、准确性，以及数据记录的规范性等指标。劳动资料的"记录"属性为生产过程追溯和优化提供支持。例如生产设备自动记录运行数据，用于故障诊断和性能优化。评估时，应考虑设备数据记录的详细程度、存储时长和可追溯性等因素。对于劳动对象，数据"记录"能完整呈现其生产和使用过程信息。在新质生产力测度中，可通过产品全生命周期数据记录的完整性、质量追溯体系的数据记录情况等指标，反映数据"记录"对劳动对象管理和新质生产力发展的影响。

3.3.1.2 基于内涵和主要特征维度构建评价体系

新质生产力在相同资源消耗的基础上，借助创新技术的融入、管理机制的优化，以及组织方式的改进等手段，对既有的生产方式、生产关系及生产要素进行深度重构与优化，达成在生产过程的更高效率、更强灵活性和更绿色可持续性。

首先，与传统生产力相比，推动颠覆性技术的革新是新质生产力的核心[1]，而非局限于对既有技术或流程的微调与优化。它致力于引入革命性的思维模式和操作方法，勇于跨越不同领域的壁垒，促进多学科间的深度交融与协同，以创造新的生态系统，引发产业结构和商业模式发生根本性变革[2]。其次，新质生产力还强调高素质人才、物质资本及绿色可持续发展理念等发展要素的革新。产业发展初期需要国家在财政、金融等方面的支持，新材料开发及生产设备更新均离不开物质资本支持。"高素质"人才是第一资源，没有人力资本的跃升与支持就不能实现技术的发

---

[1] 周文，许凌云. 论新质生产力：内涵特征与重要着力点[J]. 改革，2023（10）：1-13.
[2] 张新宁. 科技创新是发展新质生产力的核心要素论析[J]. 思想理论教育，2024（4）：20-26.

明与产业的迭代升级。❶ 从生态环境的角度来看，新质生产力注重最大限度地减少资源浪费，提倡资源高效利用，其通过优化生产流程、采用先进技术、推广循环经济等模式，改进传统生产方式，实现环保生产。❷ 最后，新质生产力的形成与战略性新兴产业集群密不可分。❸ 推动新质生产力的发展，关键在于培育新兴的未来产业作为核心驱动力。加速推动数字技术与数据资源的融合，引导它们向新兴的未来产业汇聚，从而促进产业体系的创新与升级。在新兴的未来产业的蓬勃发展中，不断丰富和完善现代化产业体系的结构与规模，推动新旧产业的更替，这从根本上决定国家核心竞争力的强弱。❹

因此，基于新质生产力的内涵和特征，部分学者以科技、产业和发展要素为基础构建了新质生产力的评估体系。孙丽伟等从这三个维度出发，构建了指标体系，指出中国新质生产力总体呈现不断提升的趋势，但区域差异依然明显，区域间的不平衡是新质生产力发展差异的主要原因。❺ 孙耀武等在此基础上引入了绿色发展的维度，进一步丰富了评估体系的衡量标准。❻ 吴继飞等进一步扩展了原有的三个方面，将人才资源也提升为一个核心类别，并以此为基础构建了全面的指标体系。❼ 李阳等深入探讨了这三个方面对于新质生产力的关键作用，并据此设计了一套测度体系。❽

基于内涵和主要特征维度展开新质生产力的测度，与数据的"可计算性"和"记录"属性同样存在密切关联。

首先，数据"可计算性"在新质生产力创新中作用显著。通过对大量数据的计算分析，能挖掘创新点，推动技术和产品创新；测度创新能力时，可纳入基于数据计算的创新成果数量、创新成果的市场竞争力（如市场占有率提升幅度）等指标，衡量数据"可计算性"对创新的贡献。在资源配置和绿色发展方面，数据"可计算性"助力企业精准计算资源需求和能耗，优化资源分配，减少浪费；可设置数据驱动的资源配置优化率、基于数据计算的能耗降低比例等指标，评估其在可持续发

---

❶ 蒲清平，向往. 新质生产力的内涵特征、内在逻辑和实现途径：推进中国式现代化的新动能 [J]. 新疆师范大学学报（哲学社会科学版），2024，45（1）：77–85.
❷ 沈坤荣，金童谣，赵倩. 以新质生产力赋能高质量发展 [J]. 南京社会科学，2024（1）：37–42.
❸ 王水兴，刘勇. 智能生产力：一种新质生产力 [J]. 当代经济研究，2024（1）：36–45.
❹ 郭晗，侯雪花. 新质生产力推动现代化产业体系构建的理论逻辑与路径选择 [J]. 西安财经大学学报，2024，37（1）：21–30.
❺ 孙丽伟，郭俊华. 新质生产力评价指标体系构建与实证测度 [J]. 统计与决策，2024，40（9）：5–11.
❻ 孙耀武，吴泽辉. 新质生产力发展水平测度与区域差异研究 [J]. 公共财政研究，2024（3）：23–38.
❼ 吴继飞，万晓榆. 中国新质生产力发展水平测度、区域差距及动态规律 [J]. 技术经济，2024，43（4）：1–14.
❽ 李阳，陈海龙，田茂再. 新质生产力水平的统计测度与时空演变特征研究 [J]. 统计与决策，2024，40（9）：11–17.

展中的作用。数据的"可计算性"有助于促进产业集群内企业协同，使企业通过计算分析共享数据，实现生产协同和创新协作；构建评估体系时，可关注基于数据计算的产业协同创新项目数量、协同创新带来的经济效益增长等指标，体现数据"可计算性"对产业集群发展和新质生产力提升的影响。

其次，具有"记录"特性的数据要素为创新提供历史参考和知识积累。记录创新过程中的数据，有助于后续改进和优化；测度创新能力时，可考虑创新过程数据记录的完整性和利用效率等指标。在高素质人才培养方面，数据的"记录"特性可用于跟踪人才成长和技能提升；评估时，可关注人才数据记录的全面性以及基于这些记录的人才培养效果等因素。对于绿色发展，数据"记录"特性使之能准确追踪资源消耗和环境影响；可通过资源消耗数据记录的准确性、环境影响数据记录的完整性等指标，反映数据"记录"在绿色发展中的作用。在产业集群发展中，数据的"记录"特性有助于促进企业间信息共享和信任建立；可设置产业集群内企业间数据记录共享的程度、基于数据记录的企业合作信任度提升等指标，衡量具有"记录"特性的数据对产业集群协同发展和新质生产力的推动作用。

3.3.1.3 其他维度

还有部分学者基于新质生产力的其他方面，对其进行分析解读，并总结出多维度的指标框架。比如，曹东勃等从信息生产力、绿色生产力和创新生产力三个维度构建了新质生产力的指标体系，并提出了加快新质生产力发展的对策建议。[1] 刘建华等从新动能、新产业、新模式三个方面入手，构建了评估体系并进行了区域差异分析。[2] 胡欢欢等则基于新技术、新经济、新业态三个维度对新质生产力的指标进行了构建。[3] 王钢等根据新质生产力的理论内涵，从实体性和渗透性两个维度构建新质生产力综合评价指标体系，并进一步探讨了新质生产力对经济高质量发展的影响。[4]

数据"可计算性"决定信息的深度加工和价值挖掘。通过计算分析，将原始信息转化为有价值的知识和决策依据。可通过信息数据计算处理的深度（如信息挖掘的层次和复杂度）、基于数据计算的信息增值率等指标，评估数据"可计算性"对新质生产力的影响。在绿色生产力维度，数据的"可计算性"助力环境监测和资源

---

[1] 曹东勃，蔡煜. 新质生产力指标体系构建研究［J］. 教学与研究，2024（4）：50-62.

[2] 刘建华，闫静，王慧扬，等. 重大国家战略区域新质生产力的水平测度及差异分析［J］. 重庆大学学报（社会科学版），2024，30（4）：79-90.

[3] 胡欢欢，刘传明. 中国新质生产力发展水平的统计测度及动态演进［J］. 统计与决策，2024，40（14）：5-10.

[4] 王钢，郭文旌. 中国新质生产力水平测度及其对经济高质量发展的影响效应［J］. 金融发展研究，2024（7）：15-25.

管理。通过计算环境数据，能及时发现问题并优化资源利用；可通过数据驱动的环境质量预测准确率、基于数据计算的资源管理优化效果等指标，衡量数据"可计算性"在绿色生产力发展中的作用。在创新生产力维度，数据的"可计算性"有助于激发创新灵感和优化创新过程；可通过基于数据计算的创新项目成功率、创新成果的技术先进性（由数据计算评估）等指标，评估数据"可计算性"对创新生产力的贡献。

3.3.2 新质生产力发展水平的评估

3.3.2.1 新质生产力测评研究进展

现有新质生产力的评价体系研究大多采用常见的熵权法和层次分析法。例如，龚日朝利用熵权综合评价模型、熵权 TOPSIS 评价模型和熵权 VIKOR 评价模型对新质生产力进行了测度。[1] 耿义文等则采用熵值法，评估了 2011～2021 年我国 97 个资源型城市的新质生产力水平。[2] 曹东勃等运用层次分析法为信息生产力、绿色生产力和创新生产力的指标要素赋予权重。[3] 除了这些常见方法，杨亚锋等使用基于实码加速遗传算法的投影寻踪模型（RAGA-PP 模型）对我国水利领域新质生产力的发展水平进行了综合评估。[4]

然而，目前采用的研究方法相对单一，主要集中在指标赋权部分，聚类分析多依赖专家经验，缺乏更为科学、客观的工具和方法的介入与验证。在对指标赋权部分，使用的方法在实践中具有灵活性和适应性，其固有的局限性也不容忽视。层次分析法依赖于评估者的主观判断，评价结果往往会受到人为因素的干扰，这可能导致权重分配的随意性和结果的波动性较大，影响评价的可靠性和一致性。由于不同评估者的经验和判断存在差异，主观赋权法在可比性和研究结果的持续性方面也面临挑战。各类主观因素可能造成不同研究间的权重不一致，进而影响评估结果的横向比较和纵向延续。熵权法的核心思想是利用信息熵来衡量各个指标的信息量大小，进而确定各个指标的权重。但对于存在极端值或异常值的指标，信息熵的计算可能受到这些值的影响，从而影响最终的权重结果。同时，当指标间的差异性不大时，信息熵的作用可能降低，因为此时各个指标的信息量接近，权重的分配可能过

---

[1] 龚日朝. 新质生产力统计内涵、指标体系与应用研究 [J]. 湖南科技大学学报（社会科学版），2024，27 (3)：84-93.

[2] 耿义文，孙圣薇，张明. 资源型城市新质生产力指标体系构建及评价 [J]. 煤炭经济研究，2024，44 (7)：89-97.

[3] 曹东勃，蔡煜. 新质生产力指标体系构建研究 [J]. 教学与研究，2024 (4)：50-62.

[4] 杨亚锋，周晓晓，王红瑞，等. 中国水利新质生产力评价及障碍因子诊断 [J]. 华北水利水电大学学报（自然科学版），2024，45 (6)：1-8.

于平均化。现有新质生产力评价指标体系构建的维度与方法汇总如表3-1所示。

表3-1 现有新质生产力评价指标体系构建的维度与方法汇总

主要学者	方法	评价体系维度
孙丽伟等❶	熵权法	科技创新、产业升级、发展条件
杨亚锋等❷	实码加速遗传算法的投影寻踪模型	高科技、高效能、高质量、绿色
王珏❸	熵权法	劳动者、劳动对象、劳动资料
龚日朝❹	熵权法	劳动者、劳动对象、劳动资料
曹东勃等❺	层次分析法	信息生产力、创新生产力、绿色生产力
和军等❻	熵权法	创新力层面、竞争力层面、可持续发展力层面、共享力层面
王洋❼	熵权法	数字劳动者、数字劳动对象、数字劳动资料
王钢等❽	熵权法	实体性要素、渗透性要素
傅联英等❾	熵权TOPSIS法	三高（高科技、高效能、高质量）、三化（数智化、网络化、绿色化）、三性（创新性、融合性、可持续性）
龚宇润等❿	模糊层次分析法（FAHP）、熵权法与TOPSIS法	"高素质"劳动者、"新质料"劳动资料
施雄天等⓫	熵权TOPSIS法	新制造、新服务、新业态、综合指标
孙耀武等⓬	熵值法	科技创新、新质产业、绿色质态、生产要素

---

❶ 孙丽伟，郭俊华. 新质生产力评价指标体系构建与实证测度[J]. 统计与决策，2024，40（9）：5-11.

❷ 杨亚锋，周晓晓，王红瑞，等. 中国水利新质生产力评价及障碍因子诊断[J]. 华北水利水电大学学报（自然科学版），2024，45（6）：1-8.

❸ 王珏. 新质生产力：一个理论框架与指标体系[J]. 西北大学学报（哲学社会科学版），2024，54（1）：35-44.

❹ 龚日朝. 新质生产力统计内涵、指标体系与应用研究[J]. 湖南科技大学学报（社会科学版），2024，27（3）：84-93.

❺ 曹东勃，蔡煜. 新质生产力指标体系构建研究[J]. 教学与研究，2024（4）：50-62.

❻ 和军，房夕盟. 新质生产力水平测度与区域时空差异[J]. 商学研究，2024，31（3）：5-18.

❼ 王洋. 数字新质生产力对农业农村现代化的影响：指标体系构建与影响效应检验[J]. 统计与决策，2024，40（14）：23-28.

❽ 王钢，郭文旌. 中国新质生产力水平测度及其对经济高质量发展的影响效应[J]. 金融发展研究，2024（7）：15-25.

❾ 傅联英，蔡煜. 中国市域新质生产力：时序演变、组群特征与发展策略[J]. 产业经济评论，2024（4）：5-22.

❿ 龚宇润，刘宏伟. 新质生产力的理论意蕴、统计测度与时空分异特征[J]. 湖北民族大学学报（哲学社会科学版），2024，42（4）：69-79.

⓫ 施雄天，余正勇. 我国区域新质生产力水平测度、结构分解及空间收敛性分析[J]. 工业技术经济，2024，43（5）：90-99.

⓬ 孙耀武，吴泽辉. 新质生产力发展水平测度与区域差异研究[J]. 公共财政研究，2024（3）：23-38.

续表

主要学者	方法	评价体系维度
高怡冰等❶	熵值法	创新生产力、要素生产力、数字生产力、绿色生产力
吴继飞等❷	Critic-TOPSIS 综合评价法	人才资源、科学技术、产业形态、生产方式
雷学❸	熵权 TOPSIS 法	人力资本质量、经济发展水平、技术创新能力、基础设施水平、资源环境压力、人口规模
卢江等❹	层次分析法、熵权 TOPSIS 方法	新质生产力、科技生产力、绿色生产力、数字生产力
胡欢欢等❺	熵值法	新技术、新经济、新业态
董庆前❻	熵权 TOPSIS 法	劳动者、劳动资料、劳动对象、优化组合的跃升
李阳等❼	熵权法	技术创新、产业创新、要素创新
戴珊玛等❽	熵权 TOPSIS 法	新劳动者、新劳动对象和新劳动资料

从当前新质生产力研究的现状来看，学术界的探索主要集中在其内涵、特征及实现路径的理论解读上，以定性研究为主，而涉及新质生产力的实证研究仍较为匮乏，研究深度和广度有待进一步拓展。

首先，从生产力发展脉络的梳理可以看出，每一次理论进步都是在特定历史条件下应运而生的，并在前人研究的基础上不断创新。新质生产力的提出同样符合当前国内外发展形势的需求。生产力是推动历史发展的根本动力，构成了人类社会生活和整个历史进程的基础。人类最早的生产活动便是为了获取维持基本生存的物质资料，生产力由此成为社会发展的核心要素，并在不同历史阶段承担着推动社会进步的角色。伴随着科技和社会经济的发展，生产力的内涵逐步丰富、外延不断扩

---

❶ 高怡冰，任沛阳，陈钰鑫. 中国新质生产力的发展水平和演进趋势 [J]. 科技管理研究，2024，44 (14)：47-58.

❷ 吴继飞，万晓榆. 中国新质生产力发展水平测度、区域差距及动态规律 [J]. 技术经济，2024，43 (4)：1-14.

❸ 雷学. 中国新质生产力水平测度、区域差异分解及动态演进 [J]. 工业技术经济，2024，43 (6)：30-39.

❹ 卢江，郭子昂，王煜萍. 新质生产力发展水平、区域差异与提升路径 [J]. 重庆大学学报（社会科学版），2024，30 (3)：1-17.

❺ 胡欢欢，刘传明. 中国新质生产力发展水平的统计测度及动态演进 [J]. 统计与决策，2024，40 (14)：5-10.

❻ 董庆前. 中国新质生产力发展水平测度、时空演变及收敛性研究 [J]. 中国软科学，2024 (8)：178-188.

❼ 李阳，陈海龙，田茂再. 新质生产力水平的统计测度与时空演变特征研究 [J]. 统计与决策，2024，40 (9)：11-17.

❽ 戴珊玛，车斌. 基于 TOPSIS-集成学习模型的中国沿海地区新质生产力水平及影响因素研究 [J]. 海洋开发与管理，2024，41 (10)：47-59.

展,新质生产力应运而生,既承袭了传统生产力的基本构成,又结合了时代的需求和特点,在理论与实践中为当代发展指引方向。

其次,大多学者认为,新质生产力是"新"和"质"的有机结合。新质生产力具有高科技、高效能、高质量特征,符合新发展理念的先进生产力质态。它由技术革命性突破、生产要素创新性配置、产业深度转型升级而催生,以劳动者、劳动资料、劳动对象及其优化组合的跃升为基本内涵,以全要素生产率大幅提升为核心标志。

再次,以往学者的研究丰富和拓展了新质生产力相关理论与实践,但在测度新质生产力发展水平上,尚存指标选取依据、关键要素识别、内在要求联系方面关注不足的问题。现有研究的评价体系构建主要维度有两种:生产力三要素(劳动者、劳动资料、劳动对象)维度,科技、产业和发展要素维度。然而,现有的新质生产力评价体系均基于自上而下的思维构建,各类指标的选择和设定在很大程度上依赖于研究者个人的经验和对新质生产力理解的主观判断,学界出现同维度纳入不同的衡量指标、同指标却在不同维度的问题,主观性较大,缺乏科学性。因此,为了更系统地研究新质生产力,并确保指标体系的科学严谨性,笔者归纳现有新质生产力评价体系所采用的评价指标,通过筛选广泛认可的共性指标,确立评价体系的三级指标。基于自下而上的原则构建的指标体系在一定程度上避免指标选取的客观性,试图消减指标设定中的主观偏差,增强研究成果的权威性和适用性。

最后,现有的新质生产力评价体系大多采用熵值法和层次分析法,但这些方法在应用中存在一些局限性。比如,层次分析法依赖于评估者的主观判断,评价结果往往会受到人为因素的干扰,导致权重分配的随意性和结果的波动性较大,影响评价的可靠性和一致性。熵值法处理存在极端值或异常值的指标,信息熵的计算可能受到这些值的影响,从而影响最终的权重结果。

3.3.2.2 数字经济视角下的新质生产力测度

数字经济视角下的新质生产力测度(数字劳动、受众商品、产消者、自由劳动及数据要素管理)与新质生产力测度密切相关。它们不仅丰富了新质生产力的内涵,也影响着新质生产力测度的维度和方法。从不同角度看,这些概念分别在新质生产力的构成要素、发展特征以及评价体系中发挥着独特作用,具体如下。

第一,数字劳动为新质生产力提供数据和创新动力,影响新质生产力测度的多维度指标构建。在生产力要素维度,数字劳动者的技能、知识水平和创新能力是新质生产力的关键。数字劳动产生的数据成为新型劳动对象,其管理和应用水平影响着新质生产力的发展。在内涵和特征维度上,数字劳动推动科技创新和产业升级,新质生产力测度需考量数字劳动在创新、绿色发展等方面的贡献,如数据驱动的创新成果数量、资源利用效率提升等指标。在评估新质生产力发展水平时，数字劳动的质量和规模也是重要因素，影响着对新质生产力发展阶段和水平的判断。

第二，受众商品体现了数据的商品化和受众的劳动价值，影响新质生产力测度对市场价值和社会影响的考量。在生产力要素维度，受众劳动产生的数据作为新型劳动对象，其市场价值和对生产的贡献应纳入新质生产力测度指标，如受众数据对企业精准营销的效果、市场份额的提升等。从内涵和特征维度看，受众商品的发展反映了市场需求和消费趋势的变化，新质生产力测度需关注其对产业创新和发展要素革新的影响，如基于受众数据的新产品开发数量、市场适应性等。受众商品涉及的社会问题，如数据隐私、社会公平等，也应在新质生产力测度中有所体现，以更全面评估新质生产力的社会影响。

第三，"产消者"的出现改变了传统的生产和消费模式，为新质生产力测度带来新的视角和指标。在生产力要素维度，"产消者"既是消费者也是生产者，其产生的数据和创新内容影响着劳动对象和劳动成果的评估，新质生产力测度可关注产消者数据的质量和数量、基于产消者创新的产品或服务的市场表现等指标。在内涵和特征维度上，"产消者"的参与促进了创新和产业升级，新质生产力测度应考量"产消者"在推动技术革新、商业模式创新等方面的作用，如"产消者"驱动的创新项目数量、对产业结构优化的贡献等。

第四，"自由劳动"与新质生产力测度存在密切关系。"自由劳动"强调知识和认知在生产中的主导作用，契合新质生产力创新驱动的特征，影响新质生产力测度的创新和知识要素评估。在生产力要素维度上，"自由劳动"体现为劳动者的创新能力和知识水平，新质生产力测度应关注"自由劳动者"的数量、素质以及他们创造的知识成果，如拥有高学历或专业技能的自由劳动者占比、自由劳动产生的专利数量等指标。在内涵和特征维度，自由劳动推动创新和技术进步，新质生产力测度需考量"自由劳动"在颠覆性技术革新、知识传播和应用等方面的贡献，如基于"自由劳动"的新技术突破数量、知识在产业内的扩散速度等。"自由劳动"的质量和效率也是评估新质生产力发展水平的重要因素，影响对新质生产力创新能力和发展潜力的判断。

第二部分　基本原理

第 4 章
数据要素的双重属性及其管理原理

在数字文明深度重构人类生产关系的进程中，数据要素已突破传统生产要素的线性价值逻辑，展现出"记录"与"可计算性"双重属性的辩证统一。这一双重属性既体现为数据作为社会认知载体的历史传承功能，又表现为其作为智能计算介质的价值涌现能力，由此催生出数据要素独特的增值规律与治理挑战。本章以社会认识论与计算科学的交叉视角为理论锚点，构建"属性—价值—管理"三元分析框架，系统揭示数据要素在认知建构与算法驱动下的价值演化机制，并提出分层递进的管理体系。

4.1 基于"记录"属性的数据要素管理

数据作为一种"可计算的记录"，"记录"属性是其关键特征。从本质上说，"记录"是一种社会智力的体现，而社会认识论是一种用来解释社会智力现象的理论。为此，本章将以社会认识论为基础，对记录的理论本质和社会作用展开阐释。

4.1.1 "记录"管理的理论基础

4.1.1.1 社会认识论的提出

认识论的研究是哲学等相关领域历久弥新的议题之一。自柏拉图以来，个体主义的认识论传统一直占据主流。随着社会的发展，很多学者，如卡尔·马克思、卡尔·曼海姆、托马斯·库恩，开始对社会因素在认识活动中的作用给予了一定关注，但认识论走向社会取向经历了一个漫长的过程。有学者在对认识论相关理论发展史进行系统梳理后指出,"从对柏拉图到康德以来的认识论回顾中,没有人直接地用到'社会认识论'这一术语,即便是在认识论的社会转向的过程中,自马克思以来的知识社会学到科学社会学,乃至于科学知识社会学,它们都没有直接用到'社会认识论'"。❶

1952年,芝加哥大学图书馆情报学家杰西·H. 谢拉(Jesse Hauk Shera)与其同事玛格丽特·E. 艾根(Margaret E. Egan)以《书目理论的基础》为题,在《图书馆季刊》(Library Quarterly)上发表《书目理论的基础》一文,首次明确提出了"社会认识论"(social epistemology),并将其作为融贯的图书馆情报学的理论基础。"社会认识论"提出后,虽然未得到图书馆情报学界的积极响应,但在哲学等相关领域引起了广泛讨论并产生了丰硕的成果。

社会认识论着眼于"对于知识相关的社会关系、社会作用、社会利益和社会体制等诸多社会因素的概念研究与规范研究"。❷ 这一理论的创立,从一定程度上突破了自柏拉图以来个体主义的认识论传统,为解释群体性的认知活动提供了契机。在《书目理论的基础》一文中,谢拉等为社会认识论这一"新的学科"设立了四种基本假设。❸ 首先,个体获得"认识"与其直接环境(或所接触的环境)部分相联系。其次,人类的传播工具使个体具备进入超越其个人经验但能够为其所理解的总体环境中。再次,作为诸多个体异质性知识的融合,社会从整体上超越了个体知识。最后,社会性的理智行为超越个体行为。

这四种假设不仅确认了个体认知基于"传播工具"而形成社会认知的路径,而且提出社会认知大于个体认知的简单加和。基于这一系列假设而构建的社会认识论,为研究位于个体与群体认知之间的"传播工具"及其作用机理留下了广阔的空间,从而也使得研究者寻求图书馆情报学理论根基的步伐向前迈进了一大步。

1970年,谢拉再次明确提出,由于"所有形式的被传递思想经由完整的社会网络进行生产、流通、整合与消费",因此,在认识论的研究中,应该关注知识与社会活动之间产生一种新的交互作用的综合。❹ 1987年,美国《综合》杂志推出了以"社会认识论"为主题的一期专刊,发表了斯蒂沃德·科恩(Stewart Cohen)的《知识,情境与社会标准》、哈利·科布李斯(Hilary Kornblith)的《认知的社会特征》、弗里德利科·F. 施密特(Frederick F. Schmitt)的《辩护,社会与自治》、

---

❶ 丁五启. 当代西方社会认识论研究 [D]. 上海:复旦大学,2007:5.
❷ SCHMITT F F. Socializing epistemology: the social dimension of knowledge [M]. Lanham: Rowman & Littlefield Publisher Inc, 1994.
❸ EGAN M E, SHERA J H. Foundation of a theory of bibliography [J]. The Library Quarterly, 1952, 22 (2): 132.
❹ SHERA J H. Sociological foundations of librarianship [M]. HongKong: Asia Publishing House, 1970: 86.

肯斯·赖诺尔（Keith Lehter）的《个人知识与社会知识》、艾文·高曼（Alvin Goldman）的《社会认识论的基础》、史蒂夫·富勒（Steve Fuller）的《论对所知的调控社会认识化的一种方式》和玛格瑞特·吉尔伯特（Margaret Gilbert）的《塑造集体信念》等文章，由此奠定了社会认识论的理论基础。❶

社会认识论的主要理论创见在于，将原本与个体智力发展密切相关的"认识论"置于一个集体性概念——"社会"的视角之下，从而有效解析社会依赖于知识传播而获得"社会认识"的机制。❷ 社会认识论得以创立的基本理论启迪，不仅来自认知论悠长的个体主义趋向及认知心理学家发展的个体认知理论，而且源自图书馆等信息资源管理职业在长期的知识信息服务过程中的直接实践启示。具体而言，社会认识论参照个体获得认知的机理，解析了社会借由知识交流而完善社会"智力"的机制，"提供了一种有效的、合理的参考框架。在这个框架里我们能够观察和了解社会智力发展进程中的各种错综复杂的情况，也能够了解就整体而言社会是如何认识全部智力和社会环境的"。❸

我国学者在对社会认识论的研究进展进行系统梳理的基础上，把社会认识论定义为："作为一种高度交叉性的学科，对知识的社会维度进行研究。它以知识作为主要研究对象，探究知识主体与社会环境的交互作用以及理智的个体过程向社会过程的演进。"❹

尽管目前关于社会认识论的探讨主要集中在认识论等哲学范畴，但如果从信息资源管理的角度看，"记录"构成了社会认识论的实践载体。具体来说，人类的任何认识行为如果能够得以物化，则其形态必然是记录，而记录的存在，就成为社会认识活动得以持续展开的物质前提。

在数字化转型背景下，社会认识论的"传播工具"理论内涵正在向"共建共治共享"的现代治理范式演进。医疗、教育等公共服务领域的实践表明，数据记录的社会认知价值实现必须突破传统单向传递模式，转向多方主体协同参与的生态系统构建。以分级诊疗数据共享平台为例，其有效运行依赖于医疗机构（数据生产者）、卫健委（治理主体）、医保部门（使用主体）和患者（权益主体）的共建参与，通过标准化接口实现诊疗记录的互联互通，在共同治理框架下确保数据质量与隐私安全，最终达成优质医疗资源的社会化共享。这种"共建基础平台—共治数据生态—共享服务价值"的递进机制，印证了社会认识论中"传播工具"的现代化

---

❶ 丁五启. 当代西方社会认识论研究 [D]. 上海：复旦大学，2007：7.
❷ 丁五启. 图书馆与信息科学的认知基础：耶希·霍克·沙拉的社会认识论构想 [J]. 自然辩证法研究，2006（5）：23-26.
❸ SHERA J H. Introduction to library science [M]. Littleton：Libraries Unlimited Inc，1976.
❹ 丁五启. 当代西方社会认识论研究 [D]. 上海：复旦大学，2007：8.

转型：数据记录已从静态知识载体发展为动态治理媒介，通过构建多方参与的记录生产网络，消弭因信息不对称导致的公共服务落差。

4.1.1.2 个体认知

如前所述，认识论悠长的发展历史首先植根于个体认知发展的研究之中。因此，对个体认知发展的理论首先予以梳理，有助于对社会认识论的理论框架作出全面解析。由瑞士心理学家吉恩·皮亚杰（Jean Piaget）所发展的发生认识论（genetic epistemology）是当代发展心理学领域最有影响的理论之一。❶ 这一理论不仅对于丰富和完善个体认知发展过程具有奠基性意义，也对理解社会认识论的理论体系具有重要的参照意义。

发生认识论的主旨在于揭示人类认识活动（如认知、思维、智力等）的发展过程及其结构。这一理论框架依据生物学、逻辑学和心理学，循着时间的线索，通过追溯个体始自儿童（甚至胚胎）时期认识活动的形成、智力和思维的发生和发展及影响因素与内在结构，构建了一整套用以解释各种不同水平的智力、思维结构如何先后出现的理论构念。

根据儿童心理或思维发展，吉恩·皮亚杰把认识的形成过程划分为四个阶段：感知运动阶段（0~2岁）、前运算阶段（2~7岁）、具体运算阶段（7~12岁）、形式运算思维阶段（12~15岁）。同化（assimilation）、顺应（accommodation）和平衡（equilibration）则是发生认识论用以理论建构的核心概念。所谓同化，是个体把外部环境因素纳入其已有的认知图示或结构之中，用以解释外部的刺激如何加以同化的结构，从而引起特定的反应。所谓顺应，则是指个体通过改变其特定行为以适应客观的变化。个体正是通过同化和顺应两种形式，不断实现自身与环境之间的平衡。由于诸多原因，机体与环境之间会失去平衡，这就需要个体进一步通过同化和顺应而实现再平衡。这种由平衡到不平衡再到平衡的循环往复的过程，就是适应的过程，也是认识发生论者借由揭示的心理发展的本质和原因。依照吉恩·皮亚杰的解释，同化只是数量上的变化，是个体吸收新经验的历程❷，并不能引起个体心理结构的根本性改变或创新；而顺应则是质量上的变化，因为个体为适应环境需要，主动调整自己的心理结构，进而达到目的。❸

发生认识论的创立极大地丰富和完善了个体认知发展理论，迄今已获得了大量理论和实证的研究成果。虽然发生认识论与社会认识论一个着眼于个体认知发展，

---

❶ PIAGET J. The psychology of intelligence [M]. London: Routledge & Kegan. 1968.
❷ 张春兴. 教育心理学 [M]. 上海：上海人民出版社, 1998.
❸ 殷杰, 尤洋. 社会认识论的理论定位、研究路径和主要问题 [J]. 哲学研究, 2009 (4): 103-109, 129.

另一个着眼于社会认识机制，二者并非相互继承的关系。然而，作为"认识论"这棵大树上的两个最重要的枝蔓，二者相辅相成，为认识论相关理论的发展与实践应用奠定了基础。

发生认识论解读了个体认知发展的过程。从数据要素管理的角度看，正是个体认知发展的这种阶段性，使数据要素在个体不同的发展阶段具备发挥出不同作用的潜能。因此，发生认识论为解析数据要素在微观层面的机理提供了契机。也就是说，如果我们将每个人都视为"数字劳动者"，则理解数据要素的功能与作用，最终都要还原到数据要素如何影响个体认知发展这一"元问题"上来。对此，本书将在后续部分以"社会认识层次论"的名义展开探讨，在此不再赘述。

4.1.1.3 群体认知

如前所述，个体主义长期占据了认知论理论发展的主导。有学者经过文献回顾发现，西方传统认识论的探讨从某种意义上仅限于个体的理智活动主体，而对以知识为主要表象形式的人类认识的理智活动进行"理论性"的探究，构成了自柏拉图以来的西方认识论的基本传统。在这一语境下，只有个体的知觉、记忆和推理才能够成基础性的知识来源，而除此之外的知识来源和知识发展途径都被或多或少地排除在外。

很多学者意识到，正是由于传统认识论对个体理性给予了过多关注，从而导致在一定程度上忽视了认知的社会组织以及认知工作的分配。因此，"如何优化科学共同体的组织与劳动，如何把科学活动进行合理乃至最优分配，成为当代重要的认识论任务"，由此也构成了"社会认识论的优势和关注重心"。❶ 自 20 世纪中后期以来，信息化程度的加深急剧改变了社会的面貌，信息交流的开放性使得个体的知识获取途径越来越多元化，研究者对于人类认识的探究手段日趋多样、丰富。基于这种宏观的社会背景，认识论研究者转向对人类群体性认知的实践探究，社会认识论由此应运而生。❷

对于群体协作型认知行为进行理论阐释的典范，是科学哲学家托马斯·库恩。在库恩的"范式"理论中，志趣相同的科学工作者（科学共同体）协力推动认识发展的行为，是一种比较典型的"认知的社会组织以及认知工作的分配"。而"范式"（paradigm）作为一个与"科学共同体"紧密相关的一个词语，则指"为共同体所接受的科学实践（包括定律、理论、应用、实验和仪器）的例子，提供给他们以模型，以创造一种一贯的传统，并被当作由此构成科学共同体第一要素的承诺"。由于科学共同体事实上是共享科学活动模式的群体，范式"使他们脱离了科学活动

---

❶ 刘永谋. 技术治理通论［M］. 北京：北京大学出版社，2023：462.
❷ 丁五启. 当代西方社会认识论研究［D］. 上海：复旦大学，2007：130.

的其他竞争模式"。❶ 由此可见，导致科学家个体最终组成一个志趣相同的"共同体"的力量，来自进入同一共同体的科学家都遵循同一范式。由此可见，科学家个体认知结构因为共享了同一"科学实践的例子"，从而形成了群体的认知结构——"范式"。从一定意义上说，"范式"得以建立的前提，是承认了个体认知与群体认知结构（或认知结果）的相似性（或同构性）。由此可见，范式是一个将个体认知结构综合为群体认知结构的直观表达。从这个意义上说，处于同一共同体内部的科学家，其个体认知结构与共同体群体的认知结构至少在范式所及的范围内具有明显同构性。同时，范式并非一个静态的概念。库恩认为科学活动的进程成型于科学家共同体的"范式"选择。❷ 无论在"常规科学"时期范式指导下的"解谜"活动，还是科学革命时期的"范式转换"，事实上总是伴随着特定范式的遵从者认知结构的完善（例如，心理学中关于认知发展的相关理论）或转换（例如，心理学中关于"格式塔"的相关理论）。这一过程在很大程度上与发生认识论者所述的个体通过"同化""顺应"而促进认知发展的机理非常相似。

　　除了库恩外，很多关于认知发展的哲学家也秉持着个体认知与社会认知同构性的理论观点。如马克思·舍勒（Max Scheler）把认知过程中社会化的主体或生活共同体称为"超个体机制"。即社会认识是个体认知的社会化或共同化的过程。❸ 艾文·高曼（Alvin Goldman）不仅把认识论分为个体认识论和社会认识论两类，而且认为作为传统认识论的个体主义认识论的逻辑依据在于对人的心脑系统结构进行分析的认知科学，个体主义认识论主要指个体的认知发展，因此，"（个体）认识论应还原为心理学"。而在个体认识论的基础上，艾文·高曼秉持自然主义的取向，试图把真理作为社会认识论的理论基点，通过辨析知识及其辩护的社会路径，以期追寻一种知识获得的因果可靠性路径，从而为社会认识论构筑了理论基点。❹ 英国学者赫伯特·斯宾赛（Herbert Spencer）指出，"聚焦体特性是由各组单位的特性所决定的"❺，因此社会有机体与生物有机体或单个人一样，是完全按照相似的体系组织起来的，它们都具有各个部分之间的结构稳定性和固定性，专门化的社会结构类似于一个活生生的身体的各个器官。❻ 此外，卡尔·海曼姆（Karl Mannheim）所提出的"认知根本上是集体的认知"，代表了相当一部分社会人类学家及知识社会学家

---

❶ 库恩. 科学革命的结构 [M]. 金吾伦, 胡新和, 译. 北京：北京大学出版社, 2003：16.
❷ 富勒. 社会认识论 [M]. 北京：中央编译出版社, 2020：567.
❸ 孙伟平. 事实与价值 [M]. 北京：社会科学文献出版社, 2016：400.
❹ 贾向桐. 自然科学的现代性逻辑 [M]. 北京：中央编译出版社, 2020：280.
❺ 斯宾赛. 社会学研究 [M]. 张宏辉, 胡江波, 译. 北京：华夏出版社, 2001：40.
❻ 蒋谦. 人类科学的认知结构：科学主体性解释的"类脑模型" [M]. 北京：北京师范大学出版社, 2017：25.

的意见，即集体知识和认知优于个体知识和认知。

既然科学哲学家已经从不同角度基于个人认识与群体认识同构性的假设展开了理论建构，则沿着个体主义认识论的传统，实现认识论的社会化转向就具备了可能性和必要性。最近数年来，认识论的社会化转向不仅体现在关注科学活动中作为研究团队的认知主体如何在沟通、协商的基础上获取统一的意见形成共识实践，而且将研究的范围扩大至日常生活的知识获取或信息确证上，通过诸如陈词、求真等一系列概念的构建和解读[1]，将认识信赖的基础进一步扩展至多种多样的社会性信息源上。事实上，美国《综合》杂志以"社会认识论"为题而出版的专刊中，数名学者讨论了由个体组成的个体群的认识属性或特征[2]。例如，赖诺尔对个体知识与社会知识提供了一种一致主义的说明[3]。高曼则试图把个体认识论的真相论应用于社会认识论，并试图以此作为对个体认识论的一种完善[4]。显然，随着认识论研究者视域的扩大，知识来源的理论解析突破个体认知的边界而走向群体性、社会化就成为必然。

一些学者对个体与群体认识的同构性的阐释主要从"文化"的向度上展开。蒋谦提出，"一方面，文化本身构成一种'认知装置'或认知模式，直接影响着人类认知活动；另一方面，文化认知开启了一个新的实在领域"。进而，可以设想人类生物体"以一定方式联结成网络，而其中的每一个人类生物体都如同大脑神经元一般，不同数量的'神经元'又各自组成了大大小小的'模块'，这些模块共同组成了一个色彩斑斓、层次分明的'神经网络地形图'"，这个地形图又被称为"概念思维地形图"。进而，"由于未能区分不同层次间的科学主体的特性与行为方式，或将个体和小范围层面上的主体行为套用了较大范围的社会化的主体行为之上，科学哲学家在否定个体和小范围层面上的主体性的同时，将整个主体或主体性给否定掉了"。由此可见，"文化人类学家对主体性的认识要高明于科学哲学家"。同时，蒋谦认为，文化本身是一种"认知器官"或"认知装置"，如果从文化的角度看待认知，则认知的主体不再是个人及其经验，而是整个人类及其所创造的文化。由于人们的活动是以社会化的方式和集体组织的方式进行的，因此，活动的主体必然是社会化的、集体性的主体，是"复数"的主体。

另有学者提出，从文化与认知的相互关系看，文化对心理的影响以及心理对文化的影响是通过"认知"这个中介进行的，而认知的一个重要方面正是人的思维方

---

[1] 蒋谦. 人类科学的认知结构：科学主体性解释的"类脑模型"[M]. 北京：北京师范大学出版社，2017.
[2] SCHMITT F F. Social epistemology [J]. Synthese, 1987：73.
[3] 丁五启. 当代西方社会认识论研究 [D]. 上海：复旦大学，2007.
[4] 韩震. 历史的观念 [M]. 北京：北京师范大学出版社，2021：711.

式。不同的思维方式是不同文化背景条件下不同活动方式内化的心理形态和观念形态的复合体，它构成了一个民族或地区在长期的历史发展中形成的一种较为固定的元认知模式。❶ 美国学者露丝·本尼迪克特认为："一种文化就像一个人，是思想和行为的一个或多或少一贯的模式。每一种文化中都会形成一种并不必然是其他社会形态都有的独特意图。"❷

谢拉创立"社会认识论"的初衷，并非要在哲学上提出一个与传统认识论相竞争的替代学说，而是为融贯一致的图书馆情报学提供理论基础。从图书馆情报学的历史渊源和学科属性出发，将社会认识论作为其理论基础的前提，在于个体认识与群体认识之间具有同构性，由此可以将图书馆等信息资源管理职业所面对的个体用户的信息实践活动"升华"为群体性行为，从而更加接近地揭示出信息资源管理职业活动的本质。换言之，只有当个体认识与社会认识之间存在同构性时，谢拉关于社会认识行为与个体认识活动相类比的假设才能成立。从这个意义上说，承认个体与群体认知的同构性，不仅要求数据要素管理者在理论建设中兼顾个体与群体两个层面的认知特征，在实际的职业活动中，也需要在为个体用户提供信息服务的同时做好群体性的信息服务工作。作为"可计算的记录"，在"记录"的属性上，数据与其他类型的信息资源并无二致。因此，可以说，虽然社会认识论旨在为书籍文献等记录资源的管理提供理论依据，但同时也具备为数据要素管理提供理论支持的潜质。

4.1.2 "记录"视角下数据要素管理的本质

社会认识论为记录资源的序化管理提供了深刻的理论洞见。简言之，数据的"记录"属性不仅关乎个体认知的延续，也构成了社会智力建构和知识体系完善的关键机制。数据的"记录"属性意味着它是人类社会活动中的一种物化形式。这些记录不仅反映了个人的认知过程，也体现了集体的知识积累和社会智力的发展。当数据被记录下来时，它就成为可以被共享、传播和利用的社会资源，从而具备了作为生产要素参与社会经济活动的潜能。

从社会认识论的角度看，数据要素管理的本质体现在如下几个方面。

首先，从劳动者个体层面看，数字经济时代劳动者开始全面向"数字劳动者"转型。这意味着每个劳动者在与数据要素互动的过程中都在不断加工、创造认知成果，因此，要理解数据要素功能与作用，就必须回到其对个体认知发展的影响这一根本问题上。只有真正搞清楚数据要素在不同个体身上是如何被吸收、转化以及推

---

❶ 侯玉波. 文化心理学视野中的思维方式 [J]. 心理科学进展，2007，15 (2)：1–7.
❷ 本尼迪克特. 文化模式 [M]. 王炜，译. 北京：生活·读书·新知三联书店，2009：32.

动认知升级的，才能全面揭示数字劳动者的本质特征及其价值创造的基本原理。

其次，数据的记录属性表明其是社会认识活动的重要载体。通过将个体的经验、观察和认知以记录的形式物化，数据奠定了社会记忆的物质基础，成为社会智力传递和发展的媒介。社会认识论所主张的"个体认知向社会认知的转化"离不开数据的记录与传播。例如，谢拉提出的社会认识论假设表明，社会认知不仅超越了个体认知的简单相加，还通过记录（作为知识交流的中介）建立起复杂的社会智力网络。

最后，社会认识论从知识传播的社会机制出发，为理解数据要素管理的本质提供了理论支持。谢拉强调，社会智力通过传播工具（如记录）实现跨个体的认知融合。因此，数据要素管理的本质在于，通过合理设计数据采集、存储、流通与应用的机制，增强社会智力的整合效率。

综上所述，数据的"记录"属性使其成为社会认识活动展开的物质基础，通过解析个体认知到群体认知的形成、发展及相互关系等机制，有助于为数据要素管理提供全面的理论支撑。社会认识论启示我们，数据要素管理不只是对数据本身的管理，更是要放在个体与群体认知互动、社会智力发展等社会性视角下来综合考量，以实现数据要素在促进社会认识形成和发展过程中的最大价值。从社会认识论的角度看，数据管理的本质在于优化"记录"这一社会智力载体的全生命周期过程。这一过程既体现了个体认知向群体认知的转化，也支持了社会知识体系的动态构建与演化。因此，社会认识论为理解数据要素管理的理论本质提供了一个全面而深刻的参考框架。

4.2 基于"可计算性"的数据要素管理

"记录"体现了信息资源的一般属性，而"可计算性"则构成了数据与信息资源相比的独特之处。数据的"可计算性"意味着，数据要素一旦进入经济社会系统，就开始与劳动者、劳动对象和劳动资料相结合，发挥其"乘数效应"而不是"加法效应"。

4.2.1 数据"可计算性"的功能体现

数据要素"乘数效应"得以发挥的途径，是其在参与生产的过程中，与劳动者、劳动对象和劳动资料深度契合。例如，数据要素通过赋能劳动者，提高其工作能力和创新性；通过与特定劳动对象相结合，拓展人类劳动的宽度与深度；通过与劳动资料相结合，极大地提升人类整体的生产效率。

数据要素在拓展人类劳动的宽度和深度方面的功能，主要体现在将新的劳动对象纳入生产活动、延长生产的链条等方面。这方面的功能，更多体现在数据科学与数据管理等领域关于劳动对象数字化及数字化劳动对象的管理方面。数据要素在借助劳动工具提升生产效率方面的功能，更多依赖于计算机科学及相关领域发展相关算法、开发有关工具方面。由于本书是一部立足于信息资源管理领域的著作，因此，对于数据要素"乘数效应"的解读，主要立足于数据的"可计算性"，数据要素在社会经济系统中的流动与劳动者认知结构的关联进行解析。

从劳动者角度看，认知结构的不完善性及其失衡是人们认知发展的基本动力。对于个体而言，认知发展主要表现为借由一系列的学习行为而使其认知结构走向平衡的过程。发生认识论的奠基者皮亚杰认为，一切认识都离不开认知图式的同化和顺化，一个人的整体知识始终在被分化成各个部分，然后又把各个部分整合成一个新的整体知识。❶ 图书馆等信息资源管理职业对客观知识进行整序与组织的目标，从某种意义上说是为建立一个关于客观知识世界的整体性知识地图。❷ 由于个体间认知结构及其阶段具有相似性，从整个社会的视角来看，认知结构很可能出现"人以群分"的现象，即某些个体因其认知结构的相似性而处于社会认知结构的特定位置，从而与另一些具有相似认知结构的个体之间出现差异。类比发生认识论者所提出的认知失衡理论，笔者把这种差异称为群体性认知失衡的现象。结合信息资源管理领域的研究实际，进而可以把数字鸿沟、数字不平等及知识沟等相关学说纳入解释群体性认知失衡的理论框架之中。具体而言，考虑到信息社会的宏观背景及本领域研究的实际状况，群体性认知失衡现象在本书中与信息分化、信息贫富分化、信息贫困等概念是相互类同的概念。

群体性认知失衡这一概念的核心要义在于，深入揭示具有"可计算性"属性的数据如何对社会产生实质性影响。在本书第1.4节中，为了阐释数据要素的社会性特征，我们已对数字鸿沟、信息贫困和知识沟假设相关研究证据进行了综合，确认了数据要素在社会经济系统中的流动，不仅会产生一系列经济后果，还会引发诸多社会问题。在此，笔者将站在数据的"可计算性"特性角度，进一步对数据要素流动何以造成群体认知失衡展开论析。

4.2.2 数据的"可计算性"及其社会后果

本书第1.4节在论述数据要素的社会性属性时，已对数字鸿沟、信息贫困和知识沟等相关研究进行了介绍。当面对数据的"可计算性"及其社会后果时，我们仍

---

❶ PIAGET J. The graph of consciousness [M]. Cambridge: Harvard University Press, 1976.
❷ 周文杰. 公共图书馆体系化服务六论 [M]. 北京：中国社会科学出版社，2017.

然有必要回归到数据鸿沟等相关研究之中，以便将"可计算"的数据与人们的认知发展结合起来，深度提示数据要素在社会系统中流动所造成社会后果的理论本质。

4.2.2.1 "数字鸿沟"的表现形式与社会后果

"数字鸿沟"一词是由美国前副总统 Albert Arnold Gore Jr. 于 1996 年提出的。[1] 美国国家通信和信息管理局（National Telecommunications and Information Administration，NTIA）于 1997 年出台的《在网络中落伍》系列报告首先对数字鸿沟进行了操作性定义和测度。此后，数字鸿沟及其测度迅速成为各国政府及有关国际组织关注的焦点。其中经济合作与发展组织、韩国数字机会促进署及英国、美国、日本等对数字鸿沟的操作性定义较有代表性。[2] 迄今产生了重要影响的数字鸿沟定义或测度模型包括：国际电讯联盟（ITU）的数字获取指数（DAI）、ICT 机会指数（ICT-OI）、数字机会指数（DOI）和 ICT 发展指数（IDI）[3]，联合国的信息社会指标（information society indicators）[4]，经济合作与发展组织的 ICT 主要指标（key ICT indicators，KII）[5] 及韩国数字机会促进署的个人信息指数（personal information index，PII）[6] 等。

目前，关于数字鸿沟代表性的定义有以下几种。美国商务部把数字鸿沟定义为，"计算机和 Internet 的获取率之间的差异"。[7] 经济合作与发展组织对数字鸿沟的定义是指"不同社会经济水平下，个体间、家庭间、机构间和地理区域间在获取信息与通信技术（ICT）和使用 Internet 开展各种活动的机会方面的差距"。[8] Norri 认为，数字鸿沟是指在线社区中的任何差距。[9] 他认为数字鸿沟包含三方面典型特征。首先，数字鸿沟是一种"全球鸿沟"，是指发达国家和发展中国家之间在网络

---

[1] VEHOVAR V, SICHERL P, et al. Methodological challenges of digital divide measurements [J]. The Information Society, 2006, 22: 279-290.

[2] 周文杰. 定格分化中的信息世界：国外数字鸿沟测度模型述评 [J]. 中国信息界, 2011 (12): 71-75.

[3] International Telecommunication Union. Measuring the information society: the ICT development index [EB/OL]. (2011-06-16) [2024-12-20]. http://www.itu.int/ITU-D/ict/publications/idi/2010/index.html.

[4] United Nations. Information society indicators [EB/OL]. (2011-06-16) [2024-12-20]. http://www.escwa.un.org.

[5] OECD. Key ICT indicators [EB/OL]. [2024-06-16]. http://www.oecd.org.

[6] How to measure the digital divide? KADO invites you to explore the IT World of Your Dreams [EB/OL]. (2011-06-16) [2024-12-20]. http://www.itu.int/osg/spu/ni/digitalbridges/presentations/02-Cho-Background.pdf.

[7] U.S. Department of Commerce (ESA & NTIA). Falling through the net: toward digital inclusion [R]. Washington: U.S. Department of Commerce, 2000.

[8] How to measure the digital divide? KADO invites you to explore the IT world of your dreams [EB/OL]. (2011-06-16) [2024-12-20]. http://www.itu.int/osg/spu/ni/digitalbridges/presentations/02-Cho-Background.pdf.

[9] NORRIS P. Digital divide: civic engagement, information poverty, and the internet worldwide [M]. New York: Cambridge University Press, 2001.

接入方面的差距；其次，数字鸿沟是一种"社会鸿沟"，是指每个国家中信息富裕者与贫困者之间的差距；最后，数字鸿沟是一种"民主鸿沟"，指使用数字资源从事或参与公共生活的人群与不使用数字资源人群之间的差距。国际电信联盟认为，数字鸿沟是由于贫穷、缺乏现代化教育技术手段，以及由于居民文化水平低下而形成的一种贫穷国家与富裕国家之间、城乡之间以及青年一代与年长一代之间在获取信息和通信新技术方面的不平等现象。❶

此外，Castells 认为，数字鸿沟是对 Internet 获取的一种不平等状态，而这种获取不平等是围绕 Internet 而组织起来的社会必须克服的一种不平等。❷ Jan van Dijk 认为，数字鸿沟是指任何计算机和 Internet 获取之间的鸿沟。❸ Sciadas 在对美国商务部的系列报告进行分析后指出，数字鸿沟是 ICT 拥有者和非拥有者之间的鸿沟。❹

薛伟贤等对数字鸿沟定义进行汇总后发现，现有研究者对于数字鸿沟的界定通常体现于技术、经济、社会或知识四个层面。❺ 据此，笔者认为，应该从多个领域制定政策和措施来缩小数字鸿沟，而不是仅仅从技术普及方面入手。

综上所述，以数字鸿沟的名义展开的已有研究不仅丰富了人们对信息的贫富分化现象的认识，而且在很大程度上"代表了从社会整体的角度对信息贫富分化特征进行的描画"。❻ 虽然现有关于数字鸿沟的研究存在前文所述的种种局限（如技术决定主义倾向等），但这些研究仍为后续更深入的信息分化研究积累了证据。

数字鸿沟所导致的群体性认知差异现象表现在诸多方面。例如，发达国家与发展中国家之间由于网络接入、技术应用和创新能力方面的巨大差距，导致发达国家居民能大量获取全球最新资讯、前沿科技知识以及多元文化内容等数据信息，在不断接触和分析这些丰富数据的过程中拓宽认知视野、更新知识体系，形成比较完善的认知结构；而发展中国家部分地区居民因网络接入受限，获取的数据信息少且滞后，认知发展相对缓慢，导致对全球形势、科技进步等方面的理解和认知与发达国家居民差距逐渐拉大，形成群体性认知失衡。另外，同一国家内部处于数字鸿沟两侧的人群之间的差距，以及使用数字资源参与公共生活的人群与不使用数字资源的人群之间的差距同样也加剧了社会不同群体之间的认知差异。长期处于信息匮乏状态下的群体可能形成较为狭隘的认知模式，难以接受新的观念和知识。相反，那些

---

❶ Measuring the information society：the ICT development index ［EB/OL］. (2011 - 06 - 16) ［2024 - 10 - 30］. http：//www. itu. int/ITU - D/ict/publications/idi/2010/index. html.

❷ CASTELLS M. The internet galaxy ［M］. Oxford：Oxford University Press，2002.

❸ VAN DIJK J. The network society：social aspects of new media ［M］. SAGE Publications，2006.

❹ SCIADAS G. Unveiling the digital divide ［EB/OL］. (2011 - 08 - 09) ［2024 - 10 - 30］. http：//www. statcan. gc. ca/pub/56f0004m/56f0004m2002007 - eng. pdf.

❺ 薛伟贤，刘骏. 数字鸿沟的本质解析 ［J］. 情报理论与实践，2010 (12)：41 - 6.

❻ 周文杰. 定格分化中的信息世界：国外数字鸿沟测度模型述评 ［J］. 中国信息界，2011 (12)：71 - 5.

拥有丰富信息来源的群体则可以不断更新自己的认知框架，保持开放和灵活的态度。这种认知结构上的失衡不仅影响了个人的发展机会，也加剧了社会的不平等现象，最终阻碍了数字社会的发展。

4.2.2.2 数字不平等的表现形式与社会后果

以数字不平等名义展开的研究从另一方面反映了信息社会背景下群体性认知失衡现象。闫慧在对数字不平等领域的研究成果进行文献调查后发现，理解数字不平等的思路可归结为如下四种。❶

一是阶层关系的"数字化"，认为数字不平等是传统社会层级之间的控制与反控制关系在 ICT 利用和接入中的表现。

二是 ICT 主体的分层化。如 DiMaggio 把数字不平等定义为信息通信技术接入和使用方面的不平等。❷

三是技术不平等掩盖下的各种不平等，即认为数字不平等不仅包括 ICT 接入的不平等，还包括动机、利用能力和效果等方面的不平等及其反映的经济、社会、文化和信息资本方面的不平等。

四是社会不平等的文化复制，认为 ICT 仅仅是复制旧的社会分层和社会不平等的工具。

基于上述分析，闫慧指出，数字不平等对数字鸿沟的两分法进行了修正和细化，并对数字鸿沟的简单分析方法进行了扬弃。同时，数字不平等研究更加强调数字化差异背后的社会、政治、经济等不平等及 ICT 主体的多样化和社会化等维度。

数字不平等意味着不同阶层群体在数字资源获取和运用上存在不平等。这种不平等通过数据"可计算性"被放大。例如，高阶层群体利用其优势能掌控更多高质量数据，如通过专业数字平台获取行业机密数据、高端学术资料等，而低阶层群体接触的数据多为基础的、常规的，这种数据差异随着阶层关系在数字领域的延续，不断加深不同阶层群体认知结构的不平衡。另外，数字不平等涵盖 ICT 接入不平等以及动机、利用能力和效果等方面的不平等。由于数据是"可计算的记录"，因此，有强烈动机和高利用能力的群体能够通过参与"计算"，实现知识快速积累和认知拓展；而缺乏动机、能力不足的群体面对数据不知如何参与"计算"，最终导致在知识结构、思维方式等认知层面差距扩大，体现出群体性认知失衡。

综合来看，数字不平等从多个维度反映出具有"可计算性"特征的数据，何以在社会系统中不断强化不同群体间的差异，使得群体在知识储备、思维能力、社会认知等方面的失衡越发显著，阻碍了整个社会群体认知的公平发展与协同进步。

---

❶ 闫慧. 数字鸿沟研究的未来：境外数字不平等研究进展 [J]. 中国图书馆学报, 2011 (4): 87-93.
❷ 陈梦根, 周元任. 数字不平等研究新进展 [J]. 经济学动态, 2022 (4): 123-139.

4.2.2.3 "知识沟"的表现形式与社会后果

"知识沟"是由菲利普·蒂奇纳于1970年提出的一个假设。基本内容是:"随着大众媒体信息不断'浸入'社会系统,社会经济地位高者比社会地位低者更快地获取这些信息,以至于两者之间的知识沟趋于加宽而非弥合"。[1] 这一假设提出后,得到了大量实证研究的跟进。在后续跟进的研究中,部分研究者验证了知识沟假说,另一些研究者则对这一假设予以了修正。例如,Gaxino 等验证了知识沟与社会经济地位之间的关联,并对其他变量对社会经济地位的调节作用进行了考察。[2] Ettama 等发现,知识沟的产生主要不是由个人的社会经济地位决定的,而是由个人动机和兴趣决定的。[3]

以"知识沟"名义进行的研究采取了有别于数字鸿沟、数字不平等研究者的视角,从信息传播以及人们的经济社会地位和主观因素的角度,对信息贫富分化现象进行了考察。对"知识沟"假说展开的研究所获取的诸多证据表明,社会经济地位高的群体凭借更多的资源、更好的教育背景以及更强的信息获取能力,能快速从大众媒体等渠道吸收大量有价值的数据信息,不断丰富知识体系、深化认知层次,在面对新问题、新现象时可以运用丰富的知识储备进行分析判断。而社会经济地位低的群体获取信息相对滞后且有限,难以跟上知识更新的节奏,知识结构较为单薄,在认知理解和问题解决能力上与前者差距增大,造成群体性认知在知识深度、广度以及思维敏捷性等方面的失衡,影响不同群体在社会交流、发展机会等方面的公平性,进而影响整个社会认知结构的均衡性。

总之,无论是数字鸿沟、数字不平等还是知识沟,都反映了社会信息化背景下群体性认知不均衡的现象。这些现象,构成了对数据"可计算性"展开更进一步理论与实证研究的基础,也反映了当数据要素进入社会系统后,所带来的群体性认知失衡可能导致的一系列社会后果。这些社会后果具体表现为以下几个方面。

第一,加剧社会阶层固化。由于数据的"可计算性"使信息获取和使用能力成为社会阶层划分的重要标准,那些能够获得更多数据的群体在知识、技术、经济等方面的优势不断累积,形成了牢固的阶层壁垒。而处于信息匮乏状态的群体则由于缺乏参与数据流动和计算的能力,难以打破社会阶层的限制,导致社会的阶层流动性降低。

---

[1] TICHENOR P J, DONOHUE G A, OLIEN C N. Mass media flow and differential growth in knowledge [J]. Public Opinion Quarterly, 1970, 34: 159-170.

[2] GAZIANO C, O'LEARY J. Childbirth and infant development knowledge gaps in interpersonal settings [J]. Journal of Health Communication, 1998, 3 (1): 29-51.

[3] ETTEMA J, KLINE F. Deficits, differences and ceilings: contingent conditions for understanding the knowledge gap [J]. Communication Research, 1977, 4 (2): 179-202.

第二，认知多样性受限。当数据的流动不再平等时，不同群体之间的认知差距不断拉大，创新和创造的来源主要依赖于少数群体，从而影响社会的整体发展。知识的单一性和局限性将抑制社会的创新能力和适应力，尤其在面对全球化、数字化挑战时，社会整体的应变能力会大大降低。

第三，社会不公与不稳定。信息和知识的不均衡流动，特别是"计算能力"在不同人群中的巨大差异，使得社会资源、教育机会、政治参与等方面的不平等不断加深。认知上的失衡最终会演变为社会的阶层化，甚至可能引发社会的不稳定和冲突。长期处于信息劣势地位的群体，可能对社会现有结构产生强烈的反感和不满，导致社会分裂和冲突的加剧。

数据的可计算性在释放生产力的同时，其算法黑箱特性可能引发"技术利维坦"风险。习近平总书记"科技向善"的治理理念为此指明方向，要求建立具有中国特色的包容性计算框架：其一，在算法设计层，借鉴罗尔斯"差异原则"，通过补偿性算法对弱势群体进行数字赋能，如教育资源配置算法中设置偏远地区加权系数；其二，在数据应用层，构建多方参与的算法审计机制，如在智慧医疗系统中引入患者代表参与模型验证；其三，在价值分配层，建立算法收益的社会回馈机制，参考欧盟数字服务法中平台数据收益的公益使用条款。这种包容性计算原则本质上是对社会认识论"群体认知超越个体简单相加"理论的当代实践。

4.2.3 "可计算性"视角下数据要素管理的本质

数据的"可计算性"所导致的群体性认知失衡现象，是形塑数字化社会基本形态的关键力量，也是数据要素管理基础的理论要素。具体而言，具有"可计算性"特征的数据要素进入社会系统所引发的群体性认知失衡现象，必然引发生产力和生产关系的全面嬗变。

首先，数据的"可计算性"使得数据不仅成为生产力的一部分，而且成为新的生产要素。有效管理数据要素，既需要考虑数据的生产、流通、使用等环节，也需要在社会结构、劳动力、技术和经济体系等层面上作出相应的调整。由于数据的"可计算性"增强了生产力的数字化特征，改变了传统的生产方式，并在很大程度上提高了生产效率和质量，有效管理数据的"可计算性"已成为提升生产力的核心。借助先进的计算技术，企业、政府和个人可以对大量数据进行高效处理和分析，从而推动产品创新、流程优化、资源配置等方面的提升。

其次，在数字化时代，数据作为重要生产要素，深刻改变了社会结构。随着具有"可计算性"的数据成为生产力的重要组成部分，谁掌握数据，谁就掌握了生产力，数据的控制权成为新的权力源泉。从社会阶层化的角度来看，数据的控制往往集中在少数大公司和高技术群体手中。因此，对数据要素加以管理时，需要考虑如何在生产关系中合理分配数据资源，防止数据集中化引发社会不平等和阶层固化。

最后，数据的"可计算性"不仅深刻改变了生产方式，也重新塑造了生产关系的形态。在数字社会中，数据管理的协同化和社会化成为生产关系的重要特征。数据的流动、存储、计算和使用逐渐脱离了单一企业的控制，形成了跨行业、跨地区的协同生产模式。例如，智能制造和工业互联网的出现，不仅依赖于单个企业的数据，还依赖于多个供应链、设备制造商、科研机构等各方的数据合作。这种协同生产模式改变了传统的垂直式生产关系，推动了跨界合作和资源共享。

4.3 数据要素管理的层级

数据要素管理是在对数据的获取、清洗、整理的基础上，就数据的"可计算性"与"记录"两大属性展开的专业化活动。本节旨在从数据要素管理的目标和功能入手，对数据要素管理的层次及其理论基础加以解析，以期为科学认识数据要素管理的原理提供参照。

4.3.1 不同目标的数据要素管理

记录资源的层次性反映了数字劳动的层次性，正是由于不同层级的记录资源与不同类型的数字劳动者产生互动，才造就了形态各异的数字劳动。上一节中，笔者把数据劳动归结为受众的数字劳动、产消一体化数字劳动、平台型数字劳动和专业化数字劳动四种形式。作为"可计算的记录"，数据一旦被作为生产要素，则无论在何种数字劳动形态下，都具有技术、分析和战略三个实际的管理层级。

4.3.1.1 技术层面的数据要素管理

（1）管理形态

技术层面的数据要素管理主要涉及以下几个关键方面。

第一，在技术层面上，数据要素管理首先关注的是如何从各种来源获取和收集数据，包括文献资料、数字资源、社交媒体、科研数据等各种形式的数据。数据采集后，需要进行预处理，如数据清洗、格式转换、去重等，以确保数据的质量和一致性。

第二，实现数据的组织与存储，包括对数据进行分类、标引、编目等操作，以便于检索和访问；数据存储则涉及选择合适的存储介质和架构，保证数据的安全性、可靠性和可访问性。

第三，数据的检索与访问。建立高效的检索系统和界面，支持用户通过关键词、主题词、作者、日期等多种方式查找和获取所需的数据资源。

第四，数据的分析与挖掘，包括使用统计方法、机器学习、数据可视化等工具和技术，从大量数据中发现模式、趋势和关联，为决策支持和知识发现提供依据。

第五，数据的安全与隐私保护，包括实施访问控制、加密、备份等措施，防止数据丢失、泄露或被非法使用。同时，也需要遵守相关的数据保护法规和伦理准则，尊重用户的隐私权。

第六，数据的标准与规范。为了保证数据的互操作性和长期可用性，信息资源管理还需要遵循一系列的数据标准和规范，包括数据格式、元数据、交换协议等方面的标准，以及行业特定的数据管理最佳实践。

第七，数据的技术基础设施建设。在数据技术层面上，信息资源管理依赖于一系列的技术基础设施，包括硬件设备、软件系统、网络环境等。这些基础设施的选择和维护对于数据的处理效率、安全性和可靠性具有重要影响。

总的来说，技术层面上的数据要素管理涵盖了从数据采集、组织、存储、检索、分析到安全保护等一系列活动。其理论边界在于如何运用适当的技术手段和管理策略，将原始数据转化为有价值的信息资源，并确保这些资源的有效利用和服务。同时，这一层面的管理活动也需要与后续其他层面（如信息分析、知识管理等）相协调和整合，形成一个完整的信息资源管理体系。

（2）理论基础

在技术层面上，数据要素管理的理论基础主要是克劳德·E. 香农（Claude Elwood Shannon）关于信息的形态、功能与测度相关陈述。香农在此方面的理论观点及其与技术层面的数据要素管理之间的关系主要涉及以下几方面。❶

首先，香农提出的信息熵是对信息的度量，信息也被界定为负熵。熵越高，信息越不确定，而负熵则表示信息的准确性和有用性。负熵的增加表示信息的不确定性减少，即信息变得更为有用。在技术层面的数据管理中，数据的负熵可以被视为数据的信息价值。当数据变得更有序、更有意义时，其负熵增加，信息变得更有用。技术层面的管理活动，例如数据清洗、整理、存储优化等，可以提高数据的负熵性，使其更具信息价值。

其次，香农的信息论中包含了数据的压缩和传输理论。通过压缩数据，我们可以去除其中的冗余信息，提高数据的负熵性。传输理论则关注如何有效地传递信息。在技术层面的数据管理中，数据压缩技术和高效的数据传输手段有助于提高数据的负熵。有效的数据压缩和传输可以降低不必要的冗余，使得数据更紧凑、更易

---

❶ SHANNON C E. A mathematical theory of communication [J]. The Bell System Technical Journal, 1948, 27 (3): 379–423.

于存储和传递。数据的结构化是信息资源管理领域在数据技术层面最主要的数据压缩和传输手段之一。

最后，数据分析与决策。香农提出的负熵理论与数据分析密切相关。在数据要素管理中，通过分析数据，提取其中的模式和关联，可以使数据更加有用。可见，数据分析是提高数据负熵性的关键手段。具体来说，在技术（运营）层面，数据要素的管理者通过数据分析技术，例如机器学习和数据挖掘，可以发现数据中的潜在信息，提高数据的负熵。这些技术有助于从海量数据中提取有用的知识，支持组织的决策过程。

总之，香农的负熵理论为以数据为基本资源形态、以技术为主要抓手的数据管理提供了深刻的理论洞见。在数据要素管理实践中，通过数据清洗、压缩、传输、分析，可以有效地提高数据的负熵性质，使信息变得更加有用和有序。这对于组织在信息时代中更好地管理和利用数据资源至关重要。香农的信息熵理论为我们理解和处理信息提供了重要的理论基础。香农认为，信息是负熵。这意味着，信息的接收和处理过程可以减少系统的不确定性，使系统更加有序。这与数据要素管理的目标是一致的，即通过收集、整理、分析和利用信息，提高数据资源的有序性和可用性。在实际应用中，我们可以将香农的信息熵理论与数据资源管理的各个层次相结合。例如，在数据库的定义与维护环节，我们可以通过计算数据的香农熵来评估数据的不确定性和冗余度，从而优化数据库的设计和性能。在信息的提纯与简化环节，我们可以通过元分析或创建摘要等方式，减少信息的复杂度，提高数据的可用性和易理解性。

4.3.1.2 分析层面的数据要素管理

（1）管理形态

就数据要素管理而言，分析层面的管理主要关注如何有效地进行数据分析、满足用户需求、构建合适的信息系统，以及管理和评估数据资源。与技术层面的数据要素管理有所不同，分析层面的数据要素管理更强调对信息内容的理解、分析和有效利用。

分析层面的数据要素管理边界主要体现在如下几方面。一是信息分析，包括内容分析、主题分析、信息结构分析等，以确保对信息的全面把握。二是用户需求分析。这需要进行用户调研、需求分析，从而提供更加个性化和有效的服务。三是信息资产管理与信息系统需求确定，包括对机构内外已有的信息资源进行"库存"管理，并在构建信息系统时，能确定系统功能、界面设计、检索方式等，以确保信息系统能够更好地支持用户的信息获取和利用。四是元数据等数据信息化基础框架的构建，包括对信息的描述、分类、关系等元数据，以提高信息的组织和检索效率。

五是信息资源的评估，包括内容质量、使用效果等，以便及时调整和优化信息资源管理策略。

需要注意的是，分析层面的数据要素管理在诸多方面都区别于技术层面，具体表现在：技术层面的数据要素管理更注重数据的采集、存储、处理和传递等技术应用，分析层面的数据要素管理则更注重对信息内容的理解、分析和有效利用，以满足用户需求和支持决策。简言之，技术层面重在处理数据，而分析层面侧重于处理信息；技术层面处理的是数据，强调技术手段的高效性；而分析层面处理的是信息，注重对信息内容的深入理解和分析。

（2）理论基础

波普尔将世界划分为三个层面——物质的世界（世界1）、精神的世界（世界2）以及知识的世界（世界3）。[1] 其中，世界3是客观知识的世界，包括科学理论、艺术作品等。世界3理论强调了知识作为一种独立实体的存在，由此奠定了信息资源管理中对于信息和知识的独立性和普遍性的认识，从为人们立足于对信息资源的序化整理而为世界3构筑秩序奠定了基础。分析层面的数据要素管理需要关注如何从大量的数据中提取、组织和解读出有价值的信息，这些信息构成了世界3的一部分，可以被社会共享和传承。

卡尔·波普尔认为："我们知识的增长是一个十分类似于达尔文叫作'自然选择'的过程的结果，即自然选择假说。"[2] "如果不过分认真地考虑'世界'或'宇宙'一词，我们就可区分下列三个世界或宇宙：第一，物理客体或物理状态的世界；第二，意识状态或精神状态的世界，或关于活动的行为意向的世界；第三，思想的客观内容的世界，尤其是科学思想、诗的思想以及艺术作品的世界。"[3] 这里"客观"是指通过书籍等载体加以"物化"的，由说出、写出、印出各种陈述组成的问题、猜测、假说、理论、论据以及问题境况等。这些知识一旦形成，不仅具有了客观性，而且具有了"自主性"。[4]

客观知识世界是全部人类知识的总和，它体现在文献以及音乐、艺术、科学技术等人工产物中。世界3——客观知识世界，即由语言、艺术、科学、技术等所有

---

[1] POPPERKR. Objective knowledge：an evolutionary approach [M]. Oxford：Oxford University Press，1972.
[2] 卡尔·波普尔. 客观知识：一个进化论的研究 [M]. 舒炜光，等译. 上海：上海译文出版社，1987：273.
[3] 卡尔·波普尔. 客观知识：一个进化论的研究 [M]. 舒炜光，等译. 上海：上海译文出版社，1987：114.
[4] 蒋谦. 人类科学的认知结构：科学主体性解释的"类脑模型" [M]. 北京：北京师范大学出版社，2017：340.

被人类储存起来或传播到地球各地的人工产物所记录下来的人类精神产物。❶ 作为世界3的科学知识"如同桌子椅子是实在的一样"也是客观的实在。它是"没有认识主体的知识",是独立于世界1和世界2的。❷ 知识乃是人的主观精神世界对于客观物质世界的印象、抽象和概括。它先是发生于人的头脑中,然后以一种表达方式为某种载体——文献或者空气流(声音)表达出来,记录在载体(主要指文献)上,成为公开的知识。这种载体形式的知识的积累,使其成为依属于人的主观世界的一种资源,但它不同于主观世界,又不同于客观世界,因而给其命名为"知识世界"。❸

"三个世界"并非一种孤立的学说。柏拉图、黑格尔以及恩格斯、列宁等都曾在对自然科学的认知过程进行阐释时对逻辑、概念与自然科学的发展作出论断,从而为波普尔学说的产生提供了思想渊源。例如,黑格尔的"客观精神"相当于波普尔的"世界3"或"客观知识",主体经验或人类的精神史则大体相当于"第二世界"。图书馆情报学及科学计量学则为黑格尔、恩格斯、列宁的上述论断提供了实证性说明。❹

英国情报学的开创者B. C. 布鲁克斯(B. C. Brookes)利用杰·法拉得(J. Farradne)和亨利·斯摩尔(Henry Small)关于学科认知结构的研究成果,尝试在世界3基础上建立"概念联结网络"。布鲁克斯关于"认知地图"的思想对图书馆情报学所产生的重要启示是,可以将不同的知识层面和不同认知活动结构之间看作一种"映射"关系。由于人类知识总量的增加,概念(或范畴)作为认识的"纽带",相互之间的联结范围越来越大,抽象化程度越来越高,基于概念间关系网络而出现的语言结构模型、概念结构模型便成为人们认知活动得以展开的主要工具。"这种概念的和语言的抽象变成一种用表示事实及其关系的代用物或符号进行操作的手段,而不是用这些事实本身进行操作;它用符合操作代替对于事物和事件的操作,用反思推理代表事实世界中的直接行动和干预。事实上,这样一种表示法是一种映射地图"。❺ 知识地图亦称认识地图、认知地图。"认知地图"这一术语最早是由行为主义心理学家E. 托尔曼(E. Tolman)提出来的。托尔曼通过动物实验认为,动物具有在迷津中"走出困境的计划",这种计划如同一张地图,给动物指明

---

❶ BROOKES B C. 情报学的基础(一)[J]. 王崇德,邓亚桥,刘继刚,等译. 情报科学,1983(4):84-94.
❷ 秦铁辉. 波普尔的世界3理论与情报学的哲学基础[J]. 情报学报,1991,10(2):136-143.
❸ 夏尧. 布鲁克斯理论对个性化信息服务的影响[J]. 软件导刊(教育技术),2012,11(2):7-8.
❹ 蒋谦. 人类科学的认知结构:科学主体性解释的"类脑模型"[M]. 北京:北京师范大学出版社,2017:340-341.
❺ 瓦托夫斯基 M W. 科学思想的概念基础:科学哲学导论[M]. 范岱年,译. 北京:求实出版社,1982:168.

了行动方向和目标,这张地图也被称为"认知地图"。而且,托尔曼认为这种认知地图在人类身上也同样存在。

布鲁克斯提出情报工作者不应当只是搜集和分类文献,而应当致力于知识组织。他创造性地将情报工作者的工作任务定位到通过客观知识的结构(语言结构),确定概念间的逻辑关系,并将这些逻辑关系以直观的方法予以标示,以形成"认知地图"。地图是地形客观现实的反映,当然,这种反映是不完全的,充其量只能是真正现实的抽象,因为它只是把相对重要的特征加以选择记录而已。❶ 而认知地图是对知识结构的描绘。布鲁克斯认为,知识结构是知识元素之间相互作用、相互依赖的关系网络。❷ 知识结构不仅反映了知识的内在逻辑,也影响知识的传播和应用。在信息资源管理中,对知识结构的理解可以帮助管理者更好地组织、存储和传递信息。同时,通过分析和优化知识结构,可以提高信息的利用效率和创新可能性。立足于布鲁克斯的理论立场,知识的构建是一个渐进的、层次化的过程,知识的结构逐渐从数据和信息的简单堆砌演化为有层次、有深度的知识体系。概括而言,布鲁克斯的知识结构和知识地图说为我们在分析层面如何对信息进行有效的组织和结构化,以便更好地理解和利用这些信息提供了理论基础。通过信息组织而实现知识的结构化过程包括对信息进行分类、标签、关联和聚合等操作,其最终成果是构建知识地图或知识网络,以揭示知识信息之间的内在联系和模式。

布鲁克斯在情报学界第一个提出了运用认知地图原理组织知识的设想。在布鲁克斯看来,尽管图书馆的藏书分类和对数据库的管理操作加速并简化了检索文献过程,可是其中的储存对象仍然是庞杂而无序的,而且其数量正以指数律不断增长。布鲁克斯认为情报只是片段的知识,而知识是由情报构成的首尾一贯的结构,情报学的远景就是要把片段的情报结成首尾一贯的知识,形成体外的大脑。布鲁克斯的愿望是,按知识的逻辑结构找出人们思维的相互影响的链接点,把它们像地图一样标示出来,展示知识的有机结构。他认为,知识组织是对文献的逻辑内容进行分析,找到互相关联并能够引起创造和思考的知识点,将它们联系在一起形成一种多维立体结构,通过每个链接点都能找到所需知识和相关知识。

布鲁克斯所追求的知识结构,是在对"世界3"充分调查的基础上,选定那些紧密相连的若干科学领域中的固有联系,将各概念联结成网络图,每个这样的网络都是表示科学认识结构的一张地图。每个片段的情报都是位于这一网络的经脉之上。随着地图的完善,它将达到一个可以作为数据库使用的阶段。客观知识结构将

---

❶ BROOKES B C. 情报学的基础(二)第二篇定量的侧面:类与个体的反映 [J]. 王崇德,邓亚桥,等译. 情报科学,1983(5):81-95.

❷ BROOKES B C. The nature of information [M]. Lanham:Scarecrow Press,1999.

达到一个精干的情报库程度。这样，我们就可以不必耐心地等待我们的头脑，逐渐缓慢而又前途未卜地进化发展成具有很大记忆容量的大脑。布鲁克斯对此持乐观的态度，并且称这是情报学的变化中的"范式"。布鲁克斯认为这是赋予情报学前途无量的远景。布鲁克斯的知识地图思想，可以说是知识组织的理想状态。他曾试图利用杰·法拉得的关系索引理论来绘制知识地图，但未获成功。原因是当时的理论和手段还不能达到所需要求。由于20世纪末的数字技术和网络技术催生，以及知识时代的到来，人们再次对布鲁克斯的"知识地图"投入了关注和研究。我国在2000年以后产生了大量对知识地图进行研究的论文，它们认为知识地图理想的实现必须具备相应的技术条件。知识地图的绘制应该具备如下四个条件。①整理出一部较完备的知识概念词典，并且它有可修改和扩充的特性；②对大量的表征情报元进行模糊分割和模糊标引的自动处理系统；③可供建立"认识地图"和表示系统的软件工程环境；④可供使用的智能计算机和海量信息存储部件。[1]

综上所述，波普尔的"世界3"理论为分析层面的数据要素管理提供了理论支撑。第一，波普尔提出的"世界3"理论强调知识的独立性和客观性，而数据要素管理不仅要求从原始数据中提取信息，还要求信息能够独立于数据源，成为社会可共享的知识资源。因此，分析层面需要关注如何将数据转化为具有普遍适用性的知识，并确保其长期的可获取性和利用价值。第二，波普尔的理论强调知识通过载体（如文献、艺术作品等）进行物化与传播。在数据要素管理中，这要求分析层面注重信息的序化整理与结构化，通过对大量数据的分类、整理与归档，使其成为具有可读性和可传播性的知识。这种结构化的过程，使得信息资源能够被有效地存储、查找和共享。第三，波普尔认为知识是一个渐进积累的过程，强调信息的不断更新与优化。这在分析层面的数据要素管理中表现为对信息资源的评估、优化与迭代更新。管理者需要定期评估信息的质量与使用效果，调整和改进信息资源管理策略，确保信息在长时间内保持高效的利用价值。

布鲁克斯的知识结构与认知地图理论对分析层面数据要素管理的支撑作用体现在：第一，布鲁克斯提出的知识结构与认知地图理论强调通过组织知识元素之间的关系构建知识的有机结构。在分析层面，数据要素管理者需要通过分类、标引、关联等方法，将原始信息组织成结构化的知识体系，从而提高信息的访问效率和利用价值。这一过程不仅是简单的数据处理，而且是对信息的深度分析和有序构建，帮助将零散信息转化为有机知识网络。第二，布鲁克斯的认知地图理论为数据要素管理提供了可视化的框架，强调信息之间的内在联系。通过建立知识图谱或认知地

---

[1] 陈思彤. 布鲁克斯情报学思想研究［D］. 长春：东北师范大学，2009.

图，数据要素管理者能够更加直观地理解数据与信息的结构及其相互关系，从而有效地组织和传递信息。这种方法使得数据与信息资源的组织不仅是一个存储过程，更是一个动态的、可交互的结构化过程，有助于发现潜在的信息价值和关联。第三，布鲁克斯认为，知识的结构影响其传播和应用。在分析层面的数据要素管理中，这一理论支撑了通过对信息进行结构化分析，提高信息的利用效率和创新性。通过构建认知地图或知识图谱，能够帮助用户迅速找到相关信息，促进跨学科的创新和决策。这种结构化的知识网络，能够减少信息获取的成本，提高决策的准确性。

总之，波普尔的世界3理论和布鲁克斯的知识结构与认知地图学说共同为分析层面的数据要素管理提供了支撑。波普尔的理论强调了知识的客观性和独立性，推动了数据要素的结构化整理和评估创新；布鲁克斯的理论则提供了知识组织和可视化的框架，提升了数据与信息资源的利用效率和创新性。两者的结合，使得数据要素据管理不仅仅局限于数据的存储和处理，更侧重于信息的深度分析、有效利用和持续优化。

4.3.1.3 战略层面的数据要素管理

（1）管理形态

在整个数据要素管理体系中，战略层面是一个相对高阶且复杂的管理层次，它与分析层面的数据要素管理有着明显的区别。在战略层面，数据要素的管理者更多地关注如何将数据与信息资源转化为组织的知识资产，并通过战略管理来推动组织的创新和发展。第一，建立学习型组织和学习型社会（例如，公共文化事业）是知识－战略层面信息资源管理的重要目标。第二，制定数字化与信息战略政策是这一层面的核心任务。数据要素的管理者需要参与制定组织的信息战略，明确数据与信息资源的开发、利用和保护方向。同时，他们还需要制定相应的数据与信息政策，确保数据与信息资源的合理使用和管理。第三，数据治理活动是知识－战略层面不可或缺的一部分。这涉及数据与信息资源的整体规划、协调和控制，以确保数据与信息资源的有效利用和组织的战略目标保持一致。第四，通过健全的数据要素管理活动促进组织效能是这一层面的重要目标。数据要素管理者需要关注如何通过优化数据与信息管理流程、提高数据与信息质量等方式来提升组织的整体效能。第五，整合信息和知识管理活动是知识－战略层面数据要素管理的关键环节。这意味着管理者需要将信息和知识管理活动融入组织的日常运营中，实现信息与知识的无缝对接和高效利用。综上所述，数据要素管理领域中的知识－战略层面信息资源管理是一个高阶且复杂的概念，它涉及组织的学习、战略、治理和效能等多个方面。在这个层面上，数据要素管理者需要更加关注如何通过战略性管理来推动组织的创新和发展。

(2) 理论基础

20世纪60年代以前,记录资源管理领域(典型的是图书馆学情报学领域)研究大多以"系统"为导向,重视信息资源建设与评价。20世纪70年代后,重点开始向"人"转移。1976年,美国学者布伦达·德尔文(Brenda Dervin)在建构主义学习理论影响下,重新对信息本质、人的主体性、信息传递过程等问题加以思考,并且对信息经典定义质疑。意义构建理论是在以下两个阶段的发展基础上而建立的。首先,在香农的信息论中,信息是独立于主体之外的"实体"(utility),信息接收者只是被动接受信息,而不对信息意义产生影响;在皮亚杰的认知发展理论中,人在与环境的相互作用中,不断建构和修正原有知识结构。新经验被同化到原有经验结构中,形成更深层、更丰富、更灵活的认知结构,"同化"和"顺应"是认知发展的两个基本过程。同化是"个体把外界刺激所提供的信息整合到自己原有认知结构内的过程";顺应则为"个体认知结构因外部刺激的影响而发生改变的过程"。这两个过程在信息行为中同样存在。而德尔文认为,有关信息的"狭义"定义,更适用于通信领域,当这一概念扩展到其他领域时,其局限性便显示出来。外在世界并非一个计划好、有秩序、可观察的对象,"人"也不只是被动、消极、机械的信息观察者和接受者。当科学论证中出现差异时,研究重心不应只局限于客观世界,人在接受信息过程中的主观作用也应引起关注。

后来,德尔文在一项长达8年的研究项目中,采用面谈、电话访谈、问卷等方法,在不同人群中调查收集相关数据,分析不同人群的信息行为特点,最终形成意义建构理论(sense making theory)。德尔文将这一理论用于不同环境,使之能够更加真实地揭示人在接受信息时的行为本质。德尔文认为,信息的意义建构是内部行为(认知)和外部行为(过程)共同作用的结果。信息查询行为的情境基础由个人角色与环境组合而成,在这些基础的交接处,会形成某些行为障碍,而这些障碍以及次结构的相互作用正是引起信息查询行为的直接动力。在这种情境中,"人"从观察者变成行动者,信息查询的实质是一种主观建构行为。知识是由个人建构而成的主观产物。从人的角度看,现实是不完整、不确定的,信息不能独立于人类而存在。人只有通过观察才能理解信息的意义,并实现与他人的信息共享。

意义建构理论的基本假设主要有：第一,个体在时空中处于运动状态；第二,人类的现实世界是不完善的；第三,个体为跨越认识差距,必须对现实世界有所认识；第四,意义建构与时间和空间联系在一起；第五,信息查询是意义建构的组成部分。

德尔文所提出的"意义建构"学说为知识-战略层面的数据要素管理提供了理

论基础。意义建构是一个复杂的过程，它涉及个人或集体如何理解信息、如何将信息与他们的经验相结合，以及如何在特定的情境中赋予信息意义。[1] 德尔文的意义建构理论为数据要素管理提供了一个完善的理论框架，它强调数据与信息的使用和解释是复杂的社会过程，涉及个人和集体的认知、情感和社会互动。在知识－战略层面的数据要素管理中，应用这一理论可以帮助管理者更好地理解数据与信息的使用者，设计出更有效的数据与信息资源和知识管理策略，以及促进知识的创造和共享。

德尔文的意义建构理论为战略层面的数据管理提供了坚实的理论支撑，具体体现在如下六个方面。

第一，强调数据与知识的结合与转化。德尔文指出，信息的意义并非固定不变，而是在个体或集体的认知过程中逐步构建的。这一观点为战略层面的数据管理提供了一个清晰的框架，即数据不仅是被动的事实和数字，而且是需要通过人的认知和社会互动赋予其实际意义。在组织的战略层面，管理者必须关注如何将零散的数据资源转化为具有战略价值的知识资产。这要求数据管理活动不仅仅局限于数据的存储、分析和保护，还需要通过策略性的管理，使数据能够为组织的创新、决策和发展提供支持。

第二，强调情境和主体的作用。德尔文认为，信息查询和知识构建是一个受情境和主体影响的过程，这为战略层面的数据管理提供了重要启示。在实际的数据管理过程中，不同组织、不同部门或不同群体对数据的需求和理解是不同的。战略层面的数据管理者需要理解和识别不同的利益相关者，以及他们在特定情境下如何使用和解读数据。通过这一过程，数据管理者能够优化信息资源的配置和使用策略，从而更好地支持组织的战略目标和创新需求。

第三，支持动态调整和反馈机制。意义建构理论的一个核心观点是，知识和信息的意义是随着时间和环境的变化而不断发展的。在战略层面的数据管理中，这一理论提醒我们，数据和信息的管理应当是一个动态的、不断调整的过程。管理者需要建立灵活的反馈机制，及时评估数据的有效性和适用性，并根据外部环境或内部需求的变化作出调整。例如，随着技术的发展或市场需求的变化，数据的价值和使用方式可能发生转变。意义建构理论为这种动态调整提供了理论基础，强调了信息使用的灵活性和情境依赖性。

第四，促进跨部门和跨领域的知识共享。在战略层面，数据要素管理不仅是一个部门内部的工作，而且是需要促进组织内部各部门之间的协作与知识共享。德尔

---

[1] BROOKES B C. The nature of information [M]. Lanham：Scarecrow Press，1999.

文的意义建构理论强调，知识是社会交互和认知构建的产物，信息的共享不仅依赖于数据的传输，而且依赖于组织成员之间的共同理解和互动。在这一理论的指导下，战略层面的数据要素管理需要关注如何设计和构建一个有效的知识共享平台或环境，促进跨部门和跨领域的合作，以便各方能够根据自己的需求和视角来共同解读和利用数据，从而提升组织的整体创新能力和战略响应能力。

第五，促进个体和集体学习。德尔文的意义建构理论强调"人在接受信息时的主观作用"，指出个体通过与外部世界的互动，逐步建构自己的知识体系。在战略层面的数据管理中，管理者应当认识到信息和知识不仅是静态的资源，而且是随着组织成员的学习和经验积累不断发展的。因此，数据资源的管理不仅要着眼于外部信息的采集和存储，还要促进内部学习型组织的建设。这要求数据要素管理活动不仅关注数据与信息的提供，还要关注如何通过数据驱动的学习过程来提升个体和集体的知识能力和创新能力。

第六，支持战略决策与创新。意义建构理论强调，信息在被解读和使用时，会根据个体或集体的认知过程被赋予特定的意义。这一视角为战略层面的数据要素管理提供了支持决策和推动创新的理论基础。在数据驱动的战略决策中，数据的解读不仅是数据分析的结果，它还受到使用者认知、背景和经验的影响。因此，数据管理者需要通过构建合适的知识管理框架，确保数据能够在战略决策中为组织提供有效的支持。同时，借助意义建构的理论视角，管理者可以识别数据中潜在的创新机会，并推动组织在知识管理和技术创新方面的持续发展。

总之，德尔文的意义建构理论为战略层面的数据要素管理提供了多方面的理论支撑，特别是在知识转化、数据使用情境的把握、跨部门知识共享，以及支持创新与决策等方面。通过这一理论，数据不再是一个单纯的技术性资源，而是一个深刻影响组织战略、创新和学习的核心要素。在管理实践中，应用意义建构理论能够帮助管理者更加全面地理解数据与信息的多维价值，提升组织的数据治理能力，并有效推动组织的持续发展和创新。

4.3.2 不同功能的数据要素管理

前述部分在解析数据的"计算"属性时，我们阐释了群体性认知差异现象。在数字经济的背景下，群体性认知差异将直接导致数字劳动者计算能力的差异。

对群体性认知差异现象的观察，可以从纵向和横向两个维度上展开。从纵向的维度上看，如果循着时间的顺序，社会认知发展的过程可以与发生认识论关于个体的知识发展的过程进行类比。即借助于同化、顺应，社会认知不断由不平衡走向平衡，从而经历由低级向高级的成长。但是，如果从横向的维度出发，由特定的时间剖面来看，社会由认知水平高低不同的诸多人群构成，不同人群之间也存在认知的不均衡性。也就是说，在特定时间断面上，由于个体间认知结构的相似性，从整个社会的视角来看，认知结构很可能出现"人以群分"的现象，即某些个体因其认知结构的相似性而处于社会认知结构的特定位置，从而与另一些具有相似认知结构的个体之间出现群体性差异。

对于纵向和横向两种类型的群体性认知差异现象的解析，可以基于不同的理论基础而展开。对于循着时间序列而出现的社会认知不均衡现象，由于其与个体认知发展过程的相似性，可大致借鉴认知心理学的理论体系对其展开解析；而对于特定时间截面上的社会认知不均衡现象，则可以借助于最近数十年关于信息社会问题的若干研究而展开解读。也就是说，纵向的群体性认知不均衡现象重在描述"社会智力"发展的过程，可以立足于个体与群体认知的同构性，用认知心理学关于认知结构完善化的相关理论加以解析；横向的群体性认知不均衡现象则重在揭示特定时间点上不同人群之间在认知水平上的差异，则可以立足于社会分层及其成因的相关研究，用数字鸿沟、数字不平等、知识沟等相关理论加以解析。

综上所述，关于信息贫富分化的研究中所获得的大量证据表明，当今社会中存在广泛的群体性认知差异现象。从数字经济的角度来看，群体性认知差异具体造就四个层次不同类型的数据要素管理。❶❷

4.3.2.1 记忆层面的数据要素管理

记忆是群体性认知过程的起始。在群体性认知中，记忆涉及成员对于共同经验、传统和文化知识的记忆与传承。例如，图书馆中大量书籍就是重要的群体性记忆载体。在此阶段，群体性认知主要体现在记忆—数据—技术—娱乐体验层面，在此阶段的数据要素管理主要任务如下。

（1）序化工作。编目、索引、分类。这些工作旨在将大量的数据进行有序化和结构化整理，以便更好地管理和检索。在香农的信息理论中，信息的负熵特性意味着通过组织数据，我们可以消除不确定性，提高信息的可理解性和可用性。

（2）数据库的定义与维护。数据库是存储和管理数据的重要工具。定义和维护数据库可以确保数据的完整性和安全性，并提高数据的查询效率和准确性。香农的信息理论强调信息的传递和共享，而数据库则为信息的有效传递提供了基础。

（3）信息门户的运维。信息门户是提供信息访问和共享的入口。运维信息门户可以确保信息的有效传递和共享，提高组织的协作和沟通效率。香农的信息理论也

---

❶ 周文杰. 在香农与德尔文之间：基于五年学术热点的信息资源管理理论脉络梳理［J］. 情报资料工作，2024，45（2）：14-23.

❷ 周文杰. 信息资源管理基础理论模型的建构：一项探索性研究［J］. 情报资料工作，2024，45（3）：8-17.

强调了信息的消除不确定性和降低复杂性的作用，信息门户的运维正是实现这一目标的重要手段。

（4）信息的提纯与简化。在处理大量数据时，提纯和简化信息是提高信息利用效率的关键。这可能涉及元分析或"创建摘要"等过程，以提取出最有价值的信息。香农的信息理论指出信息是负熵，这意味着通过提纯和简化信息，可以消除冗余和不必要的信息，从而提高信息的效率和有用性。

（5）元分析或"创建摘要"。元分析可以用于综合多个独立研究中的数据，从而得到更全面和具有代表性的结果。在数据要素管理中，这意味着可以通过整合不同数据源的信息，创建更全面的摘要，帮助决策者更好地了解和应对信息管理的挑战。通过整合多个独立研究的结果，元分析有助于减少特定研究发现的不确定性和偶然性。在信息资源管理中，这有助于建立更为可靠和稳健的管理策略，减少决策的风险。

（6）信息生命周期的调控。信息在其生命周期中会经历不同的阶段，从产生到消亡。调控信息生命周期可以确保信息在合适的时间和地点被访问和使用，避免信息的过时和浪费。香农的信息理论强调信息的组织、整理和减小的复杂性或不确定性的能力，信息生命周期的调控正是实现这一目标的重要手段。例如，在数字人文视域下的古籍数字化、文化遗产数字化传承与保护等学术热点方面，都体现了对信息生命周期的调控通过技术的支持，实现了文献的长期保存和传承。

（7）档案管理、数据管理等具体管理职能。这些职能是信息资源管理的基础工作，它们确保了信息的有效存储、管理和保护。在香农的信息理论中，信息的负熵特性意味着通过有效的管理职能，可以消除不确定性，提高数据与信息的可利用性和价值。

综上所述，此阶段主要围绕数据的序化、数据库的维护、信息门户的运维、信息的提纯与简化、信息生命周期的调控以及具体的管理职能展开。这些工作与香农关于信息是负熵的理论紧密相关，它们共同体现了数据与信息资源的价值和数据要素管理的重要性。

4.3.2.2 思维层面的数据要素管理

思维是群体性认知发展的第二步。在群体性认知中，这一阶段涉及成员如何处理和解释信息，以及如何在群体内部进行沟通和解决问题。群体性思维可能受到群体规范、信念体系和价值观的影响。在此阶段，群体性认知主要体现在思维—信息—分析—个性化信息需求层面，在此阶段的数据要素管理具体主要任务如下。

（1）机构层面的信息分析。在这一层面上，数据要素管理者需要关注机构层次的信息需求，运用波普尔的"世界3"理论来指导整体数据与信息资源策略的制定与优化。通过对各类数据和知识进行深度挖掘与综合分析，揭示出机构内部及外部环境的知识结构特点和发展趋势，为决策提供有力支持。

（2）用户需求分析。根据谢拉的社会认识论，数据要素管理者应注重深入了解并满足不同用户群体的需求，通过用户行为分析、满意度调查等方式收集数据，从而针对性地改进服务内容和方式。

（3）管理和维护数据与信息清单与库存。以布鲁克斯的知识结构理论为基础，构建科学合理的分类体系和信息资源库，是这一层面数据要素管理方式的重要体现。

（4）构建元数据框架。元数据是数据要素管理中的重要一环，它提供了关于数据资源本身及其上下文关系的关键信息。基于布鲁克斯的知识结构理论，构建灵活且具有扩展性的元数据框架，不仅可以提升信息资源的可发现性，而且有助于形成跨领域、跨平台的数据与信息资源整合，促进数据与信息资源共享与协同工作。

（5）确定系统需求。在这一层次上，数据要素管理需明确数据与信息系统的核心功能和性能要求。通过数据与信息分析识别出关键业务流程和潜在问题，进而确定适应新技术环境和未来发展趋势的系统需求，如大数据处理能力、智能推荐算法、信息安全保障机制等。

（6）可视化。这一层次数据要素管理具体体现在利用数据可视化技术，将复杂的信息和数据转化为直观易懂的图形或界面，帮助用户快速理解大量数据与信息背后的模式、趋势和关联，同时也便于机构自身进行决策支持和效果评估。

（7）数据与信息资源的评估。在整个数据管理过程中，数据与信息资源的评估是一项不可或缺的任务。结合波普尔的"世界3"理论和谢拉的社会认识论，开展数据与信息资源的评估包括但不限于资源质量、使用频率、用户满意度、社会影响力等方面的活动。数据与信息资源评估的目标是持续优化数据与信息资源管理体系，确保其始终符合社会变迁和公众需求的变化，实现信息资源价值的最大化。

4.3.2.3 理解层面的数据要素管理

理解是群体性认知过程的第三步。在群体性认知中，理解阶段关注的是成员如何超越简单的信息接收和逻辑分析，达到对群体目标和策略的深入认识。概括起来，此阶段群体，群体性认知主要体现在理解层面，此阶段数据要素管理的主要任务如下。

（1）理解层面的数据要素管理以建立学习型组织和学习型社会为目标。例如，在企业组织层面的数据要素管理中，建立起有助于组织内显性知识与隐性知识交流融通的机制。在社会层面的数据要素管理中，建立起高效有序的公共文化服务体系则是这一层次信息资源管理的题中之义。

（2）制定信息战略与政策是理解—知识—战略—通识性知识层面数据要素管理的抓手。

（3）理解层面的数据要素管理显性地表现在信息治理活动方面。在具体的管理活动中，数据要素管理者应该在德尔文意义建构理论的指导下，通过调查和了解用户的意义建构的方式、过程与结果，精准制定治理策略。

（4）在理解层面，数据要素管理者应通过健全的数据与信息管理活动促进组织效能。具体而言，在通过健全的数据与信息管理活动促进组织效能时，管理者需以意义建构为基础，关注数据与信息的实际应用和组织效果。

（5）整合信息和知识管理活动是理解层面数据要素管理的最终成果输出。在整合信息和知识管理活动中，德尔文的意义建构理论提醒我们要理解不同参与者对数据、信息和知识的不同理解和看法。

4.3.2.4　内化层面的数据要素管理

内化是认知过程的最高阶段。在群体性认知中，内化意味着成员对文化规范和价值观的深刻认同，以及将这些规范和价值观转化为个人行为和决策的依据。内化—智慧—文化—知识创新层次的数据要素管理，是指将数据资源作为一种重要的资产进行系统管理和利用的过程。在这个层面上，具体任务主要如下。

（1）内化层面是指将外在的数据资源转化为组织内部的知识和技能的过程。在此方面，数据要素管理的具体方式包括：建立内部学习机制，通过培训和教育使员工掌握所需的信息和知识；实施知识共享政策，鼓励人与人之间的交流与合作，促进隐性知识的显性化；利用信息技术工具，如社交网络平台、在线学习系统等，加速信息的内化过程。

（2）智慧层面强调利用信息技术和数据分析工具对数据与信息资源进行智能化的管理和应用。在此方面，数据管理的具体方式包括：引入大数据分析和人工智能技术，对大量信息进行深入分析和挖掘；构建知识库和专家系统，提供决策支持，增强决策的智慧和精准性；实施实时信息监控和智能推送系统，确保关键信息能够在第一时间传递给决策者。

（3）文化层面是指通过塑造组织文化，促进数据与信息资源的有效管理和知识创新。在此方面，数据要素管理的具体方式包括：培养以知识共享和团队协作为核心的组织文化，激励员工主动参与知识创新中；设立奖励机制，对知识创新和分享行为给予物质和精神上的奖励；举办各类知识交流活动，如研讨会、工作坊等，形成浓厚的知识交流氛围。

（4）知识创新层面是数据要素管理的最高层次，指的是在前三个层面的基础上，产生新的知识、技术、产品或服务的过程。在此方面，数据要素管理的具体方式包括：鼓励跨部门、跨行业的合作项目，以多元化的视角促进知识的综合和创新。投资研发和技术创新，为知识创新提供必要的资源支持。与外部知识机构合作，引入外部先进知识，并与之融合创新。

总体来说，内化层面的数据要素管理是一个系统而全面的过程，需要组织从内部培养到外部合作，从技术应用到文化塑造，全方位地促进数据与信息资源的有效管理和知识创新。

第 5 章
数据要素的功能与数字劳动的形成

本章以数据要素的"记录"与"可计算性"双重属性为核心，系统阐释其在数字经济中对劳动形态的形塑作用。首先，解析数据要素的层次性，将记录资源划分为"受众型""产消型""通用型""专业型"四类，揭示其与不同数字劳动者（受众、产消者、数字劳工、数字专家）的互动机制。通过场景化案例分析，展现用户行为数据如何通过隐性劳动转化为商业价值，以及平台技术对劳动过程的支配性。其次，探讨数据要素的可计算性如何驱动劳动分工、技术创新与生产关系重构，凸显数据作为关键生产要素的市场化与社会化双重影响。本章结合理论与实践，为理解数字经济中劳动形态的复杂性、数据要素管理的制度设计及劳动者权益保护提供了系统性框架，对推动数字经济的公平发展与可持续治理具有重要参考价值。

5.1 数据要素的双重属性及其关联互动

在数字经济蓬勃发展的背景下，数据要素成为关键力量，其"记录"与"可计算性"属性深刻影响着数字劳动和经济运行。本节将深入剖析数据要素这两个属性的内涵，探讨它们如何作用于不同层次的数字劳动者，以及在各类型记录资源与数字劳动者之间引发的互动关系。这不仅有助于我们理解数字经济的内在运行机制，还能为数字劳动的发展与管理提供理论依据和实践指导。

5.1.1 数据要素"记录"属性的层次性

既然数字劳动的本质是"基于'记录'的'计算'",那么,我们就可以从"记录"和"可计算性"这两个属性所具有的层次结构入手,解析数据要素管理的逻辑框架。

记录管理学派是在信息系统理论和管理理论的基础上,逐步发展形成的"记录系统管理"理论。该理论视信息资源等同于"记录",并特别注重记录的生命周期以及多种媒体的集成管理。❶ 里克斯、高(K. F. Gow)、罗比克及库克等人是记录管理学派的代表人物,其代表性著作包括里克斯于1984年出版的《信息资源管理》、罗比克的《信息和记录管理》以及库克的《信息管理与档案管理》等。记录管理学派的理论基础主要来自信息技术在记录管理中的应用,聚焦于记录管理系统的建设,尤其是在办公文件的处理与管理上。❷

在记录管理学派的框架下,记录被定义为任何在不同媒体上记录的信息资料,包括书籍、文章、图片、影像等各种形式的载体记录。这些记录能够反映一个组织的功能、政策、决策、操作程序以及其他活动,因此,记录被视为组织的共同记忆。作为一种组织资源和财富,记录不仅在信息存储上起到至关重要的作用,而且有助于组织目标的实现。高效的记录管理可以为组织带来更强的竞争力和更高的运作效率。记录管理学派围绕纸质文档展开研究,特别是与政府、商业和法律活动相关的记录。早期的学者和实践者多将"记录"视为具有法律效力和证明力的文件,强调其在保存和管理方面的稳定性和长期性。在档案学领域,记录通常被认为"任何由组织或个人产生的、具有长期保存价值的信息"。❸ 这种定义突出了记录的历史和文化价值,强调其在长期保存中的重要性,且注重其在未来时间可能产生的社会、历史或文化意义。

随着信息技术的发展,尤其是电子化办公、互联网及社交媒体的普及,传统定义中的"记录"范畴发生了显著变化。数字化和虚拟化的信息环境使得记录不仅仅局限于纸质文件形式,而是涵盖了更多元的动态信息形式,如电子邮件、数据库记录、即时消息、社交媒体内容等。因此,现代对记录的定义更加广泛,开始重视记录的生命周期管理。这一概念指的是从信息的创建、存储、使用、共享,到销毁或长期保存的全过程。❹ 具体而言,现代记录不仅包括信息本身,还包括元数据,且

---

❶ 夏蓓丽. 基于内容的信息资源管理中外研究比较[J]. 情报资料工作, 2010(5): 60-65.
❷ 于红梅. 国外信息资源管理理论学派概述[J]. 图书馆建设, 2005(6): 26-28.
❸ 何培育. 知识产权论丛[M]. 北京: 中国政法大学出版社, 2023: 231.
❹ 王英玮, 胡涛. 电子专门档案管理中若干理论问题的思考[J]. 山西档案, 2017(3): 5-10.

必须在其整个生命周期内进行有效的管理和保存。以电子记录为例，许多国家和地区已对其法律效力作出了明确界定。例如，美国全球与全国商业电子签名法案就明确了电子记录和签名的法律效力。这些变化使记录管理不仅局限于传统的纸质文件，还涉及复杂的数字信息和数据的管理。

传统意义上的记录管理主要关注纸质文档的管理，尤其是那些具有法律效力和长期保存价值的文件，而现代的记录管理则已经涵盖了从纸质到数字信息的全方位管理体系。在当今信息化时代，随着电子记录、数据库、社交媒体等新型信息形式的出现，记录管理学派的理论需要不断扩展和更新，以适应信息技术发展带来的新挑战和新机遇。记录的生命周期管理理念为这一领域提供了更为系统和全面的管理框架，而信息的数字化与虚拟化则进一步推动了这一理论体系的演进。

记录资源既是数据要素参与数字经济的基础，也是数据要素管理理论区别于其他理论范畴的重要边界。基于前人对记录的相关研究与陈述，本书将记录资源划分为四类。

（1）"受众型"记录资源

此类记录主要指以面向"受众"且并不以满足人们经济需求为直接目的的数据资源。这类数据主要面向广泛的受众群体，且其直接目的并非满足经济需求。它们通常由公共部门收集和发布，旨在为公众提供服务和福利。此类数据是完全公共的，意味着它在理论上应当具有开放性，即任何人都可以获取和使用。❶ 这些数据通常具有社会价值，往往不与商业目的直接挂钩。它们是政府或公共机构提供的，通常与社会治理、公共服务和社会福祉相关。例如，公共教育、公共卫生、公共交通等领域产生的数据都是此类数据的典型例子。这些数据在提升公共服务质量、优化社会资源配置、促进社会公平与正义等方面发挥着重要作用。例如，教育数据可以帮助教育部门更好地了解教育现状，制定更科学的教育政策；卫生数据可以为医疗机构提供疾病防控、健康管理等重要信息；公共交通数据则有助于优化交通网络，提高出行效率。

（2）"产消型"记录资源

此类记录主要指以消费为初始目的而形成的数据资源。这类数据的主要特征是，虽然由个体在消费过程中产生，但其最终却被使用于生产活动。这类数据不直接面向公共，而是由消费者在其日常活动中无意产生。例如，消费者通过使用平台、浏览网站、进行搜索、社交媒体活动等行为，产生了大量的"产消型"数据。这些数据最初可能只是用于提升个体的消费体验，但随着时间推移，它们被收集、

---

❶ 这类数据存在授权运营的问题，这些利益的分配方式正在引起诸多争议。

分析，并转化为广告定向、产品推荐、精准营销甚至是内容创作的资源，支撑了数字经济中的消费与生产互动，从而应用于商业生产和服务。

(3) "通用型"记录资源

此类记录是面向特定的数字经济或平台经济架构，作为普遍适用的数据资源进行共享和使用，通常不依赖于具体行业或领域。"通用型"记录资源的显著特点是其具有较高的普适性，可以在多个领域或平台中应用，常常是基础性的数据或原料。例如，用于训练人工智能、自然语言处理模型的数据集，如文本语料库、图像数据集等。此类数据是推动数字经济基础设施建设的关键资源，不仅用来支持当前的应用场景，还为未来的技术创新提供原材料。这类数据资源在推动数字经济和平台经济发展、促进技术创新和产业升级等方面发挥着关键作用。通过利用这些通用型数据资源，企业可以构建更加智能、高效、便捷的数字平台和服务，提升用户体验和满意度。同时，这些数据也为基于人工智能、大数据等前沿技术而衍生新的经济形态提供了重要的支撑。

(4) "专业型"记录资源

此类记录是面向特定行业、领域或应用场景的专门数据资源，通常用于支持特定的生产活动或专业任务。它们有较强的行业性质，通常由行业内部的机构或企业负责，且它们直接支持某个专业领域的产品研发、技术应用等，服务于垂直行业的创新和发展，具有高度的技术性和专业性。例如，用于自动驾驶的交通数据、传感器数据、天气数据，或专门为某一行业定制的生产数据、医疗数据等。这类数据资源在推动行业创新、提升生产效率、优化资源配置等方面具有重要作用。通过利用这些专业型数据资源，企业可以更加精准地了解行业动态、市场需求和竞争态势，从而制定更科学的发展战略和决策。同时，这些数据也为行业内的技术创新和产业升级提供了重要的推动力。

5.1.2 数据要素的"可计算性"与数字劳动者的层次性

劳动者是生产力中最活跃的因素。在数据要素化的背景下，数据要素的"可计算性"对于劳动者产生了深刻影响。本节将基于数据要素的"可计算性"特征，对不同类型的数字劳动者加以解析。

5.1.2.1 受众型劳动者

受众型劳动者是指那些在接受和使用信息、内容的过程中，"无意识地"参与数字生产活动中的个体。这类劳动者并不直接参与生产过程，但他们的行为和参与为数字平台和企业提供了大量的数据支持，推动了数字经济的运转。

受众型劳动者的劳动方式具有如下关键特征。第一，受众型劳动者的劳动方式通常是间接的。虽然他们的行为（如观看视频、浏览网页、互动评论、点击广告等）完全不是为了进行任何形式的生产活动，但这些行为却为平台、企业和广告商提供了宝贵的数据资源。这些数据被收集、分析和应用，转化为商业价值。换句话说，受众的"劳动"并非直接创造物质产品，而是通过行为产生的数据成为其他生产环节的原料。第二，受众型劳动者通过自己的在线行为产生数据。这些数据反映了他们的兴趣、偏好、消费习惯等，成为数字经济的核心生产要素。这些数据常被用来优化平台的算法、精准推送广告、改进产品设计，甚至为未来的技术创新提供基础。因此，尽管受众型劳动者的劳动不直接表现为传统意义上的生产活动，但他们通过不断参与平台活动为整个数字产业链提供了数据资源。第三，受众型劳动者的劳动活动表明了数字劳动中的"产消一体化"特征。他们既是消费者，也是数据的生产者，且二者的界限日渐模糊。在数字经济中，消费活动本身已经成为生产过程的一部分。平台和企业通过收集用户的消费行为数据，不仅能够提高用户体验，还能创造商业价值，实现数据的再次利用和再生产。

受众型劳动者的劳动成果主要体现在以下几个方面。首先，受众型劳动者的直接成果是他们通过在线活动所产生的数据。这些数据包括点击数据、浏览记录、社交媒体互动、搜索历史等。虽然这些数据本身并不是最终产品，但它们是数字经济生产链条中的基础资源，构成了后续产品创新、市场定位和广告定向的核心依据。其次，除了直接的数据生产，受众型劳动者的行为间接产生了信息价值。平台和企业通过对这些行为数据的分析，能够洞察市场需求、预测趋势、优化产品或服务，从而创造出更具市场竞争力的产品或更精准的服务。这类成果表现在商业模式、广告模式的创新和平台运营效率的提升上。最后，虽然受众型劳动者的劳动成果通常是通过数据和行为表现出来的，但这种劳动在更广泛的层面上影响了社会的发展。例如，用户的偏好数据可以推动个性化服务的普及，改善信息传播方式，促进社会资源的更有效配置。受众型劳动者的参与，尤其是在社交平台上的活动，促使信息传播更加快速和精准，形成了现代数字社会的一个重要组成部分。

以下是几种典型的受众型劳动者及其劳动方式的示例。

（1）社交媒体用户。社交平台（如微博、Facebook、Instagram 等）的用户是典型的受众型劳动者。用户在平台上的发布、评论、点赞、分享等行为看似是个人的社交互动，但这些行为为平台创造了大量的用户数据，帮助平台优化推荐算法、精准投放广告、提升用户黏性。用户虽然并未直接从事生产性劳动，但其每一次互动都转化为平台的收益。社交平台通过这些数据为广告商提供定向广告服务，从而实现盈利。

（2）在线视频平台用户。例如，YouTube、Netflix 或抖音等视频平台的用户，每次观看视频、点赞、评论、分享等行为都为平台提供了大量的数据。这些数据帮助平台改进内容推荐系统，优化用户体验，同时为广告商提供精确的用户画像。这类劳动者的成果体现为他们的观看行为转化为平台内容优化和广告收入。

（3）搜索引擎用户。使用搜索引擎（如 Google、百度等）的人群也是受众型劳动者。每次搜索行为都会被平台记录，生成关键字数据和用户行为分析。这些数据帮助搜索引擎优化其排名算法、提升广告定向精度，并为搜索引擎背后的广告商创造商业价值。虽然用户在搜索时并不直接产生物理商品，但他们的行为为平台和广告商带来了价值。

（4）电子商务平台消费者。电商平台上的消费者，诸如在淘宝、京东等平台上的消费者，也是受众型劳动者的典型代表。通过商品浏览、点击、购买等行为，消费者不仅满足自己的需求，还为电商平台提供了关于消费者偏好、需求趋势和购买习惯的数据，这些数据被商家和平台用于产品推荐、库存管理、广告投放等方面。

总之，受众型劳动者在数字经济中扮演不可或缺的角色。虽然他们的劳动方式与传统的生产劳动不同，但通过数据的生产和消费，他们为数字平台的创新、商业运营和市场决策提供了源源不断的支持。这种"产消一体化"的特征不仅重新定义了劳动者的角色，也推动了现代数字经济的快速发展。

5.1.2.2 产消型劳动者

产消型劳动者，也称产消者，是指那些通过参与消费活动、产生需求或使用数字产品和服务而间接参与数字经济的个体。这些个体通过他们的消费行为为平台、企业和服务提供商创造了数据、反馈和价值。

产消型劳动者劳动方式的关键特征如下。首先，他们从事需求驱动的劳动。消费型劳动者的劳动方式由其个人需求驱动，体现为对数字产品或服务的使用和消费。这种劳动活动的核心在于用户对数字内容或服务的接受、消费与反馈。尽管这种劳动形式在传统意义上并不被视为"生产性劳动"，但在数字经济环境下，它通过用户需求的形成、消费行为的记录，为生产者和服务提供商提供了宝贵的数据和反馈信息。其次，客观上造成数据的生成与再利用。产消型数字劳动者通过其消费行为产生数据，这些数据为平台和企业提供了重要的市场需求信号和消费者行为的洞察。例如，消费者在电商平台上的购物行为、搜索引擎中的搜索记录、视频平台上的观看历史等，都是产消型劳动者的劳动成果。这些数据为企业和平台优化产品设计、改进用户体验、精准营销和个性化推荐提供了基础。最后，数字劳动与传统消费的融合。在数字经济中，消费行为不仅是传统意义上的购买活动，而且已经深度嵌入生产与服务过程的各个环节中。通过数字平台，消费者的行为、反馈和需求变成了生产活动的一部分。例如，在电商平台上，消费者的评价、评论、反馈等信息不仅帮助其他消费者作出决策，还为商家和平台提供了改进产品和服务的依据。

产消型劳动者的劳动成果主要体现在以下几个方面。一是需求数据与消费数据。产消型劳动者的主要劳动成果是其在数字平台上的消费行为所产生的数据。这些数据包括用户的购买记录、点击量、浏览行为、评论反馈等。这些数据不仅反映了消费者的需求，也为平台和商家提供了关于市场趋势、用户偏好和产品改进的关键信息。例如，电商平台通过分析消费者的搜索和购买记录，能够优化商品推荐系统，并根据用户的喜好调整广告投放策略。二是消费行为的社会价值。产消型劳动者的行为不仅对单一平台或商家有价值，也能在更广泛的社会范围内产生影响。例如，产消者的偏好和反馈推动了产品创新、服务质量的提升和市场的竞争加剧。在某些情况下，消费者的行为还可能对社会和文化产生深远影响，比如通过社交媒体的反馈和用户评价引发的产品或品牌声誉变化。三是消费者创造的内容和反馈。产消型数字劳动者的劳动成果不仅局限于购买行为本身，还包括他们通过内容创造和社交互动所产生的价值。例如，在电子商务平台、社交媒体和视频网站上，消费者通过评论、点赞、分享、推荐等行为，为平台和其他用户提供了宝贵的信息和内容。尤其是在现代社交平台（如微博、Instagram、抖音等）中，用户通过生成内容参与互动，虽然这种内容本身是消费行为的一部分，但它也对平台和品牌的传播、营销和创新产生了重要影响。

以下是几种典型的产消型劳动者及其劳动方式的示例。

（1）电商平台消费者。在如淘宝、京东、亚马逊等电商平台上的消费者，是产消型劳动者的典型代表。消费者通过浏览、搜索、点击、购买、评价等行为，产生了大量的数据。这些数据为商家和平台提供了市场需求和消费者行为的反馈，有助于商家调整产品和价格策略，提高平台的销售效率和客户满意度。此外，消费者的评价和反馈也帮助商家改进产品质量和客户服务。

（2）视频平台观众。如抖音、YouTube、Netflix 等视频平台上的观众，也属于产消型数字劳动者。他们的观看记录、点赞、评论、分享等行为为平台提供了宝贵的数据，帮助平台优化内容推荐和广告投放。平台通过分析用户的观看历史，可以推送个性化内容，同时收集的观看数据也被广告商用来定向投放广告，从而产生商业价值。

（3）社交媒体用户。例如在微博、Facebook、Instagram 等平台上的用户，他们的点赞、评论、分享行为都为平台提供了用户喜好的数据。这些数据有助于平台优化社交推荐算法、推广内容、精准定位广告，同时用户的社交行为也直接推动了平台的内容传播和品牌传播。社交媒体用户的行为对于平台和广告商来说是一种宝贵的生产资料,尽管这些用户主要是作为"消费者"存在,但他们在平台中创造的社交互动和内容,也为数字经济的发展作出了贡献。

(4)搜索引擎用户。使用搜索引擎(如Google、百度等)的用户,虽然他们的主要活动是查找信息、解决问题或满足需求,但他们的搜索记录为搜索引擎提供了重要的需求数据。搜索引擎公司通过这些数据调整排名算法、改进搜索结果和广告投放,使得用户体验和平台运营更为高效。用户的搜索行为不仅为自己提供了服务,也为整个互联网搜索行业带来了数据价值。

产消型劳动者在数字经济中的作用反映了现代经济形态的深刻变化。传统的生产消费关系变得越来越模糊,消费者不再仅仅是购买产品的被动接受者,而是参与了整个生产过程,通过数据生成和需求反馈,推动了数字产品和服务的创新和升级。产消型数字劳动者在数字经济中占据重要地位,虽然他们主要通过消费行为参与,但他们的行为为平台和企业提供了宝贵的数据、反馈和市场信号。这种"数据生产"在数字经济中具有深远的意义,不仅推动了商业模式的创新,还促进了数据资本的形成和市场的优化。在数字经济的框架下,产消型劳动者的劳动已不仅是简单的消费行为,而是与生产、创新和商业活动深度融合的一部分。

受众型劳动者与产消型劳动者是有区别的。第一,二者的目的和动机不同。受众的主要目的是接收、体验、互动和参与信息、内容或服务,通常不以直接经济收益为目标。受众的参与动机更多是基于娱乐、教育、社交或信息获取的需求。例如,社交媒体用户、视频平台观看者等,他们参与其中的核心目标是享受内容或信息。消费者的主要目的则是购买商品或服务,即通过消费行为满足自身的物质或经济需求。消费者的动机通常与满足基本需求、欲望或享受消费品的价值有关,例如购买产品、付费订阅服务等。第二,二者的行为方式不同。受众通过被动或主动地接收、消费内容和信息来参与。受众的行为通常表现为浏览、观看、评论、分享、点赞、参与社交互动等,而这些行为的目的是体验内容,不是直接产生经济价值。例如,观看一部电影、浏览一篇文章或评论社交媒体上的帖子。而消费者的行为方式更为交易性,他们通过购买或支付获取商品或服务。消费者在数字平台上表现为购买产品、支付费用、订阅服务等行为,这些行为是基于他们的经济需求和支付能力。第三,二者的角色定位不同。在数字平台中,受众更多的是内容的接收者和互动者,他们是平台内容消费的参与者,但不一定是直接支付者或盈利来源。消费者则是更直接的经济行为参与者,他们通过支付或购买,直接为产品或服务创造收入。例如,购买商品的电商用户,付费订阅新闻或视频平台的用户,或者在平台上进行有偿消费的个体。第四,二者之于数据的产生与贡献方式不同。受众的行为往往通过他们的互动行为(如点击、评论、分享)生成数据,但这些数据的主要价值不直接来源于经济消费，而是通过参与内容的流通和传播为平台创造价值。例如，社交媒体平台上的受众通过评论和点赞推动了内容的传播和平台的活跃度。消费者的行为不仅产生数据，还会直接影响平台或商家的经济收入，他们的数据主要与购买记录、支付行为、消费习惯等相关，直接贡献于平台或商家的商业模型。例如，电商平台的消费者购买商品并留下反馈、评价数据，这直接影响销售业绩和营销策略。总之，受众参与内容和信息消费，但其动机不以购买或支付为主，而是享受信息内容、社交互动和娱乐等。这类行为的主要目的是对信息或内容的需求，并非直接的经济交易。消费者则以购买或付费为核心动机，参与商业交易，消费商品和服务，目的是通过消费行为获得经济产品或服务。受众主要关注的是信息的接收与互动，他们的行为是基于内容和体验的需求，通常不涉及经济交易。消费者的核心动机则是购买商品或服务，他们的行为直接涉及经济交易和商品交换。

5.1.2.3　通用型劳动者

通用型劳动者，也称数字劳工，是指在数字平台或数字经济环境中，依托数字技术和平台进行劳动的人群。数字劳工不完全依赖传统的生产工具和实体空间，而是通过互联网平台、社交网络、云计算等技术手段参与劳动，创造经济价值或社会价值。数字劳工的工作形式、劳动成果及其社会经济地位与传统劳动者相比具有明显的不同。

数字劳工的劳动方式呈现以下几个特点。一是平台化与网络化。数字劳工的工作往往发生在数字平台上，依托网络和平台进行协作、交易和任务执行。常见的形式包括：①远程工作。例如，通过互联网远程提供专业服务，如编程、设计、翻译、写作等。②平台经济。例如，参与短期劳动任务或服务交换，如 Uber 司机、外卖配送员、滴滴司机等。③知识劳动与创意劳动。例如，在平台上进行内容创作（YouTube 博主、网红主播）、自由职业者提供设计、编程等创意服务。二是灵活性与碎片化。数字劳工的劳动时间通常具有高度灵活性，工作形式通常是短期、碎片化的。这些劳动者可以自由选择工作时间和内容，但这也导致了工作的不稳定性和收入的不确定性。例如，任务型平台（如任务兔、Fiverr、Freelancer 等）上的工作，往往由劳动者自主选择，劳动者在某些时段活跃而在其他时段可能休息。三是去中心化。传统的劳动关系常常是通过固定的雇佣关系来实现的，而数字劳工的劳动形式则更多表现为去中心化和非正式化。例如，平台上的劳工通常是与平台之间建立合同关系，而与雇主、客户或消费者之间没有直接的劳动关系。这种去中心化的结构，使数字劳工的工作场景更加自由但也更不确定。

数字劳工的劳动成果形式多种多样，具体包括但不限于以下几种。一是创意劳动成果。数字劳工通常通过创造内容、设计、编程、写作等方式产生劳动成果。例如，YouTube 视频、直播平台内容等视音频内容，通过微博、Instagram、抖音等平台发布的原创内容并通过广告收入、打赏等方式实现变现的社交媒体内容，开发应用程序、网站、软件，以及提供技术解决方案的编程与技术服务，文案写作、翻译、图形设计等自由职业服务。二是数据与信息生成。例如，点赞、评论、转发等社交行为生成的互动数据生成，在电商平台上的浏览记录、购买记录、评论反馈等，在任务型平台上完成翻译、设计等任务的结果数据。这些数据在平台内部循环和传播，产生了巨大的商业价值，通常通过广告、市场调查、个性化推荐等方式进行变现。

数字劳工的收入主要来源于以下途径。一是按任务付费。即根据每个完成的任务、项目或服务获得一定的报酬。这种方式可以非常灵活地根据任务的性质和复杂性进行收费，通常适用于"自由职业者""平台劳工"（如外卖员、快递员等）。二是广告和打赏。内容创作者（如视频博主、主播、社交媒体影响者）通过其创作的内容吸引观众，从而获得广告收入或"打赏"收入。例如，YouTube、抖音、Twitch 等平台，通过广告分成或观众捐赠的打赏为创作者带来收入。三是订阅和付费内容。一些数字劳工通过为其粉丝提供独特内容或增值服务，获得订阅费或会员费。例如，某些博主、在线课程提供者或音频/视频创作者，通过付费订阅、付费视频或直播内容等方式获得收入。

尽管数字劳工在数字经济中扮演重要角色，但他们面临以下挑战。一是数字劳工的收入常常不稳定，劳动权益保障较弱。大部分数字劳工是自由职业者，没有固定的薪资或社会保障。尤其是在平台经济中，劳动者通常没有正式的雇佣关系，缺乏医疗保险、养老金等保障措施。二是许多数字劳工依赖于大型平台，如 Uber、滴滴、美团等，这些平台通过算法对劳工的工作量和收入进行控制，劳动者的权益可能被平台单方面决定，容易陷入"平台劳工"的困境。例如，平台通过调整服务费、任务分配算法等方式影响劳工的收入。三是数字劳工通常面临劳动过程"碎片化"的问题，劳动内容琐碎且分散，这使得他们的工作时长和强度难以统一，并且社会地位较低。数字劳工的工作往往没有明确的职业发展路径，缺乏社会认可度和职业尊严。四是由于数字劳工依赖数字技术和平台工具，数据隐私和安全问题成为不可忽视的挑战。平台会收集和分析劳工的行为数据，有时会侵犯劳工的个人隐私，甚至在某些情况下，劳工的行为数据被滥用或遭遇网络攻击。

数字劳工是数字经济中不可忽视的群体，他们通过在平台上提供服务、创作内容、完成任务等方式参与劳动，推动了数字经济的发展。数字劳工的劳动形式灵活多样，劳动成果多体现在内容创作、数据贡献等非物理产品上。他们的收入来源多样，但也面临收入不稳定、劳动保障不足、平台控制等问题。随着数字经济的持续发展，如何保障数字劳工的权益、稳定收入，并为他们提供合理的社会保障，成为数字经济未来发展的重要课题。

5.1.2.4 专业型劳动者

专业型劳动者，也称数字专家，是指在数字经济和信息社会中，具备高度专业化的技术能力、理论知识和实践经验，能够在数字技术的开发、应用和管理中发挥核心作用的专业人员。相较于数字劳工，数字专家通常在行业内具有更高的技术门槛、更强的独立性以及更高的社会地位，扮演着技术创新、战略规划和问题解决的关键角色。

数字专家的主要特征如下：①高技术性。数字专家在某一特定的数字技术领域拥有深入的专业知识和技能。例如数据科学家、人工智能工程师、算法专家、区块链开发者、网络安全专家、云计算架构师、数字文化遗产保护技术专家等。他们的技能通常需要通过高等教育、专业培训或长期的实践积累获得。②创新性。数字专家不仅能够应用现有技术，还能推动技术创新。他们往往处于技术发展的前沿，通过研究和开发新技术，推动数字经济的变革。例如，设计新的人工智能算法、开发新的信息管理系统等。③系统性思维。数字专家需要具备从系统角度解决复杂问题的能力。他们通常需要对多个领域的知识进行综合运用，例如数据分析、项目管理、商业逻辑等，以设计和优化复杂的数字系统。④决策影响力。由于掌握关键技术，数字专家往往在企业、政府或学术界具有较大的决策影响力。例如，在企业中，他们负责制定技术战略；在公共部门，他们负责制定数据政策或信息化规划。⑤持续学习能力。数字技术更新迭代迅速，数字专家需要持续学习以保持技术领先地位。例如，及时掌握人工智能、大数据、区块链等新兴领域的发展动态和应用实践。

数字专家的劳动方式主要包括但不限于以下几种：①研究与开发。数字专家主要从事技术研发，包括算法设计、系统架构搭建、平台优化等。他们的劳动以创造性和创新性为主，通常需要结合理论研究和实际应用。②问题解决。数字专家常被称为"技术顾问"或"问题解决者"，他们通过专业知识解决复杂的技术问题。例如，设计一套安全的网络架构应对企业的网络安全威胁。③战略规划。在组织中，数字专家参与制定数字化转型战略，例如构建大数据平台、推动智能化生产、引入新技术等。④跨界协作。数字专家的劳动通常需要跨学科协作。例如，人工智能专家可能需要与医学专家合作开发智能诊断系统，与文化学者合作开发数字化文化遗产保护方案等。

数字专家的劳动成果包括但不限于以下几种：①技术产品。数字专家开发的软件、算法、平台等技术产品，成为数字经济的核心生产工具。例如人工智能模型，用于图像识别、自然语言处理、自动驾驶等领域；数据分析工具，如商业智能分析系统、预测分析模型等；信息系统，如企业资源规划（enterprise resource planing，ERP）、客户关系管理（customer relationship management，CRM）系统。②技术规范与标准。例如网络安全标准、数据共享协议等。③创新解决方案。例如为政府制定智慧城市发展规划，为企业开发智能供应链管理系统等。④知识传播。数字专家通过发表学术论文、技术报告、专著等方式传播知识，也可能通过培训课程、技术讲座等方式培养更多专业技术人才。

数字专家参与数字劳动的典型领域包括但不限于以下几种：①人工智能与机器学习。例如，设计、开发和优化人工智能算法；训练大语言模型、深度学习模型等。②大数据与数据科学领域。例如，开发数据分析工具和模型；从海量数据中挖掘洞见，支持商业决策。③文化数字化。例如，参与文化遗产数字化保护、虚拟现实应用开发等；构建智能博物馆、数字档案馆等。④网络安全与区块链。例如，开发网络安全解决方案；推动区块链技术在金融、物流等领域的应用。⑤智慧产业。例如，参与智能制造、智慧城市建设；发智能交通、智慧农业相关技术。

数字专家是数字经济技术进步的核心推动力，他们通过技术创新驱动新产业的形成与发展；通过优化数字工具和平台，提升生产效率，推动行业数字化转型；利用技术解决社会问题，例如通过大数据分析应对疫情传播，通过人工智能支持精准扶贫；通过技术传播、学术交流等形式促进知识共享，加速社会整体技术水平提升。数字专家是数字经济中的核心角色，推动技术进步和产业变革。他们凭借专业技能和创新能力解决复杂问题，并通过研究、开发和传播为社会创造价值。在未来，随着数字技术的不断进步，数字专家的作用将更加重要，而如何培养和支持这一群体，也成为数字经济发展的关键议题之一。

5.1.3 数据要素"记录"属性与数字劳动者的分层互动

5.1.3.1 受众型记录资源与受众型劳动者之间的互动关系

"受众型"记录资源与受众型劳动者之间的互动关系具体体现在如下四个方面。

第一，受众数据生成行为与记录资源的形成直接相关。受众型劳动者的每一次在线行为（如点击广告、观看视频、评论、搜索信息等）都会生成大量的数据。这些数据构成了受众型记录资源的核心部分。虽然受众型劳动者本身并不参与生产物理产品，但他们的数字行为成为数字经济生产链条中的基础数据资源。因此，受众型劳动者是受众型记录资源的直接生产者。例如，社交媒体用户通过发布动态、点赞、评论等互动行为，生成了大量的社交数据，这些数据帮助平台优化推荐算法、定向广告等。再如，在线视频平台用户通过观看、点赞、评论视频生成的数据，为平台提供了优化内容推荐系统的依据，同时为广告商提供精准的投放数据。在这些过程中，受众型劳动者的行为与受众型记录资源之间建立了直接的关联。受众型记录资源是由他们的行为数据构成的，而这些数据则成为推动平台商业化、创新和优化的重要原材料。

第二，数字平台的数据收集与应用反映了受众型劳动者与记录资源之间的互动关系。数字平台通过技术手段收集受众型劳动者的在线行为数据，进而形成受众型记录资源。这些数据不仅能帮助平台优化用户体验和提升服务质量，还能为企业和广告商提供精准的市场洞察，进而创造商业价值。例如，社交媒体平台通过用户的行为数据（如发布内容、点赞、评论等）分析用户的兴趣和社交圈层，从而优化广告投放。这些广告和定向推送形成了一个闭环：受众型劳动者的行为（劳动）生成数据，平台将这些数据转化为精准的商业行为，最终带来盈利。

第三，受众型劳动者行为数据（受众型记录）具有可二次利用与再生产特征。受众型劳动者的行为数据不仅为平台和企业提供了即时反馈，也可以进行长周期的二次利用和再生产。例如，通过大数据分析，平台可以预测用户的未来需求，优化产品设计、内容推荐和广告投放策略。此外，这些数据也可能被用于更广泛的社会公共服务。例如，公共卫生数据、教育数据等通过汇集和分析可以为政府部门提供决策支持，促进社会资源的合理配置。

第四，受众与数字化平台之间的社会价值互馈。受众型记录资源和受众型劳动者的互动不仅是数字平台和企业之间的商业行为，还在更广泛的社会层面产生了重要影响。这些数据能够帮助社会各界更好地理解公众需求，推动政策制定和社会服务的改进。例如，公共交通数据的收集和分析可以帮助政府优化城市交通网络，降低交通拥堵，并提高交通服务的效率。卫生数据的整合和应用可以为疾病预防、医疗资源配置等提供数据支持，从而改善公众健康。

总之，受众型记录资源和受众型劳动者之间的互动关系是观察数字经济的至关重要的视角。受众型劳动者通过在线行为生成数据，这些数据构成了受众型记录资源，推动了平台的商业化、产品优化和广告精准投放。与此同时，这些数据的应用不仅为平台和企业带来了盈利，也为社会提供了更加精准的公共服务和决策支持。这种"产消一体化"的互动机制不仅推动了数字经济的发展，也重塑了现代社会中劳动和生产的关系。

5.1.3.2　产消型记录资源与产消者之间的互动

产消型记录资源与产消者之间的互动关系可以从以下四个角度进行深入分析。

第一，消费数据生成生产资料。产消者的消费行为（如点击、购买、搜索、评论等）直接生成了产消型记录资源。这些行为虽不以生产为直接目的，但它们通过记录和分析，转化为平台和企业在商业运作中的核心资源。例如，在电商平台上，产消者通过浏览商品、点击链接、查看评价等行为，生成了大量的需求数据。这些数据为商家提供了市场需求、用户偏好和消费趋势的反馈。再如，在视频平台上，产消者的观看历史、点赞、评论等行为生成了数据，这些数据为平台优化推荐系统、广告投放和内容创作提供了依据。在产消者的消费行为与产消型记录资源之间的互动过程中，产消者的每一项行为都为平台和企业提供了数据支持，推动了生产过程。

第二，消费数据收集与商业生产之间的互动。虽然产消型记录资源最初由产消者的个人消费行为产生，但这些数据经过平台和企业的收集、分析和处理后，成为商业生产的关键原材料。企业和平台基于这些数据进行精准的市场定位、广告定向、产品设计和服务优化，从而推动了商业生产活动。例如，在电商平台，基于消费者的购物行为，平台可以通过数据分析优化商品推荐系统、调整广告投放策略，提升销售额。在搜索引擎中，通过产消者的搜索行为数据，平台能够改进搜索算法，提高搜索结果的精准性，并为广告商提供定向广告服务。通过这种互动关系，产消型记录资源不仅支持了产消者需求的满足，也直接驱动了平台和企业的商业生产。

第三，消费数据的再利用与反馈机制。产消型记录资源的作用不仅体现在直接优化平台和商家的服务和产品，还体现在数据的二次利用和反馈机制中。这些数据为企业提供了持续的市场洞察，推动了持续的商业创新。例如，电商平台通过消费者的搜索和购买历史数据，改进了商品推荐系统，提供个性化服务，并根据反馈调整产品设计。在社交平台，用户的点赞、评论和分享等行为帮助平台优化内容推荐，并为品牌营销提供了数据支持。社交媒体上的用户生成内容也为平台带来了新的营销和传播模式。产消者不仅通过直接的数据生成支持了生产过程，还通过反馈机制推动了服务和产品的创新。

第四，消费行为对市场和社会的影响。产消者的消费行为不仅对平台和商家有影响，也对市场和社会产生了广泛的影响。产消者的行为和反馈常常是产品创新和社会变革的源动力。例如，在社交媒体上，产消者通过生成内容、分享经验、评价产品等行为，推动了品牌形象的塑造和产品的市场表现。在电商平台，产消者的评价和反馈直接影响产品的口碑和销量，产消者的选择也推动了市场竞争和产品的多样化。因此，产消者的行为不仅直接影响数字平台的运营，还对社会经济、文化甚至政策层面产生了长远的影响。

总之，产消型记录资源与产消者之间的互动关系展示了消费和生产在数字经济中的深度融合。产消者通过其消费行为生成了大量的产消型记录资源，这些资源被平台和企业收集并转化为生产要素,用于优化产品、改善用户体验、精准营销和广告定向等方面。产消者的需求、行为和反馈不仅推动了商业生产的创新,还在更广泛的社会层面推动了市场的优化和社会变革。这种互动关系反映了现代经济形态的深刻变化:产消者不再仅仅是被动的商品接受者,而是生产过程中的主动参与者。通过生成和反馈数据,产消者不仅满足了自身需求,还推动了整个数字经济生态系统的运转。这种"消费即生产"的模式,不仅为企业提供了宝贵的数据资源,也加速了数字经济的成长与创新。

5.1.3.3 通用型记录资源与数字劳工之间的互动

通用型记录资源与数字劳工之间的互动体现了现代数字经济中数据和劳动的双向推动关系。这一互动关系可以从以下几个方面进行深入分析。

第一,数字劳工为通用型记录资源的生成与丰富提供支持。

数字劳工在进行内容创作、任务完成、数据生成等活动时,间接地为通用型记录资源的积累和更新提供了丰富的数据来源。较为典型的事例有:在内容创作与数据贡献方面,数字劳工(如博主、网红、内容创作者)在社交平台上通过其创作的内容、点赞、评论等行为,产生了大量的互动数据。这些数据可以被收集并转化为新的通用型记录资源,如情感分析数据、用户行为数据等,用于训练更智能的推荐系统和广告投放系统。在创意劳动与数据积累方面,数字劳工创作的内容(如文字、图像、视频等)不仅为消费者提供娱乐和信息,也为通用型记录资源的构建提供了原材料。例如,平台上的视频、文章等内容可以成为 AI 模型训练中的数据集,推动自然语言处理、图像识别等技术的进步。因此,数字劳工的创意劳动和任务执行活动为通用型记录资源的生成和更新提供了新的数据,进而推动了技术的不断创新和应用场景的拓展。

第二,通用型记录资源对数字劳工劳动效率和质量的提升。

通用型记录资源在支持数字劳工工作效率和质量提升方面发挥了至关重要的作用。通过利用这些数据资源,数字劳工能够提高工作效率,甚至改变劳动形式。例如,数字劳工通过使用通用型记录资源(如大数据集、人工智能模型等),可以创造更加智能、个性化的内容或服务。例如,视频博主可以通过自然语言处理模型优化其内容创作的方向和风格,提升观众的黏性和互动性;自由编程职业者通过使用现成的开源代码库加速开发过程,节省时间。再如,平台可以基于通用型数据集优化其推荐算法,帮助数字劳工更准确地找到符合自己技能和兴趣的工作机会。例如,内容创作者可以通过平台的推荐算法找到更多潜在观众,增加创作的曝光度;自由职业者可以通过技能匹配系统精准找到符合自己能力的短期工作任务。因此,通用型记录资源不仅为数字劳工提供了创造的基础数据,还通过智能化和个性化的支持，提升了他们的工作效率和产出质量。

第三，数据隐私与数字劳动权益的挑战。

尽管通用型记录资源和数字劳工之间的互动关系促进了经济和技术的发展，但也带来了数据隐私和劳动权益保障方面的问题。一是数据隐私与安全问题。数字劳工在创作内容、完成任务等过程中，往往需要在平台上提供个人数据和行为数据，这些数据不仅被用来生成通用型记录资源，还可能被平台进行分析和再利用。数字劳工的个人隐私和数据安全面临风险，尤其是在平台算法对劳工收入、工作量进行控制的情况下，劳工的行为数据可能被滥用。二是劳动权益保障问题。数字劳工在使用数字平台提供服务的过程中，往往面临收入不稳定、缺乏社会保障等问题。尤其是依赖通用型记录资源构建的智能推荐系统、广告投放机制等，很可能会根据劳工的个人数据对其收入进行动态调整，而这些调整往往没有透明度，缺乏足够的监管和保障。因此，如何在数字劳工与通用型记录资源的互动中保障劳工的隐私安全、收入稳定以及合理的社会保障，是数字经济持续健康发展的重要课题。

总之，通用型记录资源与数字劳工之间的互动关系深刻体现了现代数字经济中的数据与劳动的双向驱动作用。一方面，数字劳工通过其创意劳动、任务完成和数据生成等活动为通用型记录资源的积累提供了源源不断的原材料；另一方面，通用型记录资源为数字劳工的工作提供了智能化、个性化的支持，提升了劳动效率和工作质量。然而，这一互动关系的深化，也带来了数据隐私、劳动权益保障等问题，需要通过完善的法律法规和社会保障体系应对这些挑战，确保数字经济的可持续发展。

5.1.3.4 专业型记录资源与数字专家的互动

专业型记录资源与数字专家之间的互动关系，是数字经济和产业发展的关键驱动力。以下从数据获取、数据利用、技术创新、行业发展、社会价值以及双向反馈的角度，深入阐释两者的互动机制及其重要意义。

（1）数据获取

数字专家依赖专业型记录资源作为技术开发和研究的基础。专业型记录资源为数字专家的研发工作提供了高质量的数据基础，这些数据通常具有行业独特性和高精准度。例如，在医疗领域，医疗影像数据、电子病历数据为人工智能专家开发疾病诊断模型提供了基础数据。在自动驾驶领域，道路交通数据、传感器数据为自动驾驶算法优化和安全测试提供关键支持。数字专家通过获取这些专业数据，分析其特点和规律，为后续技术开发奠定基础。同时，他们还需确保数据采集符合行业规范和法律法规，如遵守数据隐私和安全规定。

（2）数据利用

数字专家赋能专业型记录资源的价值转化。专业型记录资源的真正价值在于得到高度专业化的有效利用，而数字专家在专业型数据的处理、分析和建模中发挥核心作用。例如，数字专家通过算法建模、统计分析等方式，从专业型数据中提取有价值的信息，为行业生产决策提供依据。例如，气象数据被气象学家和算法工程师转化为精准的天气预测模型。通过数字专家的深度分析和技术转化，专业型记录资源的潜在价值得以充分释放，从而推动行业应用。

（3）技术创新

专业型记录资源是数字专家推动技术突破的关键支撑。数字专家以专业型记录资源为支撑，推动行业技术的持续创新。例如，在算法优化方面，自动驾驶专家通过分析大量交通数据和传感器数据，不断优化驾驶行为预测模型，提升自动驾驶系统的安全性和准确性。在系统研发方面，能源行业的专业数据帮助数字专家研发智能电网系统，实现能源高效分配。在知识图谱构建方面，通过整合行业专业数据，数字专家开发领域知识图谱，支持智能决策系统的构建，如医疗诊断知识图谱、金融风控知识图谱等。专业型记录资源为数字专家提供了多维度的探索空间，推动了行业技术向更深层次和更广领域发展。

（4）行业发展

数字专家通过专业型记录资源推动行业转型与升级。专业型记录资源和数字专家共同推动行业数字化、智能化的转型。例如，针对制造业，数字专家利用生产流程数据优化智能制造系统，实现柔性生产与高效资源配置。针对智慧农业，农业数据资源被用于开发精准灌溉和病虫害预测系统，提高农业产出效率。针对文化遗产保护，文物数字化记录资源支持文物保护专家开发虚拟展示平台和修复技术，促进文化传承与传播。这种互动关系促进了行业生产效率提升、资源利用优化以及产业链创新，推动行业迈向高质量发展。

（5）社会价值

专业型记录资源和数字专家共同推动社会问题解决。在应对社会挑战方面，专业型记录资源和数字专家的协同作用更加突出。例如，在公共卫生领域，专业型医疗数据资源支持流行病学专家和数据科学家预测疫情传播趋势，制定精准防控措施。在环境保护领域，环境数据资源被数字专家用于开发生态监测系统，推动可持续发展目标的实现。在社会治理领域，城市管理数据资源支持智慧城市专家设计城市应急管理系统，提高城市治理能力。通过数字专家的技术应用，专业型记录资源的社会价值得到最大化，助力社会福祉的提升。

(6) 双向反馈

数字专家推动专业型记录资源的不断完善。专业型记录资源为数字专家提供了技术开发基础，而数字专家的技术进步反过来推动了数据资源的质量提升。例如，数字专家开发的数据收集工具（如传感器、物联网设备），使得专业型数据资源的采集更加精准和全面。数据分析技术的提升，为专业型数据的结构化、标准化提供支持，进一步增强数据的可用性和共享性。这种良性循环促进了专业型记录资源与数字专家间的协同发展。

总之，专业型记录资源与数字专家之间的互动是一个相辅相成的过程：专业型记录资源为数字专家提供高质量的数据基础，而数字专家则通过技术手段挖掘数据的潜在价值，推动技术创新和行业升级。同时，这种互动关系还具有显著的社会价值，为解决公共问题和提升社会整体技术水平提供了有力支持。未来，随着专业数据资源的扩展和数字专家队伍的壮大，这种互动关系将更加紧密，为数字经济和数字社会的发展注入更强劲的动力。

5.2 数据要素对数字劳动的形塑

数据作为数字劳动的核心要素，首先以"记录"的形式存在，进而通过"可计算性"这一特性得以激发起对数字劳动的深刻形塑潜能。本节将从数据的"记录"特性及其基础上的"可计算性"出发，探讨这两大属性如何共同形塑数字劳动的原理。

5.2.1 数据的"记录"特性与数字劳动的物质基础

数字劳动是基于数字技术开发、生产和应用的劳动形式，其核心在于劳动对象和劳动成果的数字化。劳动对象主要包括人类的知识、信息、经验、情感和思想，而劳动对象的数字化是数字劳动的关键特征。同时，劳动成果的数字化也体现了数字劳动的基本属性。在数字劳动中，劳动者通过处理这些记录，不断将个体认知转化为群体认知，促进了社会智力的积累和发展。

"记录"作为数据的物化形式，既是数字经济时代生产资料的主要形态，又承载了个体认知、社会智力和知识体系的积累与传递功能。通过记录个体经验、观察和认知，数据成为可以被共享、传播和利用的社会资源，具备参与社会经济活动的潜能。

5.2.1.1 历史与文化传承：数据记录与数字记忆

数据的"记录"特性为历史经验和文化知识的传承提供了坚实的物质基础。数据作为一种信息存储形式，它不仅保存了过去的经验和智慧，还成为跨越时间的文化载体。[1] 通过数据的数字化，社会历史经验、文化遗产，以及个体的生活轨迹等得以保存和分享。这些历史记录不仅限于传统的文献和口述历史，更包括了社交媒体、个人博客、互联网视频等现代形式的记录。这些数据积累了大量关于社会行为、历史事件及其发展趋势的信息，为社会各界提供了重要的文化和历史参考。

文化知识、习俗、艺术等也通过数据记录的方式传递下去。比如，传统音乐、古籍文献、艺术作品的数字化处理，使得这些文化遗产能够跨越地域和时间的界限进行共享。与此同时，现代技术使得文化的再创造成为可能，个体通过对数据的加工和重组，在保留历史文化精髓的同时创造出新的文化表现形式。

社会记忆的集体化：数据的"记录"特性赋予了社会记忆新的形式。历史和文化的数字化记录通过社交平台、大数据和人工智能等技术，使得个体的记忆可以转化为集体的记忆。[2] 例如，网络上的讨论、事件记录、民众反应等，可以通过数据挖掘与分析，反映某个历史事件或文化现象在社会中的广泛认同与影响。这样，数据成为社会智力和集体记忆的主要载体。

数字记忆作为数智时代社会记忆的新形态和新常态，在某种程度上改写了"社会记忆"理论体系的格局，在方法和技术层面为不同文化共同构建整体性、连续性和系统性的"社会记忆"和支持数字人文研究所需的"多重证据参照体系"提供了可能。[3]

5.2.1.2　社会智力网络：数据连接人与人、个体与集体

数据的"记录"特性不仅是一个静态存储，它还为社会成员之间的认知联系和知识共享提供了条件。[4] 在数字劳动中，劳动者通过对数据加工、分享与分析，形成了广泛的社会智力网络。这种网络促进了不同领域的专家、劳动力与普通民众之间的协作与互动，推动了知识和智慧的共享与协同创造。

（1）认知联系的网络化

通过数据的记录与共享，劳动者之间能够建立认知联系，从而形成一个庞大的社会智力网络。[5] 例如，社交媒体和开放数据平台使得来自不同背景的劳动者能够

---

[1] 杨智勇. 由原始记忆走向智慧记忆：论档案记忆功能的历史演变及其未来趋势［J］. 档案学通讯，2014（5）：14-17.

[2] 谷佳媚，赵姗. 社会记忆的再生产：网络空间意识形态建设的新视角［J］. 教学与研究，2023（7）：71-81.

[3] 夏翠娟. 构建数智时代社会记忆的多重证据参照体系：理论与实践探索［J］. 中国图书馆学报，2022，48（5）：86-102.

[4] 贾荣雯，樊为，段敏惠，等. 数智时代的建言与采纳：媒介同步性的视角［J］. 心理科学进展，2025，21：381-401.

[5] 周文杰. 信息资源管理基础理论模型的建构：一项探索性研究［J］. 情报资料工作，2024，45（3）：8-17.

基于共同的数据进行交流、合作与创新。这种认知的连通性打破了地理、专业领域、文化背景等障碍，创造了跨领域、跨区域的协作平台。

(2) 集体智慧的涌现

数据记录不仅为个体创造了新的认知空间，还促进了集体智慧的涌现。现代大数据技术使得劳动者能够在大规模数据中发现规律和趋势，优化生产流程和决策。❶ 通过集体数据分析，劳动者能够共同应对复杂的社会经济问题，例如环境保护、公共卫生等全球性议题。在这个过程中，人工智能、大数据分析等技术提供了强化社会认知和智慧的手段。

(3) 知识共享与协作创新

数据的"记录"特性使得知识成为可共享、可访问的资源。❷ 不同领域的劳动者能够基于这些数据进行创新，推动知识的快速传播与社会进步。例如，开放数据平台、合作式创新工具和协作平台的出现，使得全球范围内的劳动者可以共同探索和解决问题。通过对大数据的处理与分析，社会智力得到了显著提升，推动了数字经济的发展和技术创新。

可见，数据的"记录"特性奠定了社会记忆的物质基础，使得历史经验、文化知识和智慧成果得以传承。通过数据的记录与交流，劳动者之间建立起认知联系，形成了复杂的社会智力网络，促进了知识的共享和协作，塑造了数字劳动的鲜活场景。

5.2.2 数字劳动的本质是基于"记录"的"可计算性"

数据的"可计算性"是建立在其"记录"特性之上的。数字劳动者通使用计算工具对"记录"进行加工和挖掘，使数据的记录属性得以延展，实现了对经济要素的重组和社会关系的重构，进而推动生产力发展和社会结构的变革。

5.2.2.1 数据的"可计算性"推动生产力的数字化

数据作为一种关键生产要素，正在重塑劳动者的工作方式与生产效率。❸ 数据的"可计算性"特性是推动这一转型的核心驱动力，它使得劳动者不仅能够通过智能化工具和自动化技术提升个人工作效率，更能在系统化的数据支持下，发掘隐藏的生产规律，优化生产流程。数字劳动者通过对大数据的挖掘与分析，借助机器学习等技术手段，精准预测市场需求、优化资源配置，从而提升企业整体的生产效

---

❶ 何士青. 论大数据时代人的数字化生存方式的法治回应 [J]. 政法论丛，2025 (1)：3-22.
❷ 高富平. 可信数据流通制度论：治理范式经济秩序的形成 [J]. 交大法学，2024 (5)：94-115.
❸ 刘子菁，郑维. 劳动力创新性配置赋能新质生产力：逻辑机理与实践路径 [J]. 湖湘论坛，2024，37 (6)：67-79.

能。例如，通过机器学习算法分析生产数据，企业可以精准预测市场需求，优化资源配置，从而减少浪费和提升生产效能。在制造业中，基于数据的自动化控制和智能优化能够极大地提升生产线的自动化程度和响应速度，降低人为错误，提升生产质量。

基于数据的生产力提升不仅限于单一行业或单一企业的层面，而是具有跨行业、跨地区甚至跨国界的广泛影响力。数据的"可计算性"使得不同领域的劳动者和企业能够共享知识、协作创新，从而推动全球范围内的数字经济发展。❶例如，物流行业通过大数据与人工智能的分析，能够实时优化运输路线和配送方式；而在农业领域，精准农业技术则利用数据分析优化作物种植和灌溉方案，不仅提升了作物产量，也减少了资源的浪费。

数据驱动的数字化生产力扩展，在制造业中，尤其表现得尤为突出。通过自动化控制与智能化优化，生产线的自动化程度和响应速度得到了极大提升，降低了人为操作的错误，并在全球范围内提升了生产效率与质量。整体而言，数据要素不仅提升了劳动者的个体生产力，还推动了产业结构的优化与全球经济的协作与升级，进一步推动了数字经济的蓬勃发展。❷

5.2.2.2 社会结构与生产关系重构

数据的"可计算性"不仅推动生产力的提升，还在广泛的社会层面重构传统的生产关系，尤其是在数字资本主义背景下，数据逐渐成为新型生产力的核心要素。在这一过程中，数据不仅在个体企业和劳动者层面提升了生产效率和经济效益，而且在整个社会经济结构中发挥了深远的影响。数据作为生产资料的逐步崛起，使得生产关系发生了根本性变化，特别是通过数字平台、数据资本的积累以及劳动关系的重塑，数据正在重新定义社会经济体系中的权力和价值分配。❸

（1）数据资本的崛起

在数字经济中，数据成为新的生产力形式，可以直接影响生产资源的配置与经济的权力分配。❹数字平台通过收集用户的数据，建立起基于数据的经济模型，进而创造以数据为核心的资本积累机制。例如，社交媒体平台通过记录和分析用户的行为数据，不仅改进广告定向投放，还能优化用户体验，进一步推动资本的增值。

---

❶ 任保平，王子月. 数字经济推动形成新质生产力"技术—经济范式"的框架与路径［J］. 经济纵横，2025（1）：76-87，136.
❷ 邱均平，宓秦泽，徐中阳，等. 我国信息资源管理学科研究赋能新质生产力发展面面观［J/OL］. 图书馆建设，1-13［2025-02-08］. http://kns.cnki.net/kcms/detail/23.1331.G2.20250115.1036.002.html.
❸ 肖磊. 数字时代生产方式变革的理论逻辑与实践路径［J］. 马克思主义研究，2024（8）：96-108.
❹ 蔡晓辉. 数字资本本质论：一个马克思主义的检读［J］. 中共福建省委党校（福建行政学院）学报，2024（6）：144-156.

这种数据驱动的资本积累模式，重新定义生产资料和生产力之间的关系，数据本身成为生产的关键要素。

（2）数据与劳动关系的重塑

数据的"可计算性"使得传统的生产关系发生根本变化。在传统工业时代，生产资料和劳动者通过物质和资源的交换形成生产关系。而在数字经济中，数据成为最重要的生产资料，劳动者的价值越来越多地通过数据的生成与贡献体现。例如，平台劳动者在平台上的活动（如评论、发布内容、参与调查等），实际上是在为平台积累数据资产，而这些数据资产则为平台创造新的经济价值。这种新的劳动形式及其与资本的关系，要求对传统的劳动关系进行再思考和调整。

（3）数据集中的影响与社会不平等

掌握数据资源的企业或组织，能够在竞争中占据有利地位，形成强大的市场垄断力量。[1] 这导致数字资本主义中的数据集中化现象，产生数字经济中的阶层固化和社会不平等。某些大企业通过垄断数据流和计算资源，控制整个生产链条，这种"数据垄断"不仅改变生产关系，也加剧社会的不平等现象。因此，数据的合理分配和管理成为数字时代亟须解决的问题。如何通过政策和法规平衡数据资源的分配，防止数据的过度集中，维护公平的生产关系，成为当前社会发展的重大课题。

5.2.2.3　数据的管理与合理分配

随着数据成为数字劳动的核心要素，如何管理和利用这些数据也变得至关重要。数字劳动不仅推动生产力的提升，也引发对数据管理和分配的严峻挑战。合理的数据分配机制是保障社会公平与促进经济持续发展的关键。

（1）数据资源的管理

在数字经济中，数据的收集、存储、处理和使用成为一个复杂的系统工程。数据资源的管理不仅涉及技术层面的挑战，还关乎伦理、隐私保护和社会公平。[2] 为避免数据集中化带来的不平等，必须制定相应的法律和政策，对数据资源进行公平的分配和使用。

（2）避免数据垄断

数据集中化可能导致大企业通过控制数据流，限制中小企业的竞争机会，从而加剧市场的不平等竞争。因此，政府和社会需要采取措施，避免数据垄断，确保所有参与者在数字经济中都能公平参与。通过建立公平的数据治理框架，能够让数据成为推动经济发展的共同资源，而不是少数企业的私有资本。

---

[1] 孙晋，马姗姗. 反垄断视野下数据开放与隐私保护的冲突与协调［J］. 武汉大学学报（哲学社会科学版），2024，77（6）：154-166.

[2] 张学博. 中国人工智能法律监管制度的构建探索［J］. 理论视野，2024（10）：60-65.

数据的"可计算性"推动数字劳动中生产力的提升，使得劳动者能够利用数据的潜力优化生产流程，发掘新的经济机会，并推动社会结构和生产关系的重构。与此同时，数据在数字资本主义中的地位逐渐上升，成为新的生产力和生产资料。如何管理数据资源、合理分配数据财富，并防止数据垄断成为数字经济时代的核心议题。只有通过公平的数据管理与分配机制，才能实现数字劳动的可持续发展，并推动社会经济的长期稳定与繁荣。

综上所述，数据要素的"记录"特性及其基础上的"可计算性"共同形塑了数字劳动。数据的"记录"特性为个体认知的物化、共享和社会智力的积累提供了可能；而基于"记录"的"可计算性"则推动了生产力的数字化提升、数据权力的重新配置，以及生产关系的协同与重构。在数字经济时代，数据要素的管理需要充分考虑其"记录"与"可计算性"的双重特性，以优化数字劳动过程、提升数字劳动者素养并促进数字经济的可持续发展。

5.2.3 新发展理念下的数字劳动治理路径[1]

习近平总书记强调："完善数字经济治理体系。要健全法律法规和政策制度，完善体制机制，提高我国数字经济治理体系和治理能力现代化水平。"[2] 数字劳动治理，既要激活和发挥资本与技术在维护数字劳动中的积极作用，又要对资本和技术妨碍数字劳动的行为进行干预，防止数字劳动中的制度缺位和监管失效。

5.2.3.1 数字劳动制度供给

数字劳动平台掌握者，在劳动计量与收入分配上有着绝对话语权，分散化状态下的劳动参与者，谈判和博弈的手段与能力较弱，影响数字劳动正义的维护。研究发现，数字经济中的"灵活用工等劳动组织方式的出现与推广，使价值生成与劳动之间的关系变得模糊、脆弱或隐形，可能引发更多更隐蔽的劳动剥削风险和价值危机。"[3] 防范和规避这种风险，必须加快数字劳动的立法与政策供给，以更加明确的具体细则，平衡数字资本、数字技术和数字劳动三者之间的关系，为维护数字劳动治理提供制度保障。

第一，加快构建数字劳动的时间计量与收入回报机制。要通过制度供应，确立有效劳动时间的认定原则与依据：哪些要计入数字劳动的有效时间而参与收入分配，必须有标准和依据。除了技术标准，还应该有法律或行政管理标准。

第二，加快构建数字劳动分配的负面约束机制。数字劳动的规模扩大和类别分

---

[1] 谢章典. 论维护数字劳动正义的理论逻辑与实践路径[J]. 人文杂志, 2023（7）: 13–22.
[2] 习近平. 习近平谈治国理政（第4卷）[M]. 北京: 外文出版社, 2022: 208.
[3] 孙伟平, 尹帮文. 论数字劳动及其与劳动者的双向建构[J]. 社会科学辑刊, 2022（6）: 55–65.

化，传统的劳动分配原则与标准已经无法对之进行调整和规范，亟须新的制度供应和政策安排。有学者建议尽快制定数字"劳动法典"，构建保障广泛、精准灵活、利益平衡的劳动用工制度。❶

5.2.3.2 加强对数字劳动的过程监管

加强数字劳动法规与政策的实施和执行，通过有效行动，规范各方在数字劳动中的权利与义务。

第一，提高数字劳动过程监管的专业化水平。与传统劳动监管相比，数字劳动监管在过程介入、证据采集等环节的复杂性和专业性更高，远远不是传统劳动巡查、接诉所能实现的，必须通过专业队伍、专业设备对数字劳动平台进行全过程监管，对数字劳动的投诉进行专业性受理。

第二，提高数字劳动纠纷处理的公正性。同传统劳动方式一样，数字劳动必然出现劳动纠纷。劳动纠纷就是劳资双方对权利与义务的分歧和冲突，这种分歧与冲突的有效解决，对维护劳动正义有着重要作用。

第三，打击数字劳动中的违法行为。数字经济是一个高速增长的新型经济形态，在理论与实践上还有很多需要完善的环节。一些主体很有可能利用制度和监管漏洞，侵占数字劳动者的合法权益。因此，在制度规范基础上，在加强监管前提下，必须加大对数字劳动关系中违法违规行为的处罚强度和打击力度，从而形成社会警戒与威慑作用。

5.2.3.3 提升构建和谐数字劳动关系的社会道德自觉

在数字经济下，劳动关系的深度与广度更加多元和分化，技术逻辑和制度逻辑不可能对所有劳动关系进行强制引导与约束，还需要以道德自觉进行自我规训。

第一，对数字平台主导者进行道德倡导和规训。数字劳动平台主导者应主动遵循资本和技术逻辑，被动适应制度和道德逻辑。在社会主义市场经济下，激活和表现道德逻辑是意识形态和社会道德实践的关键任务。掌握资本和技术优势的平台主导者，在劳动关系构建中拥有主导权。社会主体如党政部门、群团组织和社区机构，应通过表彰和激励机制，引导平台建设和谐企业文化，促进和谐劳动关系。数字劳动还催生了新的工作伦理，要求每个人在产销一体化中思考善良与德性。❷

第二，对数字劳动者道德支持和鼓励。数字劳动者在劳动关系中往往处于弱势，难以表达合理诉求，容易陷入被动。然而，良好的道德素养和形象能赢得社会支持，形成维护正义的力量。自我保护和团结对维护劳动尊严和利益至关重要。道德意识和行为不会自发形成，需要党政机关、群团组织和社区进行道德宣传和建

---

❶ 余少祥，佟丽华. 外卖平台用工模式与劳动者保护 [J]. 中国社会保障，2022（8）：56-57.
❷ 谢章典. 论维护数字劳动正义的理论逻辑与实践路径 [J]. 人文杂志，2023（7）：13-22.

设，激发劳动者的自尊、自强和自立精神，共同建立道德底线，维护强大的道德力量，这将对数字平台产生约束。

第三，对数字劳动消费者进行道德培育与引导。数字劳动不仅是数字平台与劳动者之间的关系，而且与全社会都有紧密联系。全社会道德素养如何，对数字劳动的平等和谐关系构建有一定影响。数字劳动平台为了赢得市场，争取消费者，往往迎合消费者的要求，然后将这种要求的实现全部转嫁给劳动者来完成。这就给劳动者造成了极大压力，形成了不平等劳动关系。

5.3 数字劳动的四种形式

在数字经济浪潮中，数字劳动呈现出多样化的形式，深刻改变传统的劳动模式与价值创造方式。本节聚焦于受众数字劳动、产消一体化数字劳动、平台型数字劳动和专业化数字劳动这四种典型形式，深入剖析它们各自的特征、内在机制及在实际场景中的表现。通过对这些数字劳动形式的探讨，能更全面地理解数字经济时代劳动的本质与规律，洞察数字劳动背后的经济、社会影响，为相关研究与实践提供重要参考。

5.3.1 受众数字劳动

受众数字劳动主要指受众在使用记录资源的过程中，"不自觉"地参与的劳动，其主要特征如下。

第一，劳动形式的隐性化。受众在数字经济中的劳动具有隐性特征。他们通过使用数字平台、互联网服务等行为（如搜索、浏览、分享、评论）无形中创造数据。这些行为本质上是生产性劳动，因为它们为数字经济中的算法优化、广告推送、个性化推荐等提供了基础数据。

第二，数据资源化。受众的行为数据通过收集、整理和分析转化为产消型记录资源，这些资源既服务于数字经济的生产，也为数字服务消费提供反馈支持。例如，用户的消费记录被用于预测需求，进而优化供应链管理。

第三，劳动的非对称性与价值转移。受众的数字劳动往往是在无意识、不自觉中完成的，且通常没有得到直接报酬。这种劳动的产出价值被平台经济主体占有，形成一种劳动价值的非对称分配。例如，用户行为数据的商业化使用为平台带来盈利，但受众仅以免费服务或低成本使用为交换。

第四，劳动的嵌入性。受众的数字劳动嵌入日常生活，呈现出"劳动即生活、生活即劳动"的特征。无论是社交互动、娱乐消费还是知识获取，这些行为都在无形中参与了数据生成与数字经济生产。

第五，技术与平台的支配性。受众的数字劳动受平台技术架构的引导和控制。例如，推荐算法、用户界面设计等技术手段无形中塑造了受众的行为路径，从而实现数据生产的最大化。这种技术支配增强了平台的主动性，进一步扩大了受众劳动的隐性特征。

第六，价值延展性。受众的数字劳动为平台创造了多维度的价值。一是商业价值。为精准营销、广告投放和新产品研发提供数据支持。二是社会价值。促进知识传播和社会议题的广泛讨论。三是技术价值。为人工智能算法优化和大数据模型训练提供基础数据资源。

总之，受众数字劳动理论的内核主要集中于劳动的隐性化、价值转移、生产消费的模糊性，以及平台技术对劳动的塑造与支配等方面。这种劳动形式不仅重新定义了传统劳动的内涵，也深刻影响了数字经济的生产方式和价值分配模式。

我们下面通过小丽的行为，具体感受一下受众数字劳动。

场景：受众数字劳动——用户行为生成的数据劳动

小丽是一位热衷于使用购物平台的消费者。今天，她打开某知名电商平台浏览商品，并在搜索框中输入了"运动鞋"这一关键词。她查看了多款鞋子的详细信息并对几款鞋子进行了收藏。接着，小丽参与了平台的促销活动，通过评论自己购买的鞋子，分享了自己的穿着体验，并给其他用户提供了建议。小丽感觉似乎平台越来越懂她，给她推送的都是她喜欢的品牌或款式的鞋子，推荐页都是她感兴趣的商品。

讨论：

（1）小丽的行为体现了怎样的数据劳动呢？请结合下列问题进行分析。

（2）请结合小丽的行为，阐述数字平台如何使受众的劳动隐性化？这些隐性劳动的成果如何被转化为平台的商业价值？

（3）小丽在平台上的行为生成了哪些数据？这些数据如何被平台收集并转化为产消型记录资源？请简要分析数据如何支持平台优化其服务和运营。

（4）小丽的行为为平台带来了价值，但她并未直接获得报酬。请讨论这种"非对称性"在数字劳动中的表现，并举例说明其对受众和平台之间的利益分配有何影响。

（5）受众数字劳动往往嵌入日常生活中。请结合小丽的例子，分析这种嵌入性如何改变了传统劳动和消费之间的界限？

(6) 平台如何通过技术手段（如推荐算法、用户界面设计等）塑造受众的行为路径？请讨论这种技术支配对受众数字劳动产生的影响。

针对上述案例中提出的讨论问题，下面展开进一步分析。

(1) 小丽的行为（如搜索、浏览、评论）看似是日常的消费活动，但它们实际上是数字劳动的表现。她通过这些行为无形中生成了大量的行为数据，为平台的个性化推荐和广告推送提供了支持。这种劳动是隐性和不自觉的，小丽并未意识到自己正在"工作"。

(2) 小丽的行为数据被平台收集后，转化为平台的生产资源。这些数据不仅帮助平台优化商品推荐和广告投放，还为平台提供了关于市场趋势和用户需求的重要信息。这些行为数据是产消型记录资源，为平台的运营和利润创造了价值。

(3) 尽管小丽的数字劳动为平台带来了可观的商业价值，但她并未得到直接的报酬。她只是以使用平台的免费服务为交换，而平台通过商业化利用她的行为数据从中获利。这种劳动价值的转移表现了数字经济中的非对称性，平台获得了劳动成果的所有权，而受众则没有直接的经济回报。

(4) 小丽的数字劳动不仅是在平台上完成的。她的消费行为与劳动已经无缝融合，形成了"劳动即生活、生活即劳动"的局面。她日常的消费行为，不仅是为了满足个人需求，也无意识地推动了平台的数据生产与价值创造。

(5) 小丽的行为并非完全自由，她的搜索记录和消费行为被平台的技术手段（如推荐算法、数据分析工具等）引导和塑造。平台通过这些技术手段优化了广告推送和商品推荐，进而最大化数据的生产和利用，增强了平台对受众数字劳动的支配性。

5.3.2 产消一体化数字劳动

产消一体化劳动是消费者在其消费过程中参与劳动的一种数字劳动形式，其主要特征如下。

第一，劳动与消费的融合性。产消一体化数字劳动是指在数字经济中，生产与消费的边界被模糊化甚至融合的一种新型劳动形式。个体在消费数字产品或服务的过程中，实际上也在生产数据、内容或价值。例如，用户在浏览电商网站时生成的点击数据，是消费行为，也是生产行为。在社交媒体上发布内容、点赞、评论，既是个人表达的消费行为，也是内容生态的生产行为。

第二，数据兼具生产要素与消费品的双重属性。数据在产消一体化劳动中同时具有生产要素与消费品的双重属性：一是数据作为生产要素，用户行为数据被平台用于算法优化、个性化推荐、产品改进等生产活动。二是数据作为消费品，用户通过这些数据驱动的服务获取满足感（例如个性化推荐、社交互动），完成消费行为。

第三，技术平台的主导性。平台通过技术手段（如算法推荐、行为追踪、交互设计）嵌入用户的生产与消费行为，将其劳动最大化。平台不仅控制了劳动过程（数据生成、分析、使用），还主导了劳动价值的分配，构成了高度平台化的劳动生态。

第四，劳动形式的日常化与嵌入性。产消一体化劳动不再局限于传统的工作场所，而是嵌入了日常生活的方方面面。例如，观看视频、玩游戏的同时生成了广告投放相关数据，或者在智能硬件（如智能家居）中，用户的每一次使用行为都在为平台提供训练数据。这种劳动形式与用户的生活无缝融合，呈现出"生活即劳动"的显著特征。

第五，劳动主体的多重角色性。劳动者同时扮演生产者与消费者的双重角色。一方面作为生产者，用户生产数据（如行为数据、UGC内容），并为数字经济的算法、技术迭代提供资源；另一方面作为消费者，用户通过数据驱动的服务（如推荐系统）完成消费，满足自身需求。这种双重角色性不仅使劳动形式复杂化，也为劳动价值的评估与分配带来挑战。

第六，劳动价值的网络化分配。产消一体化数字劳动的价值分配具有以下特征。一是隐性价值转移。用户的劳动价值更多流向平台或资本，而劳动者本身仅获得间接回报（如免费服务或低成本使用）。二是多方协同效应。劳动价值不仅被单一平台利用，还通过数据共享或流转，服务于更广泛的产业链。

第七，创新与协作性。产消一体化劳动是创新驱动型的劳动形式，用户通过内容创作推动了数字文化的繁荣（如短视频、直播等）。用户间的协作（如社区问答、评论互动）为平台创造了持续性价值，同时提升了数字生态的活跃度。

第八，数字劳动的隐性剥削性。尽管产消一体化劳动创造了大量价值，但劳动者的付出往往未被充分认可，形成隐性剥削。表现为用户的数据劳动没有明确的劳动时间、劳动报酬等传统劳动保障形式。同时，平台通过免费使用或低成本补偿获取了劳动价值的绝大部分。

总之，产消一体化数字劳动的理论内核强调了生产与消费的融合、数据作为核心要素的双重属性、技术平台的主导性，以及劳动形式的日常化和隐性剥削性。这种劳动模式是数字经济中的一种普遍现象，重塑了传统劳动与价值分配体系，同时也引发了对劳动者权益保护、平台责任以及价值回报机制的新思考。

场景：数字健康管理平台——用户行为生成的健康数据劳动

小明是一名注重健康的中年人，最近注册了一个健康管理平台。每天，他都会通过智能手环记录步数、睡眠质量和心率等数据,平台根据这些数据为他提供个性化的健康建议。除了记录日常运动和生理数据,小明还会在平台上记录自己的饮食习惯、上传运动成果,参与平台提供的健康挑战活动。平台根据他上传的数据为他推动优化健康建议和新的健身计划。小明逐渐感到平台对他的健康状况越来越了解,推荐的产品和服务也越来越贴合他的需求。

讨论:

(1) 劳动形式的隐性化:请分析小明的健康管理行为如何体现了数字劳动的隐性化特征?这些隐性劳动如何转化为平台的商业价值?

(2) 数据资源化的过程:小明生成了哪些健康数据(如步数、饮食记录、睡眠数据等)?这些数据如何被平台收集并转化为产消型记录资源?请讨论这些数据如何支持平台优化其健康建议和广告推送。

(3) 劳动的非对称性与价值转移:小明的数字劳动为平台带来了价值,但他未直接获得报酬。请讨论这种非对称性在数字劳动中的表现,并分析其对小明与平台之间利益分配的影响。

(4) 嵌入性与日常生活的结合:结合小明的例子,分析数字劳动如何嵌入用户的日常生活中?这种嵌入性如何改变传统健康管理与劳动之间的界限?

(5) 技术支配与行为路径:请分析平台如何通过技术手段(如健康数据分析、推荐系统等)塑造小明的行为路径?这种技术支配对小明的数字劳动有何影响?

针对上述案例中提出的讨论问题,下面展开进一步分析。

(1) 小明的行为(如记录运动、饮食、睡眠数据)看似是日常的健康管理活动,但这些行为本质上是数字劳动。他在平台上的互动、上传的健康数据等,无形中为平台提供了大量的数据资源,帮助平台优化健康建议和广告推送。这些劳动是隐性且不自觉的,小明并未意识到自己正在进行数字劳动。

(2) 小明的健康数据(如步数、睡眠质量、饮食记录等)被平台收集、整理和分析,转化为产消型记录资源。这些数据不仅帮助平台为小明提供个性化的健康管理服务,还支持平台进行产品推荐和广告投放,创造了平台的商业价值。这些数据是平台运营和盈利的核心资源。

(3) 小明的数字劳动为平台带来了可观的商业价值,尤其是在精准广告投放和产品开发方面。然而,他并未获得直接的经济回报。尽管他通过使用平台的健康服务、产品推荐等得到了某种程度的"回报",但平台实际上从他的健康数据中获得了更多的经济利益,形成了劳动价值的非对称转移。

(4) 小明的数字劳动已经完全融入他的日常生活。无论是运动、饮食管理，还是参与健康活动，他的每一个行为都在不自觉地生成数据并为平台提供价值。健康管理不再是单纯的个人行为，而是与平台的商业运作紧密相连，形成了"生活即劳动"的现象。

(5) 小明的行为路径受到平台技术的支配。平台通过智能手环、数据分析工具和推荐算法，帮助小明优化健康管理，同时也通过这些技术手段精准收集和利用小明的行为数据。平台利用这些技术手段最大化数据的生产和商业价值，从而增强了对用户行为的引导和控制。

5.3.3 平台型数字劳动

平台型数字劳动是指以平台为媒介，劳动者（数字劳工）通过使用通用型记录资源参与的数字经济活动。其理论内核主要包括以下几个关键方面。

第一，平台的中介性与主导性。在平台型劳动过程中，通用型记录资源（如大语言模型的训练语料）由平台统一提供，并嵌入劳动者的劳动中。这种数字劳动中，平台具有中介性和主导性特征。所谓平台中介性，指数字平台作为劳动活动的基础设施，连接劳动者与需求方，为数字劳动提供场域。例如，通过平台完成数据标注、内容生成、算法优化等劳动。所谓平台主导性，指平台不仅提供工具和资源，还制定规则，主导劳动者的任务分配、劳动过程和价值分配。平台型劳动以高度的平台依赖为显著特征。例如，众包平台通过算法分配任务、管理劳动绩效。

第二，通用型记录资源的基础性。通用型记录资源是平台型数字劳动的核心生产资料，其特征对平台型劳动的理论内核有重要影响。首先，通用型记录资源可应用于多个行业和任务场景，为劳动提供技术支撑，因此具有普适性。例如，大语言模型语料可用于自然语言处理、文本生成等多个领域的劳动。其次，通用型记录资源通过算法和技术的整合，反复被劳动者使用，提高劳动效率，因此具有可复用性。例如，交通数据用于支持自动驾驶训练，同时为智慧物流平台提供优化路径方案。最后，通用资源降低了劳动者进入数字劳动的技术门槛，但也加剧了劳动的标准化和同质化。

第三，数字劳动的分工与协作性。平台型数字劳动常表现出显著的分工协作特征。一是分工细化。劳动者基于平台规则，被分配到高度标准化、模块化的任务。例如，数据标注工人为人工智能模型提供训练数据，内容审核员根据平台政策过滤不当信息。二是协作网络。多个劳动者同时利用通用型记录资源完成不同部分的任务，构成协作网络。例如，电商平台的推荐算法优化需要数据标注、模型训练、用户反馈处理等多环节协作。

第四，劳动的技术依赖性。平台型数字劳动高度依赖技术平台提供的工具和算法，表现为：技术支持劳动过程，具体表现为算法工具（如自动化脚本、智能标注平台）支持劳动者完成高效劳动。技术主导劳动成果，劳动者的劳动结果经过平台算法整合、优化，成为最终的服务或产品。数据驱动劳动模式，通用型资源（如大语言模型语料）为劳动者提供参考或直接参与劳动过程。

第五，劳动形式的灵活性与零散性。平台型数字劳动往往呈现出灵活且零散的劳动形式。一是具有灵活性，劳动者可以随时随地通过平台完成任务，如在线数据标注、文本生成等。二是具有零散性，劳动任务被切分为细小单元，劳动者仅完成某一模块。例如，在自动驾驶领域，不同劳动者分别负责交通数据清洗、模型调试等任务。再如，在内容审核领域，劳动者分散处理海量的用户生成内容。

第六，劳动的标准化与可替代性。从标准化角度看，平台对劳动任务设置明确的质量和时间要求，通用型资源进一步推动了劳动的流程化与标准化。例如，人工智能标注平台通过模板化任务降低劳动复杂度。从劳动可替代性角度看，劳动者的个性化技能被压缩，劳动价值易被其他劳动者或自动化工具取代。例如，部分内容生成劳动逐渐被生成式人工智能取代。

第七，劳动价值的隐性剥夺。平台型数字劳动的价值分配中，劳动者常面临隐性剥夺。一是数据价值外溢。劳动者使用平台提供的通用型资源完成劳动，但生成的数据和成果归平台所有。例如，标注工人完成的数据标注成为平台优化算法的重要资产，但劳动者仅获得微薄报酬。二是算法控制与权利不对等。平台通过算法调控劳动过程和报酬分配，劳动者缺乏议价能力。

第八，创新推动与技术贡献。尽管面临剥夺，平台型数字劳动也在以下方面促进了技术进步。一是知识共享与技术创新。劳动者通过使用通用型资源，促进了平台算法、模型的持续优化。例如，标注工人的工作为深度学习模型提供了高质量训练数据。二是技术迭代的循环性。劳动者完成的成果被重新用于平台技术的训练与升级，推动了数字经济的发展。

总之，平台型数字劳动的理论内核以平台的主导性和通用型记录资源的基础性为核心，展现了劳动分工协作、技术依赖与灵活零散等特征。劳动者在标准化劳动中推动了技术进步，但劳动价值的分配权力高度集中于平台，导致了劳动剥削与利益分配不均的问题。这一劳动模式体现了数字经济中生产与技术、资本之间的复杂互动关系，同时也引发了对劳动权益保护与平台责任的深层次思考。

场景：智能交通平台的数据标注与算法优化

在"大流畅"智能交通平台中，小李是一名数据标注员，负责对城市的实时交通流量数据进行标注。这些数据来自城市交通监控系统，通过智能传感器和道路摄像头收集。平台通过开放这些数据接口，吸引了开发者和公司使用，帮助他们提升交通管理效率，并为智能驾驶技术提供支持。

一天，小李接到一项紧急任务，需要对最近一周内所有交通事故数据进行标注。这些数据包括了车辆流量、事故发生地点、时间以及可能的交通影响等信息。小李的工作是将这些数据分类，标明"事故发生""交通畅通""紧急情况""封路"等标签。小李一边进行标注，一边发现平台给出的反馈越来越精准。在对大量交通数据进行标注后，他开始意识到自己的工作并不仅仅是单纯的数据标注，更是在参与平台优化数据算法的过程中。平台的智能交通管理系统不断通过他的标注结果来优化道路流量预测、事故响应时间，并在用户的出行规划中作出及时调整。

与此同时，平台的算法团队也在利用小李标注的数据来训练自动驾驶车辆的路径规划系统。这一过程中，他的数据直接影响了城市交通管理和智能车辆的发展。尽管如此，小李并没有意识到自己工作的实际价值和产生的经济效益。每当他完成任务，他只是根据自己每小时的工作量获得报酬。

讨论：

（1）在此场景中，小李的工作是否可以被视为"平台型数字劳动"？如何界定这一劳动的隐性价值及其影响？

（2）如何评价小李在场景中的劳动回报？平台是否应该给予更加公平的劳动报酬？

针对上述案例中提出的讨论问题，下面展开进一步分析。

关于第一个问题。

第一，智能交通平台在此场景中起到了关键的中介作用，它提供了工作任务分配、数据标注工具和反馈机制。小李的劳动并不是孤立的，而是在平台的引导下完成的，平台通过其技术支配和算法优化，决定了劳动的任务内容和输出格式。小李的劳动仅仅是数据的标注，而平台则负责将这些数据进行进一步处理和商业化应用，最终实现价值的转化。

第二，小李的劳动虽然是一个明确的工作任务，但在更广泛的层面上，受众数字劳动的隐性化特征仍然存在。标注工作被拆解成了标准化、模块化的小任务，小李只是"数字机器"中的一环。他参与的劳动并不被公众或其他人直接感知为劳动，也没有显著的社会认同感。

第三，小李的数据标注行为为平台创造了可观的商业价值，但这一部分收益并没有返还给他。平台通过优化算法、提升广告定向、改善交通管理等方面，从数据中提取经济利益。然而，小李的报酬只是基于工作时长和劳动量的直接支付，并未体现数据产生的附加值。这种劳动价值的转移和不对称性，反映了数字劳动经济中的一个普遍问题——平台通过提供工具和工作任务，操控了数据的所有权和最终的价值归属。

第四，小李的标注工作虽然在操作上是单一的，但他的工作却与更广泛的社会经济系统相互连接。例如，他的劳动为智能交通系统、自动驾驶汽车、城市管理优化等提供了数据支持。从更大的视角来看，小李的数据不仅服务于交通管理领域，还间接为智能交通技术、环境保护等领域的创新提供了基础。这种跨领域的协作性使得数字劳动成为一个复杂的、社会广泛参与的系统性劳动。

关于第二个问题。

第一，小李在智能交通和自动驾驶的训练过程中有着非常明显的贡献，但平台并未将其劳动的全部价值回馈给小李。平台通过将这些标注数据转化为"商业产品"，最终获得了可观的经济效益，但小李只得到了基于工作时长的基本报酬。这种价值分配的不对称性，是当前平台型数字劳动的普遍问题。平台在没有直接支付报酬的情况下，通过数据的收集和使用，实现了对劳动成果的全面掌控和盈利。

第二，从公平和社会责任的角度来看，平台应该承担更多责任，确保劳动者获得合理的报酬。即便小李的工作是通过数字工具和平台进行的，平台仍应考虑如何根据劳动者贡献的实际价值给予回报，尤其是在数据为平台带来盈利的情况下。如果平台能够为标注员提供更高的报酬或者通过股权、分红等方式与劳动者共享平台的经济成果，那么这种数字劳动的收益分配才会更为公平。

第三，尽管小李在执行标注任务时有一定的自主性，但他仍然处于平台和技术的控制之下。平台通过任务分配、反馈机制、标准化工具等，间接支配了小李的劳动。这种劳动的灵活性和自主性受到了平台技术架构的深刻影响，小李的自由度受到限制，未能完全体现劳动者的创造性和主观能动性。

5.3.4 专业化数字劳动

专业化数字劳动是指数字专家利用专业型记录资源从事数字劳动的过程。数字专家是具备高技术性、创新性、系统性思维的专业人才，他们通过掌握特定领域的深厚知识与技能，利用专业型记录资源（例如行业数据、专业工具、行业专用技术平台等）来推动特定行业、领域或应用场景的技术进步、产品研发和创新发展。该劳动不仅涉及高端技术的应用，还注重通过专业化的工作成果推动技术革新、行业升级和社会价值的创造。以下是对专业化数字劳动理论内核的深入解析。

第一，专业化数字劳动具有高度专业化的劳动形式。专业化数字劳动主要依托数字专家的专业知识和技能。这些专家通常在某一特定领域（如人工智能、大数据、网络安全、智慧农业、数字文化遗产保护等）拥有深厚的理论背景和实践经验，能够利用专业型记录资源（如行业数据、专门的技术平台、专用的科研工具等）为特定行业提供创新解决方案。专业化数字劳动不同于一般性的数字劳动，它具有高度定制化的特点，目标是通过深度专注于某一领域解决复杂的行业问题，推动技术进步或解决实际应用中的挑战。因此具有如下两个方面的理论特征。一是技术门槛高。数字专家的劳动形式强调专业技能和技术门槛，要求具备深厚的理论基础和高度的实践能力，劳动成果往往是通过长期研究、实验和技术积累形成的。二是定向问题解决。数字专家的工作往往是针对具体领域的特定问题，通过专业型记录资源的深度利用提供创新解决方案，而不是简单的、广泛适用的通用服务。

第二，专业化数字劳动是由创新性与技术进步驱动的。专业化数字劳动的核心任务之一是技术创新，数字专家通常通过研究和开发新技术、新算法、新模型或系统来推动特定行业的技术进步。例如，人工智能专家可能通过数据集训练模型，推动某一行业中的智能化进程；数据科学家则可能通过开发新的数据分析工具，提升行业决策的精准度和效率。专业型记录资源是专业化数字劳动的基础，数字专家依靠行业特定的数据、技术工具和算法模型进行研究与开发，最终实现技术突破和行业创新。在创新和技术进步方面，专业化数字劳动具有如下理论特征。一是通过专业化劳动，数字专家不仅解决技术层面的难题，还会推动整个行业乃至社会的技术更新与进步。例如，医疗行业中的数字专家通过数据分析和智能算法推动精准医疗的发展，进而影响社会的健康水平和医疗资源分配。二是在专业化数字劳动中，专家不仅关注具体技术的研发，还可能参与行业技术标准的制定和技术规范的设定，进一步影响行业的整体发展方向。

第三，专业化数字劳动体现跨学科的协作与系统性思维。专业化数字劳动不仅限于某一学科或技术领域，许多数字专家的工作往往需要跨学科的知识与技能。例如，人工智能领域的专家可能需要与医学专家合作，共同开发智能化的医学诊断系统；大数据专家可能需要与环境学者共同构建智能环保系统。这种跨领域的协作是专业化数字劳动的一个重要特点。数字专家往往需要从全局角度考虑问题，设计既符合行业需求，又具有创新性、可持续性的解决方案。这要求专家具备系统性的思维方式，将多个技术层面和行业需求进行综合分析。在此方面，专业性数字劳动具有如下理论特征。一是专业化数字劳动强调跨学科和跨行业的合作，数字专家的劳动不仅需要具备单一领域的知识，还需要整合多学科的知识和技术，以达到最佳解决方案。二是专业化数字劳动要求数字专家具有从整体上理解问题并设计解决方案的能力，不仅局限于某一技术点，而是从系统层面考虑其对行业和社会的影响。

第四，专业化数字劳动具有高度自主性与影响力。与一般数字劳工相比，数字专家的劳动具有高度的自主性。数字专家往往不依赖于具体的工作时间和固定的工作场所，而是根据项目的需求、技术的发展进度，以及行业的需求自主地进行研究与开发。这种自主性使他们能够在技术创新的过程中发挥更大的创造性和主动性。由于其技术能力和创新成果，数字专家在企业、政府乃至全球技术和行业发展中往往具有较大的影响力。他们不仅负责技术的研发，还可能参与技术战略规划和政策制定，推动数字经济和社会的变革。在专业化数字劳动的过程中，数字专家不仅是执行者，更是技术的领导者和决策者。在某些情况下，数字专家的劳动成果直接影响行业的发展方向，甚至影响国家的经济发展战略和社会政策。同时，专业化数字劳动的成果往往涉及重要的技术突破和创新，数字专家的劳动成果在一定程度上会推动技术产权的创造和知识创新，体现了数字专家的创造性劳动价值。

第五，专业化数字劳动旨在寻求数据驱动与智能化解决方案。在专业化数字劳动中，数据是不可或缺的资源。数字专家通过对专业型记录资源（如行业特定数据集、实验数据、专业工具等）的分析、挖掘和应用，提出创新性的解决方案。例如，医疗行业的数字专家通过对医疗数据的深入分析，可能开发出新的治疗方法或疾病预测模型；人工智能专家通过使用大规模的图像数据集训练智能识别系统，推动智能制造和自动化的发展。随着人工智能、大数据等技术的发展，专业化数字劳动逐渐向智能化解决方案的方向发展。数字专家不仅解决技术问题，还通过智能化工具和平台优化行业效率、提升产业价值。在此方面，专业化数字劳动的理论要素有两点。一是数据驱动决策。专业化数字劳动的核心是通过数据驱动的方式解决问题，从数据采集、处理到分析和决策的全过程都需要依赖数字专家的技术能力。二是智能化和自动化。数字专家利用专业型记录资源中的数据和工具，不仅进行分析，还可能通过算法、模型和自动化系统创造解决方案，推动行业实现智能化和自动化。

第六，专业化数字劳动依托高技能人才培育体系，是创新型国家建设的战略支撑。党的二十大报告明确提出"人才是第一资源"，将人才发展置于现代化建设的核心地位。在数字技术深度重构全球竞争格局的背景下，高技能数字人才的培育已成为创新型国家建设的关键环节。专业化数字劳动中数字专家的技术突破与创新实践，本质上依托于国家构建的"教育—产业—创新"协同发展体系。数字专家的培养需突破传统学科边界，通过"新工科"建设构建人工智能、量子信息、集成电路等前沿领域的复合型人才培养模式。产学研深度融合的创新机制：专业化数字劳动的成果转化依赖"基础研究—技术攻关—产业应用"的全链条创新生态。人才梯队的系统性培育：创新型国家建设需要构建"战略科学家—领军人才—青年骨干"的梯队化人才结构。专业化数字劳动中既需要顶尖人才攻克"卡脖子"技术，也需要大量高素质工程师实现技术产业化，这种人才结构的形成依赖于职业资格认证体系改革、数字技能全民提升计划等制度创新。

总之，专业化数字劳动的核心在于数字专家利用专业型记录资源，通过其高度的专业知识、技术能力和创新思维，推动技术创新、行业进步和社会发展。其理论内核涵盖了高技术性与创新性、跨学科协作、自主性与决策影响力、数据驱动与智能化应用等多维度的特点。随着数字技术的不断发展，专业化数字劳动将通过"人才—技术—产业"的协同进化机制，持续强化"第一资源"对"第一动力"的支撑作用。这种双向互动机制，不仅推动社会各领域的深度变革，更将专业化数字劳动提升为建设数字中国、实现高水平科技自立自强的核心路径，为现代化经济体系构建注入可持续的数字化活力。

> **场景：企业管理中的专业化数字劳动与智能化决策**
>
> 智创科技是一家全球领先的科技公司。数字化转型是该公司当前持续发展的关键战略。小华是智创科技的一名经验丰富的产品经理，负责智能硬件产品线的整体规划与设计。近年来，该公司不断加大对数据分析和人工智能的投资，试图通过智能化决策优化产品设计、市场推广和运营管理。小华的工作不仅需要深厚的行业经验，还依赖于公司为产品经理量身定制的智能决策平台。
>
> 这款平台整合了从社交媒体、用户反馈、在线购买行为等多个维度的数据，利用机器学习和大数据分析，为小华提供实时的市场趋势预测、用户需求分析和产品性能优化建议。小华在使用这些工具时，逐渐发现，虽然她的决策更精准、更高效，但她也愈加依赖这些数据分析工具，并且有时会感觉自己的创造力被限制。
>
> 一天，小华收到一个任务——优化公司旗舰产品的下一代设计。她需要根据平台提供的消费者画像、市场趋势分析，以及用户反馈，提出一套全新的产品优化方案。虽然平台提供了智能推荐，展示了大量潜在的设计方向，但她在最终的设计决策中，始终无法摆脱平台算法的影响，甚至感觉平台已经在某种程度上替代了她的一部分创意和决策空间。随着任务的推进，小华越来越发现自己的工作不再仅仅是传统意义上的"产品设计"，而是与平台的智能算法进行合作的过程。每当她调整设计方案时，平台便通过数据反馈调整产品的可行性分析并给出新的建议。平台不仅是一个辅助工具，它正在逐步接管决策过程中的部分智能操作，小华的角色愈加向"管理者"或"数据协调者"转变。
>
> 在一次团队讨论中，小华和团队成员分享了她的困惑：虽然平台的智能决

策系统无疑使得产品优化更为高效和科学，但她发现自己越来越少做出"原创性"的决策。她的工作似乎变成了基于大量数据和算法推荐的调整过程，而非全程的创意主导。小华开始质疑，自己作为一个产品经理的创造性是否被平台的智能化决策所"吞噬"。

讨论：

（1）小华作为专业化数字劳动者的角色，是否仍然保有独立的创造性？平台的智能化决策系统对其创造性有何影响？

（2）从小华的工作情境来看，平台型数字劳动与传统专业劳动相比，其劳动价值是否得到了合理回报？如何解决平台与劳动者之间的价值分配不均的问题？

关于第一个问题。

小华作为专业化数字劳动者，其独立创造性仍然存在，但受到平台智能化决策系统的显著影响。专业化数字劳动强调劳动者在特定领域内的专业知识和创造性贡献，这通常意味着劳动者能够依靠专业工具和数据，提出创新性的解决方案。然而，平台智能化决策系统对其创造性主要表现在以下几个方面。

第一，智能化决策的支撑作用。平台通过提供智能工具和数据分析，可能帮助小华在处理复杂任务时提高效率。例如，自动化分析工具和预测模型能够支持小华作出更为精准的判断和决策，从而提升其工作成果的质量。

第二，创造性受限。智能化决策系统通过算法对劳动过程进行引导或控制，这可能限制了小华的创造性自由度。例如，某些平台可能通过算法优化推荐或标准化流程，从而使得小华在完成任务时依赖平台的既定框架，减少了个性化创造的空间。

第三，数据驱动的创新瓶颈。平台型数字劳动高度依赖平台提供的数据和工具，这可能导致小华的创造性与平台的算法和数据密切相关。某些创新可能受到平台智能化系统框架的局限，从而无法完全发挥独立的创新潜力。

关于第二个问题。

小华作为平台型数字劳动者，其劳动价值通常未得到与其劳动投入成比例的回报。与传统专业劳动相比，平台型数字劳动面临以下问题。

第一，劳动价值的隐性剥夺。平台型数字劳动者通常在完成工作任务后，生成的数据和成果归平台所有，而劳动者只获得微薄报酬。比如，在数据标注或内容创作的工作中，小华的劳动为平台提供了高价值的数据，但平台通常通过智能化系统和算法控制其劳动成果，劳动者很难从中获得公平的回报。

第二，平台主导性。平台型数字劳动高度依赖平台提供的工具和资源，劳动者的创作和劳动过程受到平台算法的引导，进而影响了劳动者的议价能力。

劳动者通常处于一个信息不对称的状态，其劳动价值的分配往往对平台有利，而劳动者得到的报酬较低。

第三，价值外溢问题。平台通过劳动者的工作成果优化自身服务和产品，带来了更多的盈利，而劳动者并未分享这一部分增值收益。小华为平台提供了宝贵的劳动数据和创新建议，但这些劳动成果并未被充分回报。

要解决平台与劳动者之间的价值分配不均问题，可以从以下几个方面着手。

第一，提高透明度。平台应当建立透明的报酬和奖励机制，明确劳动者的贡献如何与回报挂钩，确保劳动者能够获得相对公平的报酬。具体可通过改进数据利用的分配方式，劳动者可以共享平台盈利的一部分。

第二，加强劳动者权益保护。政府和行业组织可以出台相关政策，保障平台型劳动者的基本权益。例如，可以通过法律手段规定平台应为劳动者提供一定的保障，包括基本工资、社保福利等。

第三，改进收益分配机制。平台可以考虑采取更为合理的收益分配方案，特别是在创作型工作中，应当考虑劳动者的创新性贡献，采用按贡献支付的方式而非简单的任务报酬模型。

第四，增强议价能力。劳动者可以通过工会或集体谈判等方式，增强与平台的议价能力，从而提升在劳动价值分配中的话语权。

通过以上分析，笔者得到以下要点。

（1）数字化平台与智能化决策的双重作用。小华所使用的平台不仅是一个传统的管理工具，它实际上是一个智能化的决策系统。平台整合了大量的数据来源并通过机器学习算法提供产品优化建议，这使得小华的决策过程变得更加科学、高效。但与此同时，平台算法也限制了小华的决策空间，导致她的创新和独立判断受到了技术的制约。这种情况体现了技术支配下的劳动形式，小华的劳动在某种程度上被"外部化"——她的创意被智能工具进一步加工，甚至在某些情况下，算法的建议被直接采纳。

（2）专业化数字劳动与平台的协同关系。小华的工作属于典型的专业化数字劳动，她作为一个产品经理，依靠她的行业经验与平台提供的数据分析工具协同工作。然而，随着平台智能化程度的提升，小华逐渐意识到自己工作的劳动价值的转移。原本由她个人经验和直觉主导的决策过程，正逐步被平台的数据驱动与算法优化所替代。虽然她依然参与设计调整和决策，但平台算法的建议和结果往往占据主导地位。

（3）劳动的自主性与技术依赖的矛盾。小华从最初的依赖平台算法到开始对智能化决策系统产生困惑，体现了劳动自主性与技术依赖之间的矛盾。作为产品经理，她本应在项目中充当创意与决策的主导者，但随着平台提供的智能分析结果越来越精准，她的决策逐步由算法模型决定。这种技术对劳动的支配和对劳动者创意的限制，是平台型数字劳动面临的典型问题。小华的劳动不仅依赖平台技术，同时也受制于平台的决策框架和规则，减少了她的主动性和创新性。

（4）专业化数字劳动的价值分配不公。在数字劳动的场景中，平台为小华提供了大量的智能工具和数据支持，这无疑提升了她的工作效率和决策精度。但从劳动价值的分配来看，小华的贡献似乎被平台占据。尽管她的劳动直接推动了公司产品的优化与市场成功，但平台作为技术中介，似乎并未为她的创造性劳动支付相应的报酬。平台获得的数据价值并未真正与小华共享，反而大部分的收益流入了平台方。这种价值转移问题，反映了数字经济中劳动与资本之间的不平衡关系。

（5）跨学科与跨领域协作的加强。小华的工作不仅涉及产品设计，还与平台的数据分析、技术开发团队进行跨学科协作。她需要结合市场数据、消费者需求与技术方案进行综合决策。这种跨学科的合作体现了专业化数字劳动的特点，即劳动者需要具备一定的跨领域知识，并与其他领域的专家共同解决问题。这种多元化的协作模式推动了产品的创新和技术的突破，也促进了数字劳动的多维度发展。

第 6 章 数据要素的价值评估

在数字经济蓬勃发展的背景下，数据已跃升为驱动经济增长的战略性生产要素。数据要素价值的释放不仅关乎企业的数字化转型效能，更成为国家竞争力的核心指标。本章聚焦数据要素价值评估的全链条逻辑，系统构建从价值形成到量化落地的分析框架。首先，解析数据通过资源化、资产化、资本化的跃迁路径，揭示其价值增值的内在机制；其次，解构数据获取、管理、质量控制的成本图谱，厘清价值评估的客观基础；再次，融合经济学原理与前沿技术，探讨成本法、收益法、市场法等传统方法的适应性革新，以及基于人工智能、动态博弈的创新定价范式；最后，构建数据要素价格指数体系，为市场交易提供实时风向标。

6.1 数据要素价值的形成路径

在数字经济迅速发展的今天，数据已成为推动社会经济发展的核心生产要素之一。数据不仅是信息的载体，更是创新、生产力和经济价值的重要源泉。尤其是在当代数字化转型的浪潮下，数据的战略地位日益突出，成为推动经济社会高质量发展的关键引擎。

数据通过资源化、资产化、资本化的价值实现路径，展现其巨大的经济潜力。从最初的原始数据采集到经过清洗和整理形成的高质量数据，再到经过资产化的商业应用，数据不断增值，进而推动技术流、资金流、人才流的汇聚与重组，逐步形成新的经济发展动力。在这一过程中，数据不仅促进了创新思维的诞生，更催生了新型经济形态，推动了全球产业链和价值链的重构。随着数据价值的深度挖掘和广泛应用，数据资源的利用状况成为衡量国家经济竞争力的重要因素。如何推动数据要素的价值释放，探索并实施高效的价值实现路径，已成为当前数字经济领域的核心议题。

6.1.1　价值形成的必要性

随着数字经济的快速发展，数据已逐渐成为与土地、劳动力、资本并列的新型生产要素，深刻影响经济增长的路径和质量。数据作为重要的生产要素，具备了推动经济转型的巨大潜力，其价值的实现对促进社会生产力提升、产业升级和技术创新具有不可忽视的作用。数据要素的价值形成不仅关乎经济增长的方式和路径，也深刻影响产业的结构优化、技术的进步，以及社会生产力的提升。随着数据流通机制、法律法规以及技术创新的不断完善，数据的经济价值将得以充分释放，推动数字化转型并为全球经济发展提供新动能。

首先，数据要素的价值释放直接关系数字经济的高质量发展。数据的高效利用不仅能够提高生产效率、推动产业转型，还能在更大范围内促进创新和技术进步。陈兰杰等认为，数据要素的价值实现路径包括资源化、资产化、资本化三个阶段，这一过程不仅揭示了数据的内在价值，更强调了数据的经济潜力和创新驱动作用。❶通过这一路径，数据从原始状态到最终实现资本化，不仅能激发市场活力，还能为数字经济的可持续发展提供源源不断的动力。

其次，数据要素的价值形成是实现经济数字化转型的核心内容。数字化转型的关键在于对数据的深度挖掘和智能应用。通过对数据进行分析和再加工，企业和政府能够在实时决策、市场预测、资源配置等方面获得显著优势，从而推动产业结构的优化升级。例如，政府和企业在数据治理、跨部门协作等方面的努力，正是为了实现数据价值的全面释放，进而支持更高效、更灵活的经济运行模式。❷

此外，随着全球数据量的急剧增长和技术的不断创新，如何有效释放数据要素的潜力成为国家竞争力的一个重要维度。在全球范围内，许多国家已经认识到数据对于经济增长的推动作用，并积极出台政策以促进数据的合理流通与应用，例如我国发布的《"数据要义"三年行动计划（2024—2026年）》。因此，探索数据要素价值形成路径，不仅是推动数字经济发展的关键，更是确保国家在全球经济竞争中占据领先地位的战略任务。

6.1.2　数据要素价值形成的基本逻辑

数据要素的价值形成离不开数据产权制度的完善与治理机制的有效运作，也离

---

❶ 陈兰杰，刘思耘. 数据要素价值实现机制：基本逻辑、影响因素和实现路径［J］. 西华大学学报（哲学社会科学版），2025，44（1）：1-15.

❷ 朱艳华，高瑜蔚，孙毅. 数据要素价值演进路径研究［J］. 数据与计算发展前沿，2024，6（5）：37-40.

不开数据流通机制的建设与共享平台的支持。在数字经济时代，数据要素的潜力只有通过合法、合规的流通与治理机制才能充分释放。确保数据流通的合法性与治理的高效性，是推动数据价值实现与促进数字经济持续发展的基础。

6.1.2.1　数据产权与治理

数据产权是数据要素价值形成的基础，它通过明确数据的所有权、使用权与流通权，为数据交易和使用过程中的合法性与透明度提供保障。数据产权制度的设计不仅涉及对数据所有者权益的保障，还需平衡数据使用与保护之间的关系，尤其是在隐私保护和合规管理方面的挑战。在这一过程中，产权制度的健全能够确保数据在合法框架内流动与交换，从而推动数据价值的有效实现。近年来，随着大数据与人工智能技术的迅速发展，如何确保数据特别是个人数据不被滥用，成为数据产权制度设计的核心议题。欧盟的通用数据保护条例（GDPR）与中国的《个人信息保护法》等法律法规的出台，针对数据收集、存储、使用及流通过程中的合规性进行了严格规定，为数据保护提供了法律保障。通过这些法律框架的规范，不仅增强了公众对数据安全的信任，也促进了数据市场的健康发展。即数据产权的明确化不仅为数据流通提供了法律依据，而且有效提升了数据的利用效率，推动了数字经济的发展。[1]

有效的数据治理机制不仅能够防止数据滥用和无序流通，而且能优化数据资源的使用效率，从而促进数据市场的成熟与发展。数据治理包括数据标准化管理、质量控制与合规审查等内容，旨在确保数据从采集到应用的全过程符合既定的法律、技术与伦理标准。

6.1.2.2　数据流通与共享机制

无论是政府数据、企业数据，还是个人数据，只有通过高效的流通机制和广泛的共享平台，数据的真正价值才能得到体现。在数字经济背景下，数据流通不仅是指数据的简单交换，更涉及多方协作与共创。通过构建开放的数据平台、跨部门协作与数据共享机制，数据得以在不同主体之间流动和融合，最大化其应用潜力，推动各行业、各领域的数字化转型。例如政府可以通过开放数据平台，提供高质量的公共数据，促进科研、教育、商业等领域的创新与合作；企业可以在确保数据合规的基础上，开放自有数据资源，与其他企业共享，推动跨界数据流动，提升数据的商业价值。通过建立跨部门协作和共享平台，能够打破传统的数据孤岛，激发数据之间的联动效应，推动数据资源的整合与应用，最终实现数据价值的最大化。

---

[1] 陈兰杰，刘思耘. 数据要素价值实现机制：基本逻辑、影响因素和实现路径 [J]. 西华大学学报（哲学社会科学版），2025，44（1）：1-15.

6.1.3 数据要素价值形成的三阶段路径

6.1.3.1 资源化阶段

资源化阶段是数据要素价值实现的初步环节,主要包括数据的采集、清洗和初步处理。在这一阶段,原始数据需要经过整理与标准化,以确保其质量、可用性和可靠性,为后续阶段的价值提升奠定基础。

数据采集是资源化阶段的起点,指从不同来源(如政府、企业、传感器、互联网等)收集原始数据。原始数据通常具有碎片化、非结构化和质量参差不齐的特点。因此,采集过程不仅要确保数据的全面性与准确性,还需要对数据来源进行评估与筛选,确保数据的真实性和代表性。

数据清洗的目的是去除无效、重复或错误的数据,修复缺失值,并将数据转换为标准格式。数据清洗通过识别并解决数据中的不一致性、冗余和噪声,提升数据质量,使其更加符合后续分析与处理的需求。例如对于时间序列数据,清洗可能包括填补缺失值、纠正时间戳错误等。

数据整理与标准化旨在将数据转换为统一格式,以便在不同的系统和平台上进行处理与共享。数据标准化涉及对数据格式、单位、度量标准等进行统一,以消除因数据来源不同而导致的格式不一致问题。例如,多个不同部门或系统产生的数据,可能存在日期格式不同、编码不统一等问题,通过标准化,可以确保数据能够无障碍地进行对接和分析。

在数据价值的演化过程中,资源化阶段不仅是数据向更高价值形态转化的起点,更是实现数据要素市场化和商业化的基础。数据资源化的处理,能够逐步摆脱其低质量和碎片化的原始状态,转变为可以在社会化生产和流通中发挥作用的关键要素,进而实现价值的动态增值。[1]

6.1.3.2 资产化阶段

数据在经过资源化阶段的采集、清洗与标准化处理后,进入资产化阶段。这一阶段的核心任务是通过有效的存储与管理,将数据转化为企业或社会的核心资产,并通过增值手段进一步提升其商业价值和应用潜力。资产化阶段是数据价值实现过程中的关键环节,它标志着数据从一个单纯的资源转变为具有法律属性和市场价值的资产。

数据的存储与管理是资产化阶段的基础。随着数据量的剧增,数据存储技术和管理系统的创新变得尤为重要。在这一过程中,企业和机构通常采用云计算、大数

---

[1] 张妮. 数据要素价值化:理论缘起、难点与对策 [J]. 吉首大学学报(社会科学版),2024,45(5):52-59.

据平台、分布式存储等技术手段确保数据的安全性、完整性和可访问性。合理的存储管理不仅提高了数据的使用效率，还为后续的数据分析和应用提供了便利。数据管理包括对数据的分类、标识、索引、权限控制等多个方面。有效的数据管理体系需要清晰地界定数据的所有权、使用权和访问权限，以防止数据滥用或泄露。

数据确权是指对数据所有者权益的明确界定及对数据价值的评估。数据评估则是对数据的商业价值进行量化分析的过程。这一过程通常依赖数据的质量、稀缺性、适用性等因素。数据评估的方法可以基于数据的使用频率、数据的可拓展性、与其他数据集的互操作性等多个维度进行，目的是量化数据的经济价值。

数据增值旨在通过对数据的深度挖掘和分析，提升其商业价值和应用价值。在这一阶段，企业通过各种手段，例如数据分析、机器学习、人工智能等技术，提取数据中的潜在信息，创造出更高附加值的产品和服务。数据增值的过程不仅能够提升数据本身的价值，还能够为企业创造新的商业模式和市场机会。

数据增值的方式多种多样，可以是通过数据产品的开发和创新，例如定制化服务、个性化推荐等，也可以通过数据的深度分析和精准决策支持，提升企业运营效率和市场竞争力。例如，电商平台通过对用户行为数据的分析，能够为消费者提供个性化的推荐，从而提升销售转化率。数据增值的核心在于将原始数据转化为具有实际应用意义的商业产品，从而推动企业或社会的经济增长。

资产化阶段是数据要素价值化的重要环节，数据通过确权、管理、增值等一系列资产化的过程，逐步形成了具有独立市场价值的数字资产❶，即数据从原始的资源形式转变为具有市场价值的核心资产。资产化不仅提高了数据的市场流通性，还为数据的资本化阶段（数据的交易、金融化与资本应用）打下了坚实的基础。

6.1.3.3 资本化阶段

在数据经过资源化和资产化两个阶段的处理后，资本化阶段标志着数据从企业或社会的内部资源转变为市场可交易、可投资的金融资产。在这一阶段，数据不仅是信息的集合，更是经济活动中具有潜在价值的"资本"，通过市场交易、投资和金融化，数据的资本价值得以实现和释放。资本化阶段不仅体现了数据价值的最终实现，还推动了数字经济和创新商业模式的发展。

就数据交易与市场流通而言，数据交易是资本化阶段的核心环节，指通过市场机制将数据资源转化为具有经济价值的商品。数据的交易与流通可以通过直接买卖、共享平台、数据交易市场等方式进行。随着数字化转型和互联网的普及，越来越多的企业和组织通过数据交易平台进行数据交换。这些平台不仅提供了数据交易

---

❶ 张妮. 数据要素价值化：理论缘起、难点与对策 [J]. 吉首大学学报（社会科学版），2024，45（5）：52－59.

的安全保障，还帮助买方与卖方建立信任关系，确保交易的合法性与公平性。数据交易不仅限于企业之间的合作，还包括跨国和跨行业的数据流通。

就数据金融化而言，数据的金融化是资本化阶段的重要表现形式，指的是通过金融工具和技术手段，将数据转化为可交易的资本。数据金融化涉及的方式包括数据资产证券化、数据基金、数据保险等。通过金融化，数据不仅能够实现即时的经济回报，还能够作为抵押品或担保物进入资本市场，为企业或个人融资提供新的渠道。数据证券化是指将数据资产转化为金融产品，通过发行证券来融资。例如，一些企业通过将其积累的大规模用户数据或消费数据打包成证券，吸引投资者购买。这样，数据不再是简单的资源，而是成为可流通的金融工具。数据基金则是以数据资产为基础，通过基金形式集聚资金，进行数据驱动的投资。这种方式让数据本身具备了可持续的资本增值能力。

就数据应用与商业模式创新而言，资本化不仅是数据的流通和金融化，它还涉及通过创新的商业模式实现数据的增值。数据驱动的商业模式创新是当今数字经济发展的重要趋势。例如，基于大数据和人工智能的个性化推荐、精准营销、智能制造等应用场景，极大地提升了数据的商业价值。通过精准的数据分析，企业能够为用户提供定制化服务，从而实现盈利。

尽管数据资本化为经济发展提供了巨大潜力，但也伴随了一些挑战与风险。首先，数据的价值难以精准评估，不同类型的数据在不同情境下可能表现出不同的经济价值。其次，数据交易和金融化过程中，隐私保护和数据安全成为重要课题。由于数据本质上涉及个人隐私、商业机密等敏感信息，如何在资本化过程中有效保护数据安全，防止数据滥用和泄露，是亟须解决的问题。此外，数据的全球流通和跨境交易也面临不同国家和地区法律法规的不统一，使得数据在国际市场上的交易和流通更加复杂。

资本化阶段将数据从一个静态的资源转变为动态的金融资本，使得数据能够在市场中流通、交易，并通过创新的商业模式创造经济效益。这一过程不仅使数据得以增值，还推动了新型产业和经济形态的诞生。然而，数据资本化的成功实现需要在合法性、隐私保护、市场机制等方面做出持续努力，确保数据能够在促进经济增长的同时，也保障各方利益。

总而言之，数据通过资本化阶段，逐步实现了从资源到资产，再到资本的价值跃升，为数字经济的发展提供了强大动力。❶

---

❶ 王建冬. 全国统一数据大市场下创新数据价格形成机制的政策思考［J］. 价格理论与实践，2023（3）：15–19.

6.2 数据要素的成本构成与评估

面对数据要素市场的蓬勃发展，清晰把握数据要素的成本构成与价值评估至关重要。这不仅关乎企业和科研机构的数据管理决策，更影响着数据要素市场的高效运作。本节将深入剖析数据要素在获取、管理过程中的成本构成，同时，依据相关标准评估数据质量，探讨数据价值评估要点与量化原则，为理解数据要素经济价值、优化资源配置提供理论支撑与实践指导。

6.2.1 数据获取成本

数据获取是数据生命周期中的首要环节，它涉及从多种来源和渠道收集所需数据的全过程。根据数据来源的不同，数据获取方式可以大致分为自主采集、第三方数据购买、数据交换和合作获取等形式。数据获取成本是指与获取、存储和管理数据相关的支出。根据成本的性质，数据获取成本一般可以分为期间费用和生产成本两大类。

期间费用是指与数据获取活动相关的运营性支出，尽管这些费用并非直接用于数据的采集和处理，但它们是支撑数据获取和管理活动的必要开支。不同来源和渠道下的生产成本构成有所差异，但期间费用的构成在各类数据获取方式中大致相同。

生产成本是指为获取数据所发生的直接成本，包括与数据采集、处理、存储等直接相关的费用。

6.2.1.1 期间费用

期间费用是指在数据获取过程中，虽然这些费用并不直接作用于数据的采集与处理，但它们是支撑数据获取与管理活动的重要保障。期间费用主要包括以下两类。

一是管理费用。管理费用指企业在日常运营中发生的各项管理性支出，通常与组织结构、管理层运作和行政支持等相关。这些费用为数据获取和管理提供了必要的支持，但无法直接归属到某一特定的获取项目。

二是财务费用。财务费用包括企业在数据获取过程中因资金管理和财务运作而产生的各类费用。这些费用主要涉及资本成本、利息费用等，与数据获取活动相关联，但并非直接用于数据本身的获取。

6.2.1.2 生产成本

数据获取的生产成本因获取方式不同而有所差异，主要的生产成本类型包括以下三类。

（1）自主采集成本

自主采集指企业或组织利用自身资源、设备、技术和人员，独立从不同渠道获取数据。自主采集的生产成本通常包括以下几个方面。

直接人工成本：指直接参与数据采集、处理、清洗和验证等环节的工作人员的工资、薪酬及福利等。

直接材料成本：在自主采集过程中，并没有传统制造业中的原材料概念，但有相当一部分费用是为支持数据采集活动所必需的设备和材料费用。这类费用主要包括三类。硬件设备，如传感器、数据记录仪、服务器等，用于采集和存储数据。网络设备，如路由器、交换机等，用于数据采集设备与数据存储平台之间的连接。存储介质，如硬盘、闪存卡等，用于存储采集的数据。

制造费用：指无法直接归属于某个特定采集项目，但对整个数据采集活动提供支持的间接费用。具体如下。

设备折旧费（并非单独为某一种数据采集所使用的设备）：用于数据采集的设备的折旧费用。

数据存储费用：包括云存储服务费、数据中心租赁费用等，属于间接费用。

软件许可费用：若采集过程中使用特定软件，其许可费用亦属于制造费用。

运维费用：包括对设备的日常维护、管理和修复费用，通常是为了确保设备正常运行而发生的间接费用。

学习和培训成本：包括对科研人员进行数据采集、处理、分析等相关技能培训所需的费用。

行政和管理费用：包括数据采集项目的管理人员工资、项目管理费用等，这些费用支持项目的顺利实施，但无法直接归属于单一数据采集活动。

（2）第三方数据购买成本

第三方数据购买成本是指企业为获取外部数据而支付的费用。主要包括以下三种。

数据购买费用：从外部数据供应商处购买现成数据集的费用。

数据定制费用：若数据需根据需求定制（如修改格式、增强数据内容等）所产生的费用。

数据处理费用：当数据需要清洗、格式转换或其他预处理等才可以使用或销售，所发生的相关的费用。

（3）数据交换或合作获取成本

在数据交换或合作获取模式下，企业通常不会直接支付金钱购买数据，而是通过交换信息、技术或服务等方式与其他组织共享数据。这类数据获取方式的成本包括以下两种。

数据交换成本：指在数据交换过程中，企业为获取他方数据所投入的资源或成本。数据交换的形式可以是直接交换数据，或是通过其他形式合作实现数据获取。

数据许可费用：指企业通过购买数据的使用权而支付的费用。通常这类费用包括数据的授权费用和使用许可费用。

数据交换和合作获取模式中，由于数据获取往往不涉及直接现金支付，因此相关的生产成本主要体现在合作过程中双方共享资源、技术支持或其他形式的投入。

6.2.2 数据管理成本

数据管理是数据生命周期中的关键环节，它涉及对数据进行存储、整理、维护、监控和保护等活动，确保数据在其生命周期内的质量、可用性和安全性。数据管理成本是指企业在数据管理过程中为保证数据的有效性、安全性和可靠性而支付的各类费用。数据管理成本涉及对企业数据进行有效管理、维护和保护的各类支出。根据会计学原理，这些成本可分为直接成本和间接成本。

6.2.2.1 直接成本

直接成本指可以直接归属于特定数据管理活动的费用。这些费用主要与数据的处理、存储、备份和质量控制等直接操作相关。常见的直接成本包括以下内容。

数据存储成本：用于存储数据所需的费用，如硬件设备购买（服务器、存储设备等）和云存储服务费用。这些支出直接支持数据的存储和管理活动。

数据备份和恢复成本：为了防止数据丢失或损坏，企业需要投入备份系统和恢复机制的建设。

数据清洗和质量管理成本：为确保数据的准确性和一致性，进行数据清洗、去重、修正等活动时产生的费用。

数据访问和共享成本：指通过各种方式使数据可被使用和共享所产生的直接费用。

6.2.2.2 间接成本

间接成本指无法直接归属于单一数据管理活动，但对于数据管理的顺利进行至关重要的支出。这些费用通常与数据管理的支持、维护和运营性工作相关。常见的间接成本包括以下内容。

数据安全管理费用：为了确保数据的安全性，企业必须采取各种技术和管理手段。这些费用属于间接费用，因为它们不仅与单一的数据存储、处理过程相关，还涉及整个数据管理生命周期的安全保障。

管理和运营费用：为保障数据管理的持续运营，企业需要投入一定的人力、技术支持和管理费用。

IT支持和运维费用：包括IT系统和基础设施的日常维护、升级和修复费用。

技术和管理工具费用：企业使用的数据管理平台、管理工具及其升级的费用。

6.2.3 数据质量评估

数据质量是数据的另一个要素。本书研究不同数据质量维度，如准确性、完整性、一致性和可用性，以评估其对数据的影响。高质量的数据通常具有更高的价值。

中国共产党第十九届中央委员会第四次会议首次增列了"数据"作为生产要素，反映了随着经济活动数字化转型加快，数据对提高生产效率的乘数作用凸显，成为最具时代特征新生产要素的重要变化。数据流可以引领技术流、资金流、人才流不断汇聚与重组，逐渐改变国家和地区的综合实力、重塑战略格局。可以说，数据资源的多寡和利用情况的好坏，已成为一个国家或一个地区软实力和综合竞争力的重要标志。数据质量是数据资源的关键指标，数据质量直接影响数据应用成效，因此该标准的编制需求是非常迫切且必要的。

在本书中，关于数据质量评估的主要依据是《信息技术 数据质量评价指标》（GB/T 36344—2018）。这是2019年1月1日实施的一项国家标准。该标准由全国信息技术标准化技术委员会提出，它包含规范性、完整性、准确性、一致性、时效性以及可访问性六个方面。

规范性：指的是数据符合数据标准、数据模型、业务规则、元数据或权威参考数据的程度。例如《个人基本信息分类与代码 第1部分：人的性别代码》（GB/T 2261.1—2003）中定义的性别代码标准是，0表示未知性别，1表示男，2表示女，9表示未说明。《公民身份号码》（GB 11643—1999）中定义的居民身份证编码规则是6位数字地址码，8位数字出生日期码，3位数字顺序码，1位数字校验码。

完整性：指的是按照数据规则要求，数据元素被赋予数值的程度。例如互联网+监管主题库中，监管对象为特种设备时，监管对象标识必须包含企业统一社会信用代码+产品品牌+设备编码；监管对象为药品时，监管对象标识必须包含药品名称+批准文号+生产批号。

准确性：指的是数据准确表示其所描述的真实实体（实际对象）真实值的程度。例如互联网+监管行政检查行为中的行政相对人为公民时，证件类型和证件号码只能是身份证号码。

一致性：指的是数据与其他特定上下文中使用的数据无矛盾的程度。例如许可证信息与法人基础信息是否一致，检查计划与检查记录是否匹配。

时效性：指的是数据在时间变化中的正确程度。例如科研机构住址搬迁后，法人库中的住址是否及时更新。营业执照已经办理，许可照办理时是否可以及时获取营业执照信息。

可访问性：指的是数据能被访问的程度。

除此之外，还有一些业内认可的补充指标，并且在质量工作的实际开展中，可以根据数据的实际情况和业务要求进行扩展。例如，唯一性，描述数据是否存在重复记录（国家标准中归在准确性中）。稳定性，描述数据的波动是否稳定，是否在其有效范围内。可信性，描述数据来源的权威性、数据的真实性，数据产生的时间近，鲜活度高。

6.2.4　数据价值形成[1]

数据质量不同，其价值不同。训练集数据质量对预测准确度有决定性影响，高质量数据的正外部性使数据消费者和更广泛的生态系统受益。然而，错误的数据标签、不平衡的数据集等数据质量问题难以规模化识别，对数据模型、数据输出结果产生预测偏差；数据的低质量不仅弱化数据的经济价值、影响企业的内部决策，而且使数据下游产生复合性"数据级联"，为数据利益相关者带来负外部性。尤其随着偏差的数据输出结果在具体场景的广泛应用，"数据级联"范围无限扩大、周期无限延长、迭代成本无限增加。[2]

数据加工程度不同，其价值不同。数据加工的本质是从无序数据中提炼出有价值的数据，即在数据收集、清洗、存储、分析、应用过程中，实现非结构化的低价值数据向结构化的高价值数据转变。[3] 各类数据的结构、概念、口径、逻辑等不统一，容易造成数据秩序混乱、应用价值低下等问题。这就要求各类数据在加工处理环节建立通用的标准和语言，规范加工流程，构建统一开放的加工体系，实现数据的结构化、标准化、应用化、价值化。根据数据加工程度不同，数据可分为原始数据和增值数据。原始数据是未经过加工处理的数据，具有碎片化、价值密度低的特点。增值数据是在原始数据的基础上经过再加工、再整合的数据，具有规模化、价值密度高的特点。例如，"数据—信息—知识—智慧"螺旋上升过程，是从原始数据向增值数据逐层转变的过程，也是实现数据从量变向质变跨越的过程。

---

[1] 李海舰，赵丽. 数据价值理论研究 [J]. 财贸经济，2023，44（6）：5-20.

[2] SAMBASIVAN N, KAPANIA S, HIGHFILL H, et al. Everyone wants to do the model work, not the data work: data cascades in high-stakes AI [C] //CHI Conference on Human Factors in Computing Systems. 2021.

[3] 许宪春，张钟文，胡亚茹. 数据资产统计与核算问题研究 [J]. 管理世界，2022，38（2）：2，16-30.

数据使用程度不同,其价值不同。数据要素的非排他性意味着数据可以被多人同时使用。数据使用频度越高、使用广度越广、使用深度越深,形成的正反馈识别系统越精准,数据价值越大。①使用频度。数据呈指数型增长,智能学习系统输入的数据越多,训练数据越精准,机器学习能力越强,系统输出的结果越精准,数据价值越大。②使用广度。数据不仅在平台经济、共享经济、智能经济等新经济中使用,实现数字产业化,而且数据赋能企业的研发、制造、营销、营运诸环节,增强数据要素与实体经济深度融合,促进数字化转型,实现产业数字化。数据要素在"两化"中的使用,促进数据从"局部使用"向"全局使用"转变,实现数据使用广度和数据价值"双增"。③使用深度。数据密集型产品和服务不断向各个领域、环节、主体"下沉",实现数据的"四通八达"。例如在消费领域,企业可以使用消费者历史数据判断其消费"层次",利用即时浏览数据判断消费"偏好",形成未来消费数据的预测性趋势,即通过历史数据、即时数据、未来数据的"三维"数据的深度协同,实现精准营销、即时营销和超前营销,增加数据的预测价值。❶

数据连接程度不同,其价值不同。数字基础设施连接是数据连接的基础,数据连接是发挥数据应用价值的重要保障。①数字基础设施之间的连接。从消费互联网、产业互联网、物联网、智联网到元宇宙,连接对象包括消费服务、生产制造,甚至万事万物。在数字设备广泛连接的过程中,利用嵌入式连接部件,强化产品与用户的连接和互动,为用户提供个性化、智能化、体验化的产品和服务。❷ 此外,强化产品与产品的连接和交互,扩大产品范围,优化产品功能,形成聚合多种产品、多种功能的数字平台,生成智能产品系统,提供智能生活解决方案。❸ ②数据之间的连接。数字基础设施连接过程中的产品和用户、产品和产品的智能互联实际是产品数据与用户数据、产品数据与产品数据之间的连接。数据连接程度越高,说明用户、产品、服务、内容之间交互程度越深、聚集程度越广、企业边界越模糊,数据的应用价值越高。例如,小米公司与理想公司合作,利用智能语音助手打造语音交互场景,促进家和车的语音设备连接、数据连接、场景连接,实现同一数据的多场景应用,扩大数据应用边界,提升数据价值。

数据应用场景不同,其价值不同。数据应用场景主要包括头部场景和尾部场景。头部场景即主要场景。企业收集、分析、利用头部数据,可以优化企业大部分的生产决策和交易决策。区别于头部场景,尾部场景更多关注的是边缘场景和个性

---

❶ 李海舰,赵丽. 数据价值理论研究 [J]. 财贸经济,2023,44 (6):5-20.
❷ 曹鑫,欧阳桃花,黄江明. 智能互联产品重塑企业边界研究:小米案例 [J]. 管理世界,2022,38 (4):125-142.
❸ 李海舰,陈小勇. 企业无边界发展研究:基于案例的视角 [J]. 中国工业经济,2011 (6):89-98.

场景。企业基于用户尾部行为，收集用户尾部数据，并根据尾部学习优化算法模型，促进头部场景数据和尾部场景数据的协同互补，提升数据全范围预测的精准度。在差异化的尾部场景中，长尾效应越强，长尾覆盖范围越广，收集的长尾数据越多，长尾学习效应越强，对边缘场景和个性场景的场景优化能力也越强❶，数据质量、算法模型以及输出结果越能实现跨越式发展，进而实现数据价值阶梯跃迁。即长尾场景和长尾数据越多，数据的边际报酬越高，数据的价值随尾部场景缩放。❷

数据开放程度不同，其价值不同。根据数据开放程度不同，数据开放可分为数据围墙和数据共享。①数据围墙。数据围墙意味着数据仅限于企业内部使用，排斥外部主体使用，此时数据资源"私有"。数据围墙带来的"一次生产，一个主体使用"，在企业内部累积数据资产、优化业务流程、实现数据资源企业内配置效率最大化的同时，人为地增加了数据的排他性，严重阻碍外部主体使用数据。②数据开放。数据开放意味着数据不再局限于企业内部使用，还激励、包容更多外部主体使用。数据共享带来的"一次生产，多个主体使用"，在赋能企业内部业务流程的基础上，打破数据围墙和边界，实现数据端到端的互联、互通、共享，通过数据的市场化开放和流通，实现数据资源社会化配置效率最大化，增强了数据的非排他性。因此，数据开放程度不同带来的数据价值差异表现为数据开放带来的数据资源的社会化配置效率最大化与数据围墙带来的数据资源的企业内配置效率最大化之差。❸

6.2.5 数据要素价值的量化原则

数据价值量化原则主要包括以下几个方面。

数据质量：是衡量数据价值的基础。高质量的数据应具有完整性、准确性、一致性和可靠性。在科研机构中，数据质量直接影响研究结果的可信度和科学价值。

数据独特性：具有独特性的数据往往具有更高的价值。科研机构应注重收集和整理具有学科特色、地区特色和时代特色的数据，以满足各类研究者的需求。

数据关联性：数据间的关联性有助于提高数据的价值。科研机构应关注数据之间的内在联系，通过数据整合、挖掘和分析，发现新的知识和规律。

数据易用性：方便快捷的数据获取和处理方式有助于提高数据的价值。科研机构应注重数据平台的建设和维护，提供在线查询、下载、可视化等功能，以满足用

---

❶ IANSITI M. The value of data and its impact on competition [R]. Harvard Business School Working Paper, 2021.
❷ 王超贤，张伟东，颜蒙. 数据越多越好吗：对数据要素报酬性质的跨学科分析[J]. 中国工业经济，2022（7）：44-64.
❸ 李海舰，赵丽. 数据价值理论研究[J]. 财贸经济，2023，44（6）：5-20.

户的需求。

数据可持续性：为确保数据价值的长期发挥，科研机构应关注数据的更新和维护。通过不断补充、完善和更新数据，确保数据资源的可持续利用。

数据开放性：开放的数据有利于促进学术交流和合作，提高数据的价值。科研机构应积极推动数据共享和开放，鼓励数据作者许可他人使用和传播他们的数据。

数据安全性：保障数据安全和隐私是数据价值实现的前提。科研机构需加强数据安全管理，确保数据在传输、存储和使用过程中的安全性。

价值实现：科研机构数据价值体现在其对科研成果的贡献程度上。通过量化指标（如论文发表数量、专利申请数量、项目资助等）来衡量数据价值实现的成效。

综上所述，数据要素价值量化原则涉及数据质量、独特性、关联性、易用性、可持续性、开放性、安全性和价值实现等方面。遵循这些原则，有助于充分发挥科研机构数据的价值，推动科技创新和发展。

6.3 数据要素的定价方法

市场决定价格是市场在资源配置中起决定性作用的关键。数据要素市场的高质量发展，需要探索多样化、符合数据要素特性的定价模式和价格形成机制，充分发挥市场配置资源的决定性作用，提高数据要素流动效率，完善市场激励和分配机制，发挥数据要素对经济的推动作用。❶ 关于数据资产价值评估方法可分为成本法、收益法和市场法三大基本方法以及其他衍生方法。这三种方法各有利弊❷，应用场景各有不同。在具体执行价值评估的基础上，逐步发展出资产价值评估的其他衍生方法。

6.3.1 传统价格理论的扩展与创新

6.3.1.1 效用价格论

传统的定价理论如成本价格论难以解决数据定价问题。数据具有非竞争性、非排他性和高复制性等特征，传统的定价模型难以适应这一新兴领域。为此，刘朝阳提出了一种新的定价框架——效用价格论。通过效用价格论，可以确定数据要素的最高价格，并利用成本价格论确定最低价格。结合双方的接受范围，最终形成一个

---

❶ 赵公正，杨幼明，吕正英，等. 加快探索多样化的企业数据定价模式 [J]. 价格理论与实践，2024 (9)：90 - 95，226.

❷ 张希圆，王志刚. 关于公共数据定价机制设计的思考 [J]. 宏观经济研究，2024 (7)：72 - 82.

合理的数据价格区间,从而适应市场需求和供给的动态变化。❶

6.3.1.2 "生产—交换"理论

数据的价值形成、实现、确权和定价是一个多阶段的过程。数据的生产阶段涉及数据的收集与加工,交换阶段则包括市场对数据的交易与使用。定价应在这两个阶段之间找到平衡,反映数据作为经济资源的特殊价值。❷

6.3.2 资产评估的三大基本方法

王建冬借鉴资产价值评估的三大基本方法,提出数据定价可以从资源化、资产化、资本化三个层面进行。这一方法为数据定价提供了多维度的框架。❸ 资源化层面以成本法为主,考虑数据的采集成本、清洗处理成本等直接费用。资产化层面采用收益法,评估数据带来的预期经济效益,并将其转化为可衡量的价值。资本化层面使用市场法,将数据视为资本,依据市场需求与供给的情况确定价格。这种方法强调了数据从资源到资本的价值转化过程,并为不同阶段的定价提供了理论依据。卢延纯等借鉴公用事业领域的定价经验,特别是在水、电等公用服务领域,提出可以将"准许成本加合理收益"的定价方法应用到数据定价上。❹ 具体为通过计算"准许成本+准许利润"来确定价格。其中,准许成本包括原始数据的采集成本、清洗治理成本及数据产品的开发成本。准许利润则结合市场同类产品的利润水平以及企业的最低可承受利润。此定价方法的核心在于平衡供需双方的福利与利润,最大化社会福利。❺潘伟杰等提出,数据定价应结合成本法、收益法和市场法的优点,采用"成本法为基—收益法过渡—市场法"的定价策略。❻ 在这一方法中,成本法用于数据的初步估值,收益法则用于评估数据资产的长期价值,而市场法则用于在市场中根据供求情况确定最终价格。这一方法强调动态调整,根据市场和技术的变化灵活地调整定价策略。

6.3.2.1 成本法

(1) 基本原理

成本法是价格形成中常用且基础的方法。该方法基于生产费用价值理论,即通过核算数据资产的开发和获取过程中的实际成本,确定数据产品的价格。

---

❶ 刘朝阳. 大数据定价问题分析 [J]. 图书情报知识, 2016 (1): 57 – 64.
❷ 李海舰, 赵丽. 数据价值理论研究 [J]. 财贸经济, 2023, 44 (6): 5 – 20.
❸❺ 王建冬. 全国统一数据大市场下创新数据价格形成机制的政策思考 [J]. 价格理论与实践, 2023 (3): 15 – 19.
❹ 卢延纯, 赵公正, 孙静, 等. 公共数据价格形成的理论和方法探索 [J]. 价格理论与实践, 2023 (9): 15 – 20.
❻ 潘伟杰, 肖连春, 詹睿, 等. 公共数据和企业数据估值与定价模式研究:基于数据产品交易价格计算器的贵州实践探索 [J]. 价格理论与实践, 2023 (8): 44 – 50.

成本法通常涉及以下几个关键要素。

数据资产的开发成本：包括直接成本和间接成本。

期望收益或合理利润：在考虑成本的基础上，加入预期收益或企业的合理利润。

调整系数（α）：用于调整定价过程中的各种因素，以确保价格的市场适应性。

成本法的定价公式为

$$V = (C + P) \times \alpha \tag{式1}$$

式中，V 为数据资产或数据产品的定价；C 为数据资产开发或获取过程中的直接成本与间接成本的总和；P 为期望的利润或收益，反映了数据提供者的盈利预期；α 为调整系数，用于根据市场环境、数据产品特性等因素对价格进行合理调整。

（2）成本法的实施步骤

第一，确定数据资产的开发成本（C），通过对数据资产生产过程中的各项开支进行详细核算，确定数据的开发成本。

第二，计算合理利润或期望收益（P），在成本的基础上加入合理的利润预期。合理利润通常考虑了市场竞争、技术创新、数据独特性等因素。

第三，应用调整系数（α），调整系数是根据市场需求、数据产品的稀缺性、应用场景等实际情况调整价格。α 值可能根据不同的市场状况、技术更新速度、客户需求变化等进行调整。

第四，确定最终定价（V），根据上述各项要素计算出最终的定价。

（3）成本法的优点

数据透明、可量化：成本法依赖于实际发生的成本，通常较为客观和明确。数据资产的直接和间接成本通常较容易获得，且具有较高的可验证性。因此，成本法适用于数据市场尚不成熟、缺乏价格参照的场景。

适用初期市场：在数据要素交易市场发展初期，市场价格尚未形成时，成本法可以作为一种稳定的定价方法，帮助市场参与者建立起初步的价格预期。

确保基本盈利：成本法通过加入期望收益或合理利润，确保数据提供者能够获得一定的回报，并促进数据产品的持续供给和市场发展。

简便易操作：相较于其他需要预测市场价值、需求或未来收益的定价方法，成本法操作相对简单，直接通过成本核算进行定价，避免了市场预判的不确定性。

（4）成本法的局限性

忽视数据的市场潜力和增值空间：成本法更多关注数据的生产成本，未必能够准确反映数据产品在市场中的潜在价值，尤其是当数据产品具备较高的增值空间时，成本法可能低估其实际市场价值。

对市场变化的反应较慢：成本法过于依赖历史成本和过去的投入，可能无法迅速反映市场需求的变化、技术的革新或数据产品的竞争力变化。

可能低估或高估定价：如果期望收益或调整系数选择不当，可能会导致定价偏高或偏低。尤其是在市场尚不成熟时，正确选择这些参数存在一定的挑战。

对定价主体依赖较大：成本法较为依赖数据生产者对成本和期望收益的估算，这可能会导致不同主体在定价时的差异性，特别是在没有明确行业标准时，定价结果可能具有较大的主观性。

（5）成本法的适用场景

数据市场发展初期：在数据要素市场尚处于发展初期，尚未形成较为完善的市场定价机制时，成本法为数据交易提供了一个基本的定价框架。

数据资产较为标准化或通用：对于某些相对标准化的、较为普遍的数据产品，例如基础数据集、公开数据等，成本法能够较好地反映其生产成本，适用性较强。

数据提供方希望确保基本利润：对于数据提供方来说，成本法通过加入期望利润和合理收益，确保了数据资产的盈利空间和持续运营的可能性。

缺乏市场数据参考时：当没有足够的市场交易数据或同类数据的价格参照时，成本法提供了一种较为稳妥的定价方法。

6.3.2.2　收益法

收益法是一种基于未来预期收益的定价方法，通常用于评估具有明确收入生成潜力的资产或数据产品。该方法假设数据资产的价值主要来自其能够带来的未来现金流或其他形式的经济利益，因此在定价时，主要考虑数据资产在未来一段时间内的收益能力。收益法的核心是通过对数据资产未来收益的折现来估算其当前价值。

（1）收益法的定价公式

收益法的定价公式通常使用折现现金流（discounted cash flow，DCF）模型，具体表现为

$$V = \sum_{t=1}^{n} \frac{R_t}{(1+r)^t} \quad \text{（式2）}$$

式中，V 为数据资产的现值，即定价结果；R_t 为第 t 期预计的收益，通常为数据资产使用所带来的现金流或其他经济利益；r 为折现率，反映了时间价值、风险溢价等因素；n 为收益预测期的总期数。

（2）收益法的实施步骤

第一步，确定未来收益，首先需要估算数据资产未来的收益流。对于数据要素来说，收益可能来源于直接销售、许可费、订阅费、增值服务等。收益可以是周期

性的，如年收入，也可以是一次性的，如交易收入。

第二步，选择合适的折现率，折现率通常由市场利率、数据资产的风险水平和投资者的预期回报等因素共同决定。较高的折现率通常意味着较高的风险或较高的预期回报。

第三步，确定收益预测期，根据数据资产的生命周期及其市场发展潜力，选择合理的收益预测期。这个期数不应过长，以免因为过多的不确定性影响准确性；也不应过短，避免忽略数据资产的长期潜力。

第四步，计算现值并确定价格，将未来各期的收益按折现率进行折现，得出其现值，再加总所有期数的现值即为数据资产的定价。

（3）收益法的优点

基于未来收益：收益法能够直接反映数据资产的市场价值，尤其适用于具有长期盈利能力的数据资产。

适用于盈利性资产：当数据资产能够产生明确的收益时，收益法提供了一个可量化的定价方法。

（4）收益法的局限

依赖于预测准确性：收益法的结果高度依赖于未来收益的预测准确性。市场波动、技术发展等因素可能影响预期收益，进而影响定价。

折现率的选择具有主观性：折现率的选择往往基于一定的假设，可能带来不同的定价结果。

（5）收益法的适用场景

收益法适用于那些未来收益较为明确且具有一定长期价值的数据资产。例如，大型数据库的持续授权或订阅收入。通过数据驱动的商业模式产生的稳定现金流。数据资产的商业化应用，如通过分析数据为客户提供咨询服务、精准广告投放等。

6.3.2.3 市场法

市场法是一种基于市场上已发生交易的相似数据资产的价格进行定价的方法。市场法的核心思想是通过比较市场上相似或相同的数据资产的价格，推测出当前数据资产的市场价值。它适用于已有类似产品交易的场景，并依赖于市场的供需关系形成价格。

（1）市场法的两种主要类型

可比交易法（comparable transaction method）：通过查找已知市场上相似或相同数据资产的交易案例，获取其交易价格或价格区间。

可比公司法（comparable company method）：通过对比在相同领域内具有类似数据资产的公司估值，推算数据资产的价值。

(2) 市场法的定价公式

可比交易法。假设市场上存在一组相似数据资产的交易记录，通过对比这些数据资产的价格，可以得出待定数据资产的合理价格范围。常见的比率有价格/收入比、价格/收益比（price-to-earnings，P/E）等。计算公式为

$$V = \frac{P_{ref}}{P_{ref-metric}} \times P_{metric} \qquad (式3)$$

式中，V 为待定数据资产的定价；P_{ref} 为市场上类似数据资产的交易价格；$P_{ref-metric}$ 为类似数据资产的财务指标（如收入、利润等）；P_{metric} 为待定数据资产的相关财务指标。

可比公司法。该方法通过对比在同一市场或行业中具有相似数据资产的公司估值，推算出数据资产的合理价格。例如，通过市场上的并购交易、公开交易公司数据等。计算公式为

$$V = \frac{E_{ref}}{E_{ref-metric}} \times E_{metric} \qquad (式4)$$

式中，V 为待定数据资产的估值；E_{ref} 为参考公司的估值；$E_{ref-metric}$ 为参考公司使用的财务指标；E_{metric} 为待定数据资产的财务指标。

(3) 市场法的实施步骤

第一步，收集市场数据，通过公开的市场交易、并购案例、公开公司报告、行业研究报告等收集市场上关于类似数据资产的交易数据。

第二步，选择可比数据资产，基于数据资产的特性，选择与待定数据资产相似的市场交易或公司。

第三步，调整比较参数，不同的市场数据存在差异，需要对比数据进行适当调整。

第四步，确定数据资产的定价，通过比较分析，计算出待定数据资产的定价区间，最终确定其市场价格。

(4) 市场法的优点

反映市场需求与供给：市场法直接通过市场交易数据确定价格，因此能够较好地反映市场的需求和供给状况。它不仅考虑了数据资产的成本，还考虑了市场的接受度和竞争环境。

适用于有市场交易的资产：对于已经存在市场交易的、具有流动性的数据资产，市场法提供了一个直接、简便的定价方法。

易于理解和操作：通过可比交易或可比公司法，市场法相对容易操作，能够为数据资产定价提供具体的参考。

(5) 市场法的缺点

市场数据有限：在数据市场尚未完全成熟的情况下，类似的市场交易数据可能有限，导致市场法难以应用，或者结果不具备足够的参考性。

过度依赖市场情况：市场法的定价结果依赖于当前市场的供需关系、竞争态势等，如果市场处于波动期，可能会出现价格波动较大的情况，难以准确反映数据资产的长期价值。

缺乏个性化考虑：市场法偏向于宏观分析，可能忽视数据资产的个性化特点，如数据的独特性、质量、潜在用途等，这些因素可能导致市场法无法完全准确地反映某些数据资产的价值。

(6) 市场法的适用场景

数据市场已初步形成：当数据要素交易市场已经相对成熟，存在一定的历史交易数据时，市场法能够较好地应用。

数据资产具有较强的市场对比性：如标准化数据集、公开数据集等，在市场上有较多相似的交易案例时，市场法能够提供有效的定价依据。

存在相似的并购或投资案例：对于涉及数据资产并购或资本运作的场景，可以通过参考并购价格、投资金额等来确定数据资产的价值。

6.3.3 其他方法

6.3.3.1 基于数据质量的定价

(1) 基本原理

数据质量是确定数据价值的一个重要属性。基于数据质量的定价模型关注数据质量和价格的相关性。按质论价，讨论产品价格和质量之间的关系，其包含主观质量评估和盈利能力。[1] 同时，数据要素的质量因素与数据要素的价值成正比。[2]

基于数据质量的定价是一种以数据质量为依据的客观公平的定价方法，这种定价方法考虑了数据质量维度与数据质量之间的关系，并充分研究了数据质量维度之间存在的某种联系，发现数据质量维度之间存在线性和集成两种形式关系。线性关系表示数据质量维度之间是相互独立、互不影响的，每个质量维度分别单独影响数据的定价[3]，具体的公式如下

---

[1] GNEEZY A, GNEEZY U, LAUGA D O, et al. A reference dependent model of the price - quality heuristic [J]. Journal of Marketing Research, 2014, 51 (2): 153 - 164.

[2] HECKMAN J R, BOEHMER E L, PETERS E H, et al. A pricing model for data markets [EB/OL]. [2024 - 12 - 20]. https://www.semanticscholar.org/paper/A - Pricing - Model - for - Data - Markets - Heckman - Boehmer/d4b9db3c9f2d7688aa0e70253917e36bc17981f.

[3] 王景鸿. 面向数据市场交易量的两阶段数据定价研究 [D]. 武汉：中南财经政法大学, 2023.

$$q_k^L = \frac{1}{k}\sum_{i=1}^{k} q_i \qquad (\text{式}5)$$

式中，k 表示数据质量的维度总数；q_k^L 表示在个质量维度上数据的线性质量水平；q_i 表示数据在第 i 个质量维度上的质量水平。

集成关系表示数据的质量维度之间存在联系，所有质量维度相互影响，共同决定数据的定价，具体公式如下

$$q_i^l = q_{(i-1)}^l + q_i(1 - q_{(i-1)}^l)\,(i=1,2,\cdots,k) \qquad (\text{式}6)$$

式中，q_i^l 表示在个质量维度上数据的集成质量水平；q_i 表示数据在第 i 个质量维度上的质量水平。

数据质量的评估是基于数据质量定价方法的基础，重点为两个方面：确定数据质量维度和版本控制（versioning）。早在 20 世纪初，Wang 等对数据质量特征进行了两阶段的分类研究，制定了相关的分层框架，将数据质量特征分为了 15 个维度。❶ Stahl 等应用数据质量维度提出了基于逆向定价（name your own price, NYOP）原则框架，根据用户的支付意愿调整关系数据质量维度；也可根据用户的偏好调整维度，得出数据质量分数，从而进一步定价。❷❸ 不同的机构、企业和用户对数据质量维度的标准不尽相同，最好根据实际的业务流程和用户需求选择合适数据质量维度。❹ 数据质量的评估方法有定量方法、定性方法和综合方法，准确性、完整性等维度可以用公式定量，客户诚信、维度权重的可解释性等就需要专家评估或者用户反馈。❺ 该定价模型下的价格充分体现了数据本身价值的完整性，卖家可以获取更高的收入，买家收到的产品也符合自身的偏好和预算。在数据交易的热门领域——互联网数据中，Naumann 等将数据质量准则分为了 4 个类别：内容相关、技术相关、知识相关和实例相关。❻ 从这 4 种类别中详细研究了 22 个衡量互联网数据质量的维度。版本控制是依据数据在每个质量维度下的得分，给数据分为不同的版本，以满足不同消费者对数据的需求，并以此设定不同价格。Stahl 等用了 22 个维度，依据是否可以自动获得这些维度，将其划分为自动、手动和混合 3 类，并设

---

❶ WANG R Y, STRONG D M. Beyond accuracy: what data quality means to data consumers [J]. Journal of Management Information Systems, 1996, 12 (4): 5 – 33.

❷ STAHL F, VOSSEN G. Name your own price on data mark etplaces [J]. Informatica, 2017, 28 (1): 155 – 180.

❸ STAHL F, VOSSEN G. Data quality scores for pricing on data marketplaces [C] //Proceedings of the 8th Asian Conference on Intelligent Information and Database Systems, Da Nang, Mar 14 – 16, 2016. Berlin, Heidelberg: Springer, 2016: 215 – 224.

❹ CAI L, ZHU Y Y. Big data quality [M]. Shanghai: Shanghai Scientific & Technical Publishers, 2017.

❺ CAI L, LIANG Y, ZHU Y Y, et al. History and development tendency of data quality [J]. Computer Science, 2018, 45 (4): 1 – 10.

❻ NAUMANN F. Quality – driven query answering for integrated information systems [M]. Heidelberg: Springer, 2002.

计了一个适用于数据定价的数据质量打分系统。该系统的主要目的是为来自不同数据拥有者的类似数据提供比较依据。该系统设计了一个线性加权打分机制，允许数据买家根据自己偏好为不同的数据质量维度设计不同的权重。黄倩倩等❶从数据规范性、一致性、完整性、时效性、稀缺性、准确性、多维性、有效性、安全性等维度，构建以数据质量评价为核心的数据产品价值评估指标体系。Yu 等则研究了在垄断平台下基于多数据质量维度的定价问题。❷ 该平台依据数据质量的多个维度，并且将不同维度之间的相互作用也考虑在内，设计了版本控制策略，并且建立了一个两层的编程模型，包括一个领导者（数据平台）和多个追随者（数据消费者）。第 1 层，领导者根据多个数据质量维度和其中的相互作用，决定不同的版本和其出售价格，以最大化自己的收益；第 2 层，潜在的消费者根据自己对不同质量的偏好需求作出自主选择，决定购买的版本。

上述方法在给数据进行定价时，虽然考虑了综合的基于数据质量的打分系统，但是由于综合的数据质量维度存在形式和尺度不统一、消费者的效用函数难以计算，从而影响定价等问题，难以适用于高效的数据定价应用场景。❸ Yang 等在总结了数据质量的不同衡量维度之后，选取了精准度、完整度和冗余度作为衡量数据质量的方式，分别表示数据源中具有正确值的数据比例、数据集中完整数据的比例和数据源中重复记录的比例；❹ 并使用 Stahl 等的打分方法，允许依据上述 3 种维度对数据进行连续的版本划分，以产生不同质量水平的数据。❺ 最后计算出的质量分数在 0 和 1 之间。随后，文章以机器学习的分类算法为例，提出了基于质量水平的效用函数，并基于从经济学角度考虑的消费者支付意愿函数，共同计算出某个质量水平数据的出售价格。除此之外，在 Zhang 等设计的以质量为导向的数据定价策略中，考虑了精准度、完整度、及时性和一致性四个维度，采用线性加和方式将其整合在一起。❻ 对于不同质量水平的效用函数，提出了 Floating 方法。

综上，基于数据质量的数据定价研究得到了学者们的广泛研究，数据质量作为

---

❶ 黄倩倩，王建冬，陈东，等. 超大规模数据要素市场体系下数据价格生成机制研究 [J]. 电子政务，2022（2）：21–30.

❷ YU H F, ZHANG M X. Data pricing strategy based on data quality [J]. Computers & Industrial Engineering, 2017, 112: 1–10.

❸ ZHANG D, WANG H Z, DING X O, et al. On the fairness of quality–based data markets [J]. arXiv, 2018: 1808.01624.

❹ YANG J, ZHAO C C, XING C X. Big data market optimization pricing model based on data quality [J]. Complexity, 2019: 5964068.

❺ STAHL F, VOSSEN G. Fair knapsack pricing for data marketplaces [M] // Proc. of the 20th East European Conference. on Advances in Databases and Information Systems. Prague: Springer, 2016: 46–59.

❻ ZHANG D, WANG H Z, DING X O, et al. On the fairness of quality–based data markets [J]. arXiv, 2018: 1808.01624.

衡量数据价值的指标这一点毋庸置疑，但还存在两个问题，一是数据质量并不是衡量数据价值的唯一指标，二是数据产品的特点决定了它的质量的衡量在实践中难以衡量。

（2）整体定价方案

在实际科技数据定价工作中，如果不需要考虑应用场景，则可以使用一个整体性的定价方案。具体步骤如下。

首先，对数据质量进行量化。假设数据质量可以用以下三个维度来衡量：准确性、完整性和稀缺性。这三个维度的数值范围均为 0~1。

准确性：数据中正确值的占比。可以用以下公式进行计算：accuracy =（正确值的数量/总数据量）×100%。

完整性：数据集中完整数据的比例。可以用以下公式进行计算：completeness =（完整数据的数量/总数据量）×100%。

稀缺性：数据在市场中的稀缺程度。可以用以下公式进行计算：rarity =（数据的需求度/市场的供应量）×100%。

数据质量的量化结果可以用一个三维向量表示，例如：quality = [accuracy, completeness, rarity]。

其次，我们可以根据数据质量的量化结果，结合市场需求、消费者支付意愿等因素，计算数据的价格。以下是一个简化的公式。

price =（数据质量量化结果×市场需求）+（消费者支付意愿×消费者对数据质量的偏好）。

其中，数据质量量化结果：一个三维向量，表示数据集在准确性、完整性、稀缺性三个维度的量化结果。

市场需求：一个标量，表示市场对数据的需求程度。

消费者支付意愿：一个标量，表示消费者对数据质量的支付意愿。

消费者对数据质量的偏好：一个二维向量，表示消费者对数据质量的偏好，例如 accuracy 的权重为 0.4，completeness 的权重为 0.3，rarity 的权重为 0.3。

最后，我们需要根据具体场景和需求，选择合适的参数值。

（3）应用场景

基于数据质量的数据定价方法强调数据的质量维度与数据价值之间的关系，并认为数据的质量直接决定了其价值。该方法有助于确保数据交易和使用过程中的定价公平性和透明性，能够更好地反映数据的实际价值，适用于数据质量直接影响市场价值和使用价值的场景。

数据市场与数据交易平台：数据市场的核心是数据交易，而数据的质量直接影响其市场定价。如果一个数据集的质量较高(如准确性、完整性、时效性等),它的定价会相应较高。基于数据质量的定价模型能够更客观、公平地定价,尤其是在大规模数据交易平台上,能够帮助数据提供者和数据消费者达成更加合理的交易价格。

企业数据资产管理:对于一些依赖于大数据决策的企业,尤其是进行数据驱动的分析和业务优化时,数据的质量成为核心资产。如果企业能够根据数据质量定价,能够帮助管理团队更好地理解哪些数据资产值得高投入,哪些数据可能需要改善或替换。此时,数据质量和定价的关联能够更精准地反映数据的实际价值。

数据服务与数据产品的定价:一些数据服务提供商(例如天气数据、金融数据等)通常提供不同层次的数据产品(如标准数据和高质量数据)。基于数据质量的定价方法可以帮助这些公司根据不同质量标准为不同客户提供差异化定价,从而实现更加精准的盈利模式。

数据驱动型行业的风险评估:在金融、医疗等行业,数据的质量直接影响决策的准确性和可靠性。使用基于数据质量的定价方法,可以帮助评估数据集的风险和价值。

数据供应链管理:数据供应链的管理和优化同样需要对不同质量数据进行合理的定价。在这种场景下,采用基于数据质量的定价方法,可以确保在整个供应链中,数据的质量得到有效的考量,并根据其对最终产品或服务的影响来定价。

AI 与机器学习数据训练集的定价:训练数据质量决定了模型的训练效果。如果提供的数据质量很高(例如标注准确性高、数据清洗到位等),可以为这些数据集设定较高的价格。而基于数据质量的定价方法能够帮助数据提供方与技术团队就数据的价值达成一致,从而合理定价。

(4)不同场景下的定价方案

针对不同应用场景,在基于数据质量展开定价时,可以采用以下具体方案。

① 数据交易平台。

数据质量维度:准确性、完整性、时效性、标注精确度、数据清洗程度等。

定价模型:采用线性定价模型。每个质量维度(如准确性、时效性等)独立地对价格产生影响。每个维度的评分通过一定的加权系数汇总,得出数据集的综合质量评分。例如准确性占 40%,时效性占 30%,完整性占 30%。综合评分越高,价格越高。

$$价格 = 基础价格 + \sum(质量维度分数 \times 权重系数)。$$

举例:基础价格(10)+ 准确性评分(5×0.4)+ 时效性评分(4×0.3)+ 完整性评分(5×0.3)。

综合评分：5×0.4+4×0.3+5×0.3=4.7。

价格=10+4.7=14.7元。

定价策略：将数据集划分为多个质量等级（如高、中、低），并根据等级分别设定不同的定价区间。例如，高质量数据的价格可以是中质量数据的2倍。

这种定价方法确保了平台上的交易是公平的，数据质量越高，交易价格就越高。消费者可以根据自己的需求选择合适质量的数据，供应商也能通过提高数据质量提升其价格。

② 企业数据资产管理。

企业积累了大量的业务数据，如客户数据、销售数据、市场营销数据等，这些数据对于决策的准确性至关重要。企业可以通过基于数据质量的定价方法，评估和管理自己的数据资产。

数据质量维度：准确性、完整性、及时更新频率、清洗质量、唯一性（去重）等。

定价模型：采用加权评分模型。企业对每个数据集根据不同质量维度进行打分，每个维度赋予一个权重。例如，准确性可能是最重要的维度，权重为0.5，其他如完整性、唯一性等分别赋予权重。

价格=基础价格×(准确性评分×0.5+完整性评分×0.3+唯一性评分×0.2)。

举例：假设企业有一批客户数据，准确性评分为8，完整性评分为7，唯一性评分为9，基础价格为100元。

价格=100×(8×0.5+7×0.3+9×0.2)=100×(4+2.1+1.8)=100×7.9=790元。

定价策略：一是数据清洗和更新服务定价。如果某些数据质量较差（例如缺失值较多），企业可以通过付费获取数据清洗服务。定价则根据数据清洗后的质量提升进行定价，清洗后质量提升的幅度直接影响定价。

二是质量优化激励。企业可以通过设置激励措施（如奖金或奖励）鼓励员工或团队提高数据质量，进而提升数据资产的价值。

这种定价方法帮助企业更清晰地了解不同数据集的价值，为数据投资和优化提供依据。同时，也能引导企业在数据管理和清洗上投入更多资源，从而提高决策质量。

③ 数据服务与数据产品的定价。

假设有一家公司专门提供数据服务，如天气数据、交通数据、股票市场数据等，向不同类型的客户（如企业客户、政府部门、金融机构等）提供定制化的数据产品。该公司提供的数据质量直接决定了服务的价值，数据服务定价的核心便是根据数据质量的不同维度设定价格。

数据质量维度：准确性、时效性、清洁度、覆盖率（是否全面）、更新频率等。

定价模型：采用质量分级模型、根据数据质量的不同级别（如高、中、低质量数据）设置不同的价格。

高质量数据：数据准确、全面、及时更新，适合要求高精度和高可靠性的客户，如金融机构、政府决策机构等。

中等质量数据：适合对时效性要求不高，容忍一定误差的行业，如市场调研公司、广告公司等。

低质量数据：适合对精度要求不高的客户，例如一些基础分析的需求。

价格 = 基础价格 + (质量维度评分 × 权重)。

举例：假设基础价格为1000元，准确性评分为8，时效性评分为7，覆盖率评分为9。

价格 = 1000 + 8 × 0.4 + 7 × 0.3 + 9 × 0.3 = 1000 + 3.2 + 2.1 + 2.7 = 1008元。

定价策略：一是分层定价。根据数据的复杂性和质量的不同提供不同的定价方案。例如，实时天气数据的价格高于历史天气数据；精准的预测数据价格高于简单的统计数据。

二是订阅制与按需付费。对于长期需要数据服务的客户（如广告公司、保险公司等），可以提供基于数据质量的订阅模式；对于短期需求或单次需求的客户，可以采用按数据量和质量分级定价。

④ 数据驱动型行业的风险评估。

数据质量维度：数据的准确性、完整性、时效性、可验证性、历史数据覆盖率等。

定价模型：采用风险评估定价模型。基于数据的质量分数（如准确性、完整性等）和数据来源的可靠性（如是否来自可信的第三方平台、是否经过数据清洗等）来设定评估工具的成本或使用费。

价格 = 基础价格 + (数据质量评分 × 权重) + 风险系数。

举例：某保险公司需要基于客户的健康数据进行风险评估。基础价格为1000元，健康数据准确性评分为8，完整性评分为7，时效性评分为6，风险系数（基于客户的健康状况）为1.5。

价格 = 1000 + (8 × 0.4) + (7 × 0.3) + (6 × 0.3) + (1.5 × 100)

= 1000 + 3.2 + 2.1 + 1.8 + 150

= 1157.1元。

定价策略：一是动态定价。基于实时数据质量评估来动态调整定价。例如，若某个数据集的质量出现波动（例如实时金融市场数据质量下降），相应的风险评估成本可能会增加。

二是数据质量保障服务。为客户提供数据质量保障的额外服务,如定期数据更新、数据清洗和验证等服务,可以为数据服务商增加额外的收费项目。

⑤ 数据供应链管理。

在一些行业(如电子商务、物流、生产制造等),数据供应链管理至关重要。供应链中涉及大量的实时数据(如库存数据、物流数据、生产线数据等)。数据质量对于供应链的优化和效率提升起到了决定性作用。基于数据质量的定价方法可以应用于供应链各环节的数据采购、数据共享、数据监控等场景。

数据质量维度:实时性、完整性、准确性、可靠性(来源)、更新频率等。

定价模型:采用供应链数据质量评分模型。每个环节的数据质量(如从仓库到物流、到运输)的评分影响定价。例如,某个环节的数据准确性较低,可能导致订单延迟或库存管理不精准,从而影响整体供应链效率,定价也需要反映这一点。

价格 = 基础价格 + (每个数据环节的质量评分 × 权重) + (数据延迟惩罚系数)。

举例:供应链中某个数据环节的基础价格为 500 元,数据质量评分为 7,数据延迟系数为 2。

价格 = $500 + (7 \times 0.5) + (2 \times 50) = 500 + 3.5 + 100 = 603.5$ 元。

定价策略:一是质量惩罚机制。对于数据质量较差的环节,企业可以引入质量惩罚机制。例如,供应商提供的物流数据延迟过长,可能需要支付额外的费用或进行补偿。

二是长期合作优惠。对于提供高质量数据并保证长期稳定的数据提供商,企业可以通过长期合作协议提供折扣或其他激励。

⑥ AI 与机器学习数据训练集的定价。

在人工智能和机器学习的应用中,数据质量直接决定了模型训练的效果。训练集的准确性、标注质量等维度将影响模型的性能。数据提供者希望为其高质量的数据集定价,以便获得合理回报。

数据质量维度:标注精确度、数据多样性、数据量、去重率、噪声水平等。

定价模型:采用集成定价模型。不同质量维度之间并非完全独立,而是可能相互影响。例如,高标注精确度的数据集可能同时具有低噪声水平和高数据多样性。此时,可以通过构建集成的质量指标来评估数据集的整体质量。

价格 = 基础价格 + 标注质量评分 × 0.4 + 噪声水平 × 0.3 + 数据多样性 × 0.3。

举例:假设训练数据集的标注质量评分为 9,噪声水平为 3(较低噪声),数据多样性评分为 8,基础价格为 500 元。

价格 = $500 + (9 \times 0.4) + (3 \times 0.3) + (8 \times 0.3) = 500 + 3.6 + 0.9 + 2.4 =$

507.9 元。

定价策略：一是按数据集规模定价。对于较大规模的训练数据集，可以根据数据量的多少给予价格上的调整。比如，对于相同质量的数据集，大规模数据集的价格高于小规模数据集。

二是精度保障定价：提供标注精确度的担保，如标注精度低于某个标准，数据提供者需要退还部分费用或提供额外的补偿。

需要说明的是，以上所述的定价方案只是基于典型场景的基本情况和常见的定价模型。在实际操作中，数据服务的定价往往是多维度、动态调整的过程，具体的定价方法需要根据不同的行业、数据类型、市场需求、客户特性，以及数据提供方的运营策略等多重因素综合考虑。

6.3.3.2 基于用户感知价值的定价

（1）基本原理

目前，数据产品定价机制并没有统一的方式，而基于顾客感知价值的定价方式是一种研究趋势。顾客感知价值是指顾客对产品的感知效用收益和其为获取产品所支出的各项成本进行比较后的总体价值评价。❶ 学者在不同领域论证了客户感知价值的重要性，马晓亭在云计算服务环境下研究云图书馆的读者感知价值和云服务收益，认为这是影响其基础设施建设和服务模式转变的驱动因素。❷ 何建民等通过实证研究发现，顾客感知价值对客户自身行为意向存在直接且积极的调节作用。❸ 雷婷等通过问卷调查，运用因子分析等方法建立适用于 B2C 电子商务交易平台特征的客户感知价值、客户满意度和顾客忠诚度三者间相互的关系模型。❹ 张瑞金等通过实证构建客户感知价值的结构模型，以研究建议移动数据业务平台上下游获取客户、维持客户与竞争策略。❺

在当前错综复杂的大数据时代，顾客感知价值理论与量化进一步运用到非物质产品与服务有助于满足人们个性化追求，因此，可以利用顾客感知价值理论对数据交易平台价格管理进行研究。目前，基于客户感知价值的产品定价研究多注重理论分析，汪小梅等通过分析信息产品客户感知价值的测量指标要素，从质量和价格等

---

❶ ZEITHAML V A. Consumer perceptions of price, quality, and value: a means – end model and synthesis of evidence [J]. The Journal of Marketing, 1988, 52: 2 – 22.

❷ 马晓亭. 复杂云计算环境下基于客户感知价值的数字图书馆服务效能评估 [J]. 图书馆理论与实践, 2014（3）：84 – 86.

❸ 何建民, 潘永涛. 顾客感知价值、顾客满意与行为意向关系实证研究 [J]. 管理现代化, 2015（1）：28 – 30.

❹ 雷婷, 李存林. B2C 电子商务交易平台顾客感知价值、顾客满意与顾客忠诚关系的实证研究 [J]. 技术与创新管理, 2012（6）：642 – 646.

❺ 张瑞金, 李国鑫, 王茹. 移动数据业务手机用户感知价值结构模型研究 [J]. 中国软科学, 2014（12）：138 – 149.

层面确定了顾客感知价值关系定价模型。❶ 郭燕等基于消费者感知价值理论分析传统零售与"互联网+"情境下的相同产品的不同定价策略。❷ 孙树垒等认为，客户感知价值是基于客户获取模型基础进行客户维护决策的重要测量维度，并分析不同定价模式下的产品定价策略。❸ 吴丽华等在复杂的云计算服务环境下构建出客户感知价值价格模型及评价策略。❹ 汪小梅等和熊励等基于顾客感知价值理论分析了数据产品的定价方法。❺

综上，基于顾客感知价值视角的定价方式在产品定价领域的研究已经相对丰富，数据产品本身的特征不支持使用一般的产品定价方法，但是数据产品同样是产品的一种，在数据交易中同样存在买方和卖方，因此，以从购买方感知到的数据产品价值为评价数据价值的维度之一是合理的。

（2）定价方案

在学术研究的场景下，研究人员对数据质量、准确性和完整性要求较高。数据定价可以根据数据的质量维度，如准确性、完整性、及时性等，采用加权平均法或线性加权法进行。

企业在购买科研数据时，往往关注数据的准确性、完整性、冗余度和时效性等方面。针对这类场景，可以结合企业需求，对数据质量维度进行权衡，从而制定合适的定价策略。定价公式为

$$P = w_1 Q_1 + w_2 Q_2 + \cdots + w_n \times Q_n \qquad （式7）$$

式中，P 表示数据价格；w_1，w_2，$\cdots$，w_n 是各个质量维度的权重；Q_1，Q_2，$\cdots$，Q_n 是各个质量维度的得分。权重和得分可以根据专家评估、用户反馈或其他评估方法获得。

例如，某科研数据集的准确性得分为 0.8，完整性得分为 0.9，及时性得分为 0.7，如果准确性、完整性和及时性的权重分别为 0.4、0.5 和 0.1，数据价格可以计算为 $P = 0.4 \times 0.8 + 0.5 \times 0.9 + 0.1 \times 0.7 = 0.32 + 0.45 + 0.07 = 0.84$。

政府部门在采购科研数据时，通常关注数据的准确性、完整性、时效性和安全

---

❶ 汪小梅，田英莉，赵静. 基于顾客感知价值的信息产品定价方法研究 [J]. 情报杂志，2010（2）：164 – 167.

❷ 郭燕，陈国华，王凯. 传统零售与"互联网+"融合中的定价策略研究：基于消费者感知价值的分析 [J]. 价格理论与实践，2016（8）.

❸ 孙树垒，路晓伟，张庆民，等. 基于客户识别的客户保持决策模型与定价策略 [J]. 管理学报，2011（10）：1504 – 1508.

❹ 吴丽华，张瑜，曹均阔. 基于客户感知价值的云计算服务动态定价策略优化方法 [J]. 计算机与数字工程，2013（2）：244 – 247.

❺ 熊励，刘明明，许肇然. 关于我国数据产品定价机制研究：基于客户感知价值理论的分析 [J]. 价格理论与实践，2018，38（4）：147 – 150.

性等方面。针对这类场景,可以结合政府部门的需求,对数据质量维度进行权衡,从而制定合适的定价策略。定价公式为

$$P = w_1 Q_1 + w_2 Q_2 + \cdots + w_n \times Q_n \tag{式8}$$

式中,P 表示数据价格;w_1,w_2,$\cdots$,w_n 是各个质量维度的权重,Q_1,Q_2,$\cdots$,Q_n 是各个质量维度的得分。权重和得分可以根据政府部门需求、专家评估或政策导向等方法获得。

例如,某政府部门对数据的准确性、完整性、时效性和安全性的需求分别为 0.6、0.7、0.5 和 0.8,那么可以设置准确性、完整性、时效性和安全性的权重分别为 0.3、0.3、0.2 和 0.2。若数据的准确性得分为 0.8,完整性得分为 0.9,时效性得分为 0.6,安全性得分为 0.7,那么数据价格为 $P = 0.3 \times 0.8 + 0.3 \times 0.9 + 0.2 \times 0.6 + 0.2 \times 0.7 = 0.24 + 0.27 + 0.12 + 0.14 = 0.77$。

6.3.3.3 基于人工智能的定价

(1) 基本原理

随着大数据产业的不断进步,使用机器学习模型进行大数据分析已经成为行业最通用的准则之一。当前,人工智能技术和方法已经广泛应用于互联网服务、商业智能决策等领域。人工智能经过多年发展,以深度学习为代表的机器学习技术的不断发展正成为一系列科技革命的重要驱动力量❶,通过模拟人的思维模式,构建模型,自动完成事件活动,其在图片处理、自然语言处理和计算机视觉等多方面都有卓越的应用。金融领域长期存在基于机器学习的定价模型,比如将随机森林等经典机器学习算法运用在利率定价和信贷风险预测上。❷❸ 数据定价可被看作多臂老虎机的强化学习❹问题或者在定价框架上采用基于贝叶斯推理的核回归算法与基于 Bootstrap 的置信区间估计算法相结合。❺ 同时,也有研究者将消费者的反馈,通过机器学习在文本分析上,构建顾客价值定价模型。❻ 通过梳理相关研究发现,人工智能相关技术在数据价格形成中的应用主要聚焦三个研究方向。

第一,用于研究动态定价问题。动态定价允许企业根据实时需求为商品或服务

---

❶ 吴超,郁建兴. 面向公共管理的数据所有权保护、定价和分布式应用机制探讨 [J]. 电子政务,2020 (1):29 – 38.

❷ 孙存一,龚六堂. 大数据思维下的利率定价研究:以机器学习为视角的实证分析 [J]. 金融理论与实践,2017 (7):1 – 5.

❸ 孙存一,王彩霞. 机器学习法在信贷风险预测识别中的应用 [J]. 中国物价,2015 (12):45 – 47.

❹ XU L, JIANG C X, QIAN Y, et al. Dynamic privacy pricing: a multi – armed bandit approach with time – variant rewards [J]. IEEE Transactions on Information Forensics and Security, 2017, 12 (2):271 – 285.

❺ BAUER J, JANNACH D. Optimal pricing in e – commerce based on sparse and noisy data [J]. Decision Support Systems, 2018, 106:53 – 63.

❻ 唐兴叶. 基于文本分析与机器学习的顾客感知价值定价模型 [D]. 厦门:厦门大学,2019.

设置灵活的价格。价格将根据供需变化、竞争对手的价格，以及其他市场情况进行调整。在数据定价领域，相关学者基于模拟数据或真实交易平台上的数据，运用神经网络、强化学习等方法研究数据智能定价（smart data pricing, SDP）问题，旨在采用可变价格激励用户调整其互联网访问行为。良好的定价机制可以缓解网络拥塞，从而提高网络利用率，为用户提供良好的体验质量，降低运营商的成本，增加公司收入。如 Tsai 等提出一种新的基于机器学习概念的时变智能数据定价框架（time dependent smart data pricing, TDP）。[1] Sun 等指出，数据的动态定价问题可看作强化学习中的多臂老虎机问题，该算法平衡了即时利润和未来利润的学习。从经济理论出发将多臂老虎机与消费者需求的部分识别相结合，通过模型使用不同时间的历史数据来预测未来时期的期权价值，可以对数据资产的信息进行动态定价。[2]

第二，用于自动评估数据价值。此类研究旨在通过机器学习方法直接或间接评价数据价值。倪渊等在提出数据价值评估指标体系的基础上，构建 AGA – BP 神经网络模型，其模型输入层指标主要包括各类数据资源价值评估的细分指标，输出层指标则主要包括数据资源累计成交额、成交价等指标，通过迭代训练验证和不断提升模型价值评估精度。[3]

第三，研究机器学习模型类产品的价值评估。数据是人工智能驱动产品和服务的重要社会资源。在数据交易市场中，机器学习模型类数据产品是数据交易标的主要形态之一，相关研究为这类产品的价值评估和生成提出指引。Cong 等认为，要从机器学习模型构建步骤出发，从原始数据集、数据标签形成、多方协同训练三个过程综合讨论其价格问题。[4] 对于数据交易市场中的机器学习模型类产品，Chen 等针对其在模型训练时需要购买大量结构化数据的定价机制开展研究，基于"数据销售商—中间商—模型产品购买方"的交易流程，提出一个基于模型的机器学习（model – based pricing, MBP）定价框架，并验证了该框架可以为卖家在不同市场场景下实现收益最大化。

目前，已有相当多的学者集中在研究机器学习模型性能和准确率上，但在如何以高性价比获取数据上的研究较少。[5] 数据定价思想的兴起为上述问题提供了较好

---

[1] TSAI Y C, CHENG Y D, WU C W, et al. Time – dependent smart data pricing based on machine learning [C] //Canadian Conference on Artificial Intelligence. Springer. Cham, 2017：103 – 108.

[2] SUN C Y, GONG L T. Research on interest rate pricing under the big data thinking：an empirical analysis based on machine learning [J]. Finance：Theory and Practice, 2017, 18 (7)：1 – 5.

[3] 倪渊, 李子峰, 张健. 基于 AGA – BP 神经网络的网络平台交易环境下数据资源价值评估研究 [J]. 情报理论与实践, 2020, 43 (1)：135 – 142.

[4] CONG Z, LUO X, PEI J, et al. Data pricing in machine learning pipelines [J]. Knowledge and Information Systems, 2022, 64 (6)：1417 – 1455.

[5] CHEN L J, KOUTRIS P, KUMAR A. Towards model – based pricing for machine learning in a data marketplace [C] // Proceedings of the 2019 International Conference on Management of Data. Amsterdam：ACM, 2019：1535 – 1552.

的解决思路。Jia 等专门为 KNN 模型设计了定价机制。采用沙普利值法来衡量每个数据点对模型的贡献度，以此为依据对其进行定价。[1] Niyato 等结合了经济学中的斯坦伯格模型和机器学习中的分类算法，从数据科学角度研究数据效用；[2] 张驰从内在价值和外在价值两方面认识数据资源价值，采用国内大型港口企业的内部生产作业数据，实证了基于深度学习的数据资产内在价值分析模型的可行性与准确性；[3] 王笑笑等提出一种基于人工神经网络的大数据价值评估模糊评价模型，运用人工神经网络确定指标权重，通过模糊综合评价得出指标值，并以数多多交易平台为对象实证该方法的有效性。[4]

欧阳日辉等认为区块链、机器学习和算法技术可以为数据定价提供技术支持。通过区块链技术，可以确保数据交易的透明性与公正性，避免数据滥用和价格操控；通过机器学习和算法，可以根据实时数据流和市场需求预测数据的价值波动，为定价提供动态调整的依据。[5] 黄倩倩等提出，博弈论和人工智能的结合，可以有效推动数据要素的动态化、智能化价格形成。博弈论为数据定价中的各方利益博弈提供了理论框架，而人工智能则能够实时优化数据定价策略，从而提高定价的公平性与效率。[6]

综上，随着人工智能技术的进展，使用机器学习的方法对数据进行定价在技术上有了可行性，这些研究为我们突破现有数据定价方法的局限性积累了一定经验。

（2）定价方案

基于人工智能的数据定价可以应用于多个场景，包括数据交易平台、企业内部数据管理和数据服务提供商等。以下是一些具体的定价方案和数学表达式。

数据交易平台：在数据交易平台上，可以根据数据类型、数据质量、市场需求等因素，采用动态定价策略对数据进行定价。例如，可以采用基于深度学习的动态定价模型，将历史交易数据作为输入，利用神经网络进行训练，然后根据实时需求和市场情况进行定价。数学表达式为

---

[1] JIA RX, DAO D, WANG BX, et al. Efficient task-specific data valuation for nearest neighbor algorithms [C]. Proceedings of the VLDB Endowment, 2019, 12 (11): 1610-1623.

[2] NIYATO D, ALSHEIKH M A, WANG P, et al. Market model and optimal pricing scheme of big data and Internet of Things (IoT) [C]. 2016 IEEE International Conference on Communications (ICC). Kuala Lumpur: IEEE, 2016: 1-6.

[3] 张驰. 数据资产价值分析模型与交易体系研究 [D]. 北京：北京交通大学，2018.

[4] 王笑笑，郝红军，张树臣，等. 基于模糊神经网络的大数据价值评估研究 [J]. 科技与管理，2019, 21 (2)：1-9.

[5] 王建冬. 全国统一数据大市场下创新数据价格形成机制的政策思考 [J]. 价格理论与实践，2023 (3)：15-19.

[6] 黄倩倩，任明. 国内外数据要素市场中价格机制研究述评与展望 [J]. 价格理论与实践，2023 (3)：26-30.

$$P(t) = f(x,t) \qquad (式9)$$

式中，$P(t)$ 表示在时间 t 时的数据价格；x 表示数据类型、数据质量等因素；f 表示定价函数。

企业内部数据管理：可以采用基于数据价值的定价策略，根据数据的重要性、稀缺性、可替代性等因素进行定价。例如，可以采用基于遗传算法的数据价值评估模型，将数据作为输入，利用遗传算法进行训练，然后根据评估结果进行定价。数学表达式为

$$P(t) = f(x,t) \qquad (式10)$$

式中，$P(t)$ 表示在时间 t 时的数据价格；x 表示数据重要性、稀缺性等因素；f 表示定价函数。

数据服务提供商：数据服务提供商可以根据客户的需求和市场的竞争情况，采用基于客户感知和市场竞争的数据定价策略。例如，可以采用基于回归分析的定价模型，将客户需求、市场竞争等因素作为输入，利用回归分析进行训练，然后根据预测结果进行定价。数学表达式为

$$P(t) = f(x,t) \qquad (式11)$$

式中，$P(t)$ 表示在时间 t 时的数据价格；x 表示客户需求、市场竞争等因素；f 表示定价函数。

需要注意的是，这些定价方案都是基于假设和特定场景下的结果，实际应用时需要根据具体情况进行调整。同时，人工智能技术在数据定价中的应用还需要更多的研究和实践，以提高定价的准确性和实用性。

6.3.3.4 基于查询的定价

(1) 基本原理

由于现有的数据市场所采用的数据定价策略大多数只允许买家选择固定的某些视图，不支持个性化 SQL 查询操作，因此，Koutris 等在文献中首次正式提出了基于查询的数据定价（query - based data pricing）概念，并提出了能够给任意查询分配价格的定价框架。❶ 首先，卖家为数据库中的一组选定视图设定价格点，当买家提交一个查询时，其价格被定义为所有能够推导出该查询结果相关的所有视图组合的价格和最小值。其证明了当存在连接查询时，在大规模数据库上计算任意查询的价

---

❶ KOUTRIS P, UPADHYAYA P, BALAZINSKA M, et al. Query - based data pricing [C] // Proceedings of the 31st ACM SIGMOD - SIGACT SIGAI Symposium on Principles of Database Systems. Scottsdale：ACM，2012：167 - 178.

格是 NP 难问题,并描述了一种可以在多项式数据复杂度内完成价格计算的可行方法。该模型的灵活性在于,它可以给任意查询分配价格,而不仅仅限制买家购买特定的视图。但是其仅给出了理论框架部分,没有进行进一步实验研究。且其提出的方法仅支持简单查询语句,不能满足数据市场中进行复杂查询的需求。Koutris 等则设计了查询定价系统 Query Market,改进了只能对一部分简单的查询进行定价的缺点,将无套利定价问题转化为整数线性规划问题,大大降低了算法执行大规模 SQL 查询的时间复杂度。❶ Koutris 还研究了收入在查询结果贡献者之间公平分配的问题。此外,由于数据消费者在购买数据时可能进行多次查询,这容易产生对同一数据进行多次收费的问题。因此,其引入了记录查询历史的方法,解决了买家多次查询可能包含重复数据,从而导致重复收费的问题。此外,在解决重复收费问题上,Upadhyaya 等提出了退款的概念,将支付过程分为了两个步骤。❷ 买家在收到数据时按原价进行正常的支付,发现有重复购买的数据时,则可以向平台提出退款申请,并提交重复购买的证明,支持多个买家进行分组退款。

由于上述研究设计的定价方法仅考虑较为基础的 SQL 查询语句,对复杂查询操作支持度较低。因此,Li 等对独立于数据库实例的线性聚合查询定价方法进行了初步讨论,证明了在一些情况下精确计算聚合查询价格的开销是巨大的。❸ 因此针对该问题,Wang 等提出了支持近似聚合查询的定价框架,其采用了 Sampling 技术,可以在误差范围内提供查询的近似结果,并提供了将现存的定价模式转化为精确和近似聚合查询定价模式的框架。❹ 在 Nget 等提出的个人数据定价框架中,支持对含有噪声的数据进行聚合查询,并提出给每个数据卖家应得的隐私补偿,其采用差分隐私作为衡量隐私补偿的依据。❺ 同样,Li 等也结合了差分隐私和基于查询的定价理论,允许消费者进行带有噪声的查询,并对查询造成的隐私损失进行了量化,根据隐私损失的多少对数据进行定价。❻

---

❶ KOUTRIS P, UPADHYAYA P, BALAZINSKA M, et al. Toward practical query pricing with QueryMarket [C] //Proceedings of the ACM SIGMOD Int'l Conference on Management of Data. New York:ACM,2013:613-624.

❷ UPADHYAYA P, BALAZINSKA M, SUCIU D. Price - optimal querying with data APIs [C]. Proceedings of the VLDB Endowment, 2016, 9 (14): 1695-1706.

❸ LI C, MIKLAU G. Pricing aggregate queries in a data marketplace [C] // Proceedings of the 15th International Workshop on the Web and Databases. Scottsdale: ACM, 2012: 19-24.

❹ WANG X W, WEI X H, LIU Y Y, et al. On pricing approximate queries [J]. Information Sciences, 2018, 453: 198-215.

❺ NGET R, CAO Y, YOSHIKAWA M. How to balance privacy and money through pricing mechanism in personal data market [C] //Proc. of the SIGIR 2017 Workshop on eCommerce Co - located with the 40th Int'l ACM SIGIR Conf. on Research and Development in Information Retrieval. Tokyo: CEUR - WS. org, 2019.

❻ LI C, LI D Y, MIKLAU G, et al. A theory of pricing private data [C]. ACM Trans. Database Systems, 2014, 39 (4): 34.

(2) 定价方案

基于查询的数据定价方法可以应用于多个场景，包括数据交易平台、企业内部数据管理和数据服务提供商等。以下是一些具体的定价方案和数学表达式。

① 数据交易平台：在数据交易平台上，可以根据查询的复杂性、数据量、查询结果的重要性等因素，采用动态定价策略对查询结果进行定价。例如，可以采用整数线性规划方法，将查询结果的价格设定为与查询相关的所有视图价格和的最小值。数学表达式为

$$\text{minimize} \sum P(t) \times x(t) \quad\quad (式12)$$

式中，$P(t)$ 表示在时间 t 时的查询结果价格；$x(t)$ 表示查询的复杂度、数据量等因素。

② 企业内部数据管理：企业内部数据管理可以采用基于数据价值的定价策略，根据查询结果的重要性、稀缺性、可替代性等因素进行定价。例如，可以采用基于遗传算法的数据价值评估模型，将查询结果作为输入，利用遗传算法进行训练，然后根据评估结果进行定价。数学表达式为

$$P(t) = f(x,t) \quad\quad (式13)$$

式中，$P(t)$ 表示在时间 t 时的查询结果价格；x 表示查询结果的重要性、稀缺性等因素；f 表示定价函数。

③ 数据服务提供商：数据服务提供商可以根据客户的需求和市场的竞争情况，采用基于客户感知和市场竞争的数据定价策略。例如，可以采用基于回归分析的定价模型，将客户需求、市场竞争等因素作为输入，利用回归分析进行训练，然后根据预测结果进行定价。数学表达式为

$$P(t) = f(x,t) \quad\quad (式14)$$

式中，$P(t)$ 表示在时间 t 时的查询结果价格；x 表示客户需求、市场竞争等因素；f 表示定价函数。

需要注意的是，这些定价方案都是基于假设和特定场景下的结果，实际应用时需要根据具体情况进行调整。同时，人工智能技术在查询定价中的应用还需要更多的研究和实践，以提高定价的准确性和实用性。

6.3.3.5 基于经济学的数据定价

(1) 基本原理

基于经济学的数据定价是依据供需关系、博弈论等经济学中的基本理论为数据

确定价格的方法。其中最简单也最基础的是基于花费的定价方法。该方法考虑商品的所有成本，并将总成本的一个比率设定为利润，以此确定价格。❶ 一般来说，数据产品的成本可以分为收集成本（收集数据所产生的花费）、存储成本（数据长时期存储在本地数据库或云端数据库产生的花费）、复制成本（数据在被出售或传播时所产生的花费）等。该定价方法的优点是模型简单便捷，但是仅考虑了数据的内在属性来决定数据价格❷，而没有顾及市场的供需关系等外在属性。❸ 同时，由于每个阶段的花费很难具体量化到每一个数据条目上，当卖出部分数据时很难为其设定科学的价格。此外，上文提到由于大数据复制代价极低，因此随着数据在市场上的传播，价格会变得越来越低，同时竞争对手容易将数据复制为己用，导致数据出售者不再有出售数据的欲望，影响数据市场的健康发展。

近年来，不少学者发表了许多使用博弈论中的方法研究数据定价的文献。博弈论主要研究决策主体的行为发生直接相互作用时的决策以及这种决策的均衡问题。在数据定价中的应用主要包括非合作博弈、Stackelberg 博弈和讨价还价三个方面。非合作博弈的前提是数据交易的参与者之前不可能达成具有约束力的共识，即都处于冲突状态，以竞争的方式参与交易。该博弈模型要求参与者在进入市场时就公布自己的价格策略，同时在知道对手价格策略的前提下，以自身收益最大化为目标计算出该博弈的纳什均衡，即可得到成交价格。Stackelberg 博弈模型要求参与者中有领导者和追随者。领导者首先发布自己的价格策略，追随者观察到该策略后，再决定自己的价格策略并发布，双方都根据对方策略决定自己策略以达到收益最大化，如此往复以达到最终交易价格。讨价还价是交易各方经过一轮或多轮谈判就达成交易价格的过程。而作为不完全信息博弈的重要应用，拍卖也是最流行的数据定价机制之一。拍卖是通过市场驱动参与拍卖的双方在规则框架内进行自主竞价，从而对商品进行分配，并赋予对应的价格。❹ 在数据定价中的应用主要分为密封拍卖、组合拍卖、双边拍卖3种方式。

（2）定价方案

基于经济学的数据定价方法可以应用于多个场景，包括数据交易平台、企业内

---

❶ LIANG F, YU W, AN D, et al. A survey on big data market：pricing, trading and protection [J]. IEEE Access, 2018, 6：15132 - 15154.

❷ NAGLE T T, HOGAN J E, ZALE J. The strategy and tactics of pricing [M]. 5th ed. Upper Saddle River：Prentice Hall, 2010.

❸ FAMA E F, FRENCH K R. Commodity futures prices：some evidence on forecast power, premiums, and the theory of storage [M] //MALLIARIS A G, ZIEMBA W T. The World Scientific Handbook of Futures Markets. Singapore：World Scientific, 2015：79 - 102.

❹ MCAFEE R P. A dominant strategy double auction [J]. Journal of Economic Theory, 1992, 56（2）：434 - 450.

部数据管理和数据服务提供商等。以下是一些具体的定价方案和数学表达式。

数据交易平台：在数据交易平台上，可以根据市场的供需关系、竞争对手的价格等因素，采用博弈论方法进行定价。例如，可以采用非合作博弈模型，以自身收益最大化为目标计算成交价格。

企业内部数据管理：企业内部数据管理可以采用基于成本和应用价值的定价策略，根据数据资产的成本和应用效果等因素进行定价。例如，可以采用两阶段修正成本法，将数据资产的成本和应用效果作为定价的依据。数学表达式为

$$P(t) = f(x,t) \quad (式15)$$

式中，$P(t)$ 表示在时间 t 时的数据资产价格；x 表示数据资产的成本和应用效果等因素；f 表示定价函数。

数据服务提供商：数据服务提供商可以根据客户的需求和市场的竞争情况，采用基于博弈论的定价策略。例如，可以采用 Stackelberg 博弈模型，以自身收益最大化为目标计算成交价格。

需要注意的是，这些定价方案都是基于假设和特定场景下的结果，实际应用时需要根据具体情况进行调整。同时，经济学模型在数据定价中的应用还需要更多的研究和实践，以提高定价的准确性和实用性。

除了上述不同的数据定价方法，对于数据产品定价还需要注意的是，数据产品定价对于特定数据应用场景，其价值不同，以其应用价值为导向。❶ 如李菲菲等聚焦电力企业，构建供电企业数据资产生态化管理模型，从数据资产成本和数据资产应用这两个构成数据资产价值的主要因素出发，从应用效果着手，构建数据资产价值评价指标体系。❷ 邹贵林等构建基于两阶段修正成本法的电网数据资产定价方法。❸

综上，价值是定价的基础。但是数据的价值具有双向不确定性❹，即在数据产品交易中，买卖双方对产品价值很难达成一致。❺ 由于数据消费者希望数据价格可以反映该数据对其任务的价值，而数据拥有者和数据平台大多希望以数据收集、管

---

❶ 尹传儒，金涛，张鹏，等. 数据资产价值评估与定价：研究综述和展望 [J]. 大数据，2021，7（4）：14−27.

❷ 李菲菲，关杨，王胜文，等. 信息生态视角下供电企业数据资产管理模型及价值评估方法研究 [J]. 情报科学，2019，37（10）：46−52.

❸ 邹贵林，陈雯，吴良峥，等. 电网数据资产定价方法研究要要基于两阶段修正成本法的分析 [J] 价格理论与实践，2022（3）：89−93，204.

❹ LIU Z Y. Analysis on pricing of big data [J]. Documentation, Information & Knowledge, 2016 (1)：57−64.

❺ TANG S S, LIU Y T. China's big data transaction urgently needs a breakthrough [J]. China Development Observation, 2016 (13)：19−21.

理成本作为数据价格。因此,难以实现广泛的数据价值认同是当前数据定价面临的最突出的问题之一。❶

6.4 数据要素价格指数体系的编制

价格指数具有表征多种因素综合变动程度的特点,科学编制数据交易有关价格指数,可以客观反映市场供求关系和生产力发展水平,及时反映数据产品价格水平的变动趋势和影响程度。数据要素价格指数可以准确地反映市场价格的动态变化,是构建全国统一数据大市场的重要基础设施。❷ 由于数据价值的形成与交易是一个存在先后顺序的动态过程,为此,笔者尝试开发数据要素价格指数,该指数以某一时期为基期,通过计算以后各个时期数据产品平均价格同基期价格的百分比,直观地反映数据价格水平变化,为数据要素市场运行情况、产品交易结算提供参考。在企业数据定价时,可直接依据价格指数进行定价。❸

6.4.1 编制目的

指数作为统计研究社会经济现象数量变化幅度和趋势的特有的分析方法和手段,能够综合反映社会经济现象变动的方向和程度。❹ 编制发布数据要素价格指数,让指数运行轨迹反映数据产品交易市场和数据要素市场整体的发展状况,对整个经济发展状况具有引领作用,是数据产品和服务的风向标,反映数据要素市场的晴雨表,为市场各方提供定价基准,提高市场透明度和信息对称度,降低交易成本,促进数据要素市场培育壮大。

6.4.2 编制原则

6.4.2.1 客观性原则

秉持客观公正立场,编制方法科学专业,编制过程留痕备查,确保指数的规范性。强化制度保障,加强监测质量管理,确保指数编制需要的基础数据真实可靠、及时准确。

6.4.2.2 代表性原则

一是选择实际交易中常见的、有影响力的规格品,作为采价代表商品,确保采

---

❶ HU Y L. Research on status quo and pricing issue of big data trade [J]. Prices Monthly, 2017 (12): 16 – 19.

❷ 黄倩倩,任明. 国内外数据要素市场中价格机制研究述评与展望 [J]. 价格理论与实践,2023 (3): 26 – 30.

❸ 赵公正,杨幼明,吕正英,等. 加快探索多样化的企业数据定价模式 [J]. 价格理论与实践,2024 (9): 90 – 95,226.

❹ 腾讯研究院. 数字中国指数(2020)[R]. 北京:腾讯研究院,2020.

集的价格能够代表相应行业价格。二是采价环节具备代表性,按业内公认标准,选择敏感性强、影响面大的环节采集价格,力求全面反映市场变化。三是数据来源具备代表性,在重要生产地、消费地和中转地选择规模大、有影响的企业作为采价点。

6.4.2.3　可比性原则

采价代表商品、监测环节指标、价格采集单位保持相对稳定;权重设定保持适度稳定,保证基础数据、指数结构的连续性,从而保证指数的连续性。同时,以链式拉氏公式为基础,开展指数变动分析,确保计算的指数具备长期可比性。

6.4.3　数据交易所数据产品分类

6.4.3.1　数据产品和服务类型

在商业数据产品方面,代表性企业有百度 API 商城、优易数据云、数据堂、数据宝等。

百度 API 商城将数据产品按照行业应用分类为生活服务、电子商务、天文气象、金融理财、交通地理、企业管理、公共文娱、人工智能八个类型。

优易数据云的数据商品分类方式有两类:一是按照数据商品的提供形式分为 API、块数据;二是按照应用行业分为金融征信、精准营销、科研技术、产业经济、健康医疗、交通地理、企业管理、生活服务、舆情监测、行业监测报告、信用中国、NFT 接口,共计 12 类。

数据堂有训练数据集、数据定制服务、行业解决方案、数据标注服务等类别。数据宝有 API 以及面向保险科技、物流科技、金融科技、数字政务、泛互联网等领域的数据服务。其中 API 包括身份核验类、企业信息核验类、交通物流运输类、风险评估、OCR 识别等分类。

在我国数据交易场所的数据产品和服务方面,从上海、北京、深圳、贵州等地的数据产品和定价类型来看,可以分为数据产品服务和数据能力服务两大类。数据产品服务包括数据集、API、数据报告、数据指数、数据应用系统、数据应用软件等类型;数据能力服务包括数据加工工具(采集、储存、治理、分析)、算法工具、软件系统开发、解决方案、算力服务、第三方服务(数据经纪、合规认证、安全审计、数据公证、数据托管、资产评估、风险评估、人才培训)等类型服务(见表 6 - 1)。

表 6-1 建议的数据产品和服务分类

分类	内容
数据产品服务	数据集
	API
	数据报告
	数据指数
	数据应用系统
	数据应用软件
数据能力服务	数据加工工具（采集、储存、治理、分析）
	算法工具
	软件系统开发
	解决方案
	算力服务
	第三方服务（数据经纪、合规认证、安全审计、数据公证、数据托管、资产评估、风险评估、人才培训）

6.4.3.2 行业数据产品和服务

我国各地数据交易场所具备面向多个领域应用的数据产品和服务。[1] 从数据产品和服务的分类行业来看，深圳数据交易所包含面向企业服务、平台建设、金融风控、数据安全、政务服务、政府采购、人力资源、金融、金融投研、工业互联网、智慧医疗、数据治理、产业平台、生态分析、智能营销、数据中台、信息安全、云服务、金融征信、营销活动等的数据产品和服务；贵州数据交易所有面向工业农业、智慧城市、教育文化、交通运输、气象服务等领域的数据产品和服务；北方大数据交易中心有面向工业制造、互联网科技、交通运输、教育、金融、媒体、能源、企业服务、汽车、区域经济发展分析、食品、物业、消费品等领域的数据产品和服务。根据数据来源所属的行业进行分类，常见的数据资源又可分为工业数据、金融数据、卫生健康数据、教育数据、能源数据、交通运输数据、自然资源数据、科学数据、电信数据 9 个大类。

6.4.4 交易计价和价格信息处理

6.4.4.1 主要计价方式

从北京、上海、广州、深圳四大数据交易所计价方式来看，依据计价依据的不同，数据交易标的计价方式可分为数量计费、时长计费、次数计费、费率计费四

---

[1] 潘宏亮，赵兰香，叶璐. 我国数据要素发展水平的测度及时空演进研究［J］. 科学学研究，2025，43（1）：205-206.

类。如表 6-2 所示，数量计费是指依据交易的数据规模、报告个数等数量属性进行计费，分为按量计费和全量计费，两者的区别在于交易标的是拆分出售还是整体出售。按时长计费是指按照交易标的的使用时长计费。按次计费是指按照交易标的的使用次数计费。按费率计费是一种新型的计费方式，是指交易卖方为交易买方提供数据服务，依据一定的费率收取服务费用。

表 6-2 国内主要城市数据交易所交易计价方式

数据交易所	交易标的类型	计价方式
上海数据交易所	数据集	全量、按时长、面议
	数据服务	按次、按时长、面议
	数据应用	全量、按时长、面议
北京国际大数据交易所	数据包	全量、面议
	数据 API	按次、面议
	数据服务	按次、面议
	数据报告	面议
深圳数据交易所	数据产品	按次、按时长、按量
	数据服务	按时长、面议
	数据工具	面议
广州数据交易所	数据产品	按费率、面议
	数据服务、数据能力、数字资产	面议

6.4.4.2 价格信息处理

（1）价格信息规范化采集

价格信息应包含已完成交易的成交价格、成交量、交付日期等交易信息，以及产品编号、名称、领域、更新频率、覆盖范围等产品信息。价格信息主要来自各数据交易所自身沉淀的交易信息，可探索跟评估机构、其他数据交易所合作获取更多价格信息。

（2）价格信息标准化处理

数据产品的数量计费、时长计费、次数计费、费率计费四种计费方式计价单位不一，在计算价格指数前应当对其进行标准化处理，以使得依据不同方式计价的数据产品价格水平可以进行比较。借鉴现行的商品和服务价格指数计算方式，价格指数基于商品和服务在一段时间内的成交或销售金额进行计算。❶ 因此，需对数据产品在统计时段内的交易额进行累计计算，若数据产品的服务期跨越多个统计时段，

---

❶ GARGANO M L, RAGGAD B G. Data mining: a powerful information creating tool [J]. OCLC Systems & Services, 1999, 15 (2): 81-90.

则应对成交金额进行均摊,以数据产品 A 的 2023 年交易情况为例,如表 6-3 所示。

表 6-3 价格信息标准化处理示例

计费方式	计费标准	统计期内交易情况	统计期内交易规模
数量计费	200 元/个	成交 5 个	$200 \times 5 = 1000$ 元
时长计费	6000 元/年	2023 年 2 月初达成交易,服务期为 2023 年 4 月~2024 年 3 月	2023 年内服务期为 9 个月,按时长均摊,2023 年记录交易额 $6000 \times 9/12 = 4500$ 元
次数计费	3 元/次	调用 500 次	$3 \times 500 = 1500$ 元
费率计费	保费的 10%	促进达成保险费用为 2 万元的保险协议	$20000 \times 10\% = 2000$ 元
统计期内总交易规模			$1000 + 4500 + 1500 + 2000 = 9000$ 元

6.4.5 数据要素价格指数系列结构设计

借鉴证券市场指数系列构建经验[1],设计 4 类指数:综合指数、行业指数、功能指数和基本指数。指数系列结构示例如下:①综合指数由在数据交易所上架的数据产品组成样本,反映整体数据产品价格水平。②行业指数由在数据交易所上架的对应行业的数据产品组成样本,如金融、交通等,反映不同行业的数据交易景气程度和产品价格水平。③功能指数由在数据交易所上架的基本功能相似的同质数据产品组成样本,反映实现特定功能的数据产品价格水平,可为市场参与者定价、议价提供参考。④基本指数是以在数据交易所上架的特定数据产品为样本,反映该数据产品本身的价格变动水平。[2]

6.4.6 数据要素价格指数编制

6.4.6.1 综合指数编制

(1) 综合指数的定义和目的

综合指数是以数据交易所上架的所有数据产品为样本,旨在衡量整体数据市场的价格水平和变化趋势。通过综合指数,可以全面了解数据产品市场的整体价格动

---

[1] 欧阳日辉,杜青青. 数据估值定价的方法与评估指标[J]. 数字图书馆论坛,2022(10):21-27.

[2] 刘五星,朱险峰,王延培,等. 数据要素市场发展指数及价格指数构建研究[J]. 价格理论与实践,2024(1):54-60,213.

态,反映数据市场的健康状况和发展趋势,为市场参与者提供决策依据。

(2) 样本选择

样本范围:选择在数据交易所上架的所有活跃交易的数据产品,活跃交易的数据产品是指在一定时间周期内(如一个月)有交易记录的数据产品。

样本数量:为了保证指数的代表性和稳定性,样本数量应足够大,覆盖不同类型和用途的数据产品。

(3) 权重确定

① 等权重法

等权重法是指每个样本数据产品赋予相同的权重。这种方法适用于样本数据产品数量较少或市场影响力差别不大的情况。

优点:简单直接,计算方便,不需要复杂的数据,只需知道各样本数据产品的价格即可。

缺点:忽略了各数据产品的市场影响力,无法反映市场中不同数据产品的重要性;当样本数据产品的市场交易金额或交易量差别较大时,容易导致指数结果失真。

适用场景:样本数据产品数量较少,且市场影响力差别不大;初步分析或快速估算市场状况时。

举例:有三个数据产品 A、B、C,它们在基期和报告期的价格如下。基期价格:A = 100 元,B = 200 元,C = 300 元。报告期价格:A = 110 元,B = 190 元,C = 310 元。

个体价格指数分别为:$I_A = (110/100) \times 100 = 110$;$I_B = (190/200) \times 100 = 95$;$I_C = (310/300) \times 100 = 103.33$。

综合指数(等权重法):$I_{综合} = (I_A + I_B + I_C)/3 = (110 + 95 + 103.33)/3 = 102.78$。

② 市值加权法

市值加权法是根据样本数据产品的市场交易金额决定权重,交易金额越大的数据产品权重越大。

优点:考虑了各数据产品的市场交易金额,能够反映市场中不同数据产品的重要性;能够更准确地反映市场的整体价格水平。

缺点:需要获取每个样本数据产品的市场交易金额(市值),数据要求较高;当市场中存在少数市值特别大的数据产品时,可能导致这些产品对指数的影响过大。

适用场景:样本数据产品的市场交易金额差别较大,需要反映不同数据产品的重要性；市场参与者关注数据产品的市场价值时。

举例：有三个数据产品 A、B、C，它们在基期和报告期的价格和交易量如下。基期价格：A = 100 元，B = 200 元，C = 300 元。报告期价格：A = 110 元，B = 190 元，C = 310 元。基期交易量：A = 1000 单位，B = 500 单位，C = 300 单位。

基期市场交易金额（市值）分别为：市值$_A$ = 100 × 1000 = 100000；市值$_B$ = 200 × 500 = 100000；市值$_C$ = 300 × 300 = 90000。

个体价格指数分别为：I_A = (110/100) × 100 = 110；I_B = (190/200) × 100 = 95；I_C = (310/300) × 100 = 103.33。

综合指数（市值加权法）：$I_{综合}$ = (市值$_A$ × I_A + 市值$_B$ × I_B + 市值$_C$ × I_C)/(市值$_A$ + 市值$_B$ + 市值$_C$) = (100000 × 110 + 100000 × 95 + 90000 × 103.33)/(100000 + 100000 + 90000) = 102.28。

③ 交易量加权法

根据样本数据产品的交易量确定权重，交易量大的数据产品在指数中的影响力更大。

优点：考虑了各数据产品的交易量，能够反映市场中不同数据产品的交易活跃度；对于交易量大的数据产品，能够更准确地反映其对市场的影响。

缺点：需要获取每个样本数据产品的交易量，数据要求较高；当市场中存在少数交易量特别大的数据产品时，可能导致这些产品对指数的影响过大。

适用场景：样本数据产品的交易量差别较大，需要反映不同数据产品的交易活跃度；市场参与者关注数据产品的交易活跃情况时。

举例：有三个数据产品 A、B、C，它们在基期和报告期的价格和交易量如下。基期价格：A = 100 元，B = 200 元，C = 300 元。报告期价格：A = 110 元，B = 190 元，C = 310 元。基期交易量：A = 1000 单位，B = 500 单位，C = 300 单位。报告期交易量：A = 1200 单位，B = 450 单位，C = 350 单位。

个体价格指数分别为：I_A = (110/100) × 100 = 110；I_B = (190/200) × 100 = 95；I_C = (310/300) × 100 = 103.33。

综合指数（交易量加权法）：$I_{综合}$ = (交易量$_A$ × I_A + 交易量$_B$ × I_B + 交易量$_C$ × I_C)/(交易量$_A$ + 交易量$_B$ + 交易量$_C$) = (1200 × 110 + 450 × 95 + 350 × 103.33)/(1200 + 450 + 350) = 105.56。

（4）价格数据收集

数据来源：从数据交易所的交易记录中获取数据产品的交易价格数据。

数据频率：根据需要确定价格数据的采集频率，常见的有每日、每周、每月等。

(5)指数计算方法

① 基期选择。

基期(base period)指的是在计算各种经济指标和指数时,作为比较基础的那个时间点或时间段。通常,基期的值被设定为100,用来与其他时期的值进行比较。

选择基期时应考虑以下几点。

代表性:基期应能反映市场的正常状态,而不是异常波动的时期。

数据可获得性:基期的数据应完整且可靠。

稳定性:基期应尽量选择市场相对稳定的时期,以避免剧烈波动对指数计算的影响。

② 指数公式。

简单算术平均法:适用于等权重法,即假设每个样本数据产品的权重相同。计算公式为

$$I_t = \frac{1}{N}\sum_{i=1}^{t}\frac{P_{it}}{P_{i0}} \times 100 \qquad (式16)$$

式中,I_t 为第 t 期的综合指数;N 为样本数据产品数量;P_{it} 为第 t 期第 i 个数据产品的价格;P_{i0} 为基期第 i 个数据产品的价格。

具体步骤:确定基期和报告期的价格;计算各个数据产品的价格指数(报告期价格相对于基期价格的比值);计算所有数据产品价格指数的平均值,并乘以 100 得到综合指数。

加权算术平均法:适用于市值加权法或交易量加权法,即每个样本数据产品的权重不同,权重可以是市值或交易量。计算公式为

$$I_t = \frac{\sum_{i=1}^{N} w_i \frac{P_{it}}{P_{i0}}}{\sum_{i=1}^{N} w_i} \times 100 \qquad (式17)$$

式中,w_i 为第 i 个数据产品的权重;其余符号同简单算术平均法。

具体步骤:确定基期和报告期的价格及各数据产品的权重(如市值或交易量);计算各个数据产品的价格指数;计算加权平均值,并乘以 100 得到综合指数。

(6)指数发布和更新

发布频率:根据数据市场的活跃程度确定指数的发布频率,常见的有每日、每周、每月等。

样本更新:定期(如每年或每季度)对样本数据产品进行更新,剔除不活跃的产品,增加新的数据产品,以保持指数的代表性。

基期调整：当市场发生重大变化或基期时间过长时，可以适时调整基期，以保持指数的准确性和可比性。

（7）指数的维护

数据质量控制：确保采集的价格数据准确、完整，避免由于数据错误导致指数失真。

异常值处理：对异常价格数据进行甄别和处理，避免异常值对指数产生过大影响。

6.4.6.2 行业指数编制

（1）行业指数

行业指数是用于评估和反映特定行业的数据交易活跃度和产品价格水平的指标，其通过选择在数据交易所上架的特定行业的数据产品作为样本，反映该行业的数据交易景气程度和产品价格水平。

（2）行业指数编制的步骤

编制行业指数的步骤主要包括以下几个方面。

样本选择：确定行业及其对应的数据产品。

数据收集：收集样本数据产品在不同时间点的价格、交易量等数据。

基期设定：选择一个合适的基期，并将其指数值设为100。

指数计算：使用简单算术平均法或加权算术平均法计算各期的行业指数。

结果分析：分析指数结果，得出行业数据交易景气程度和产品价格水平的变化趋势。

其中指数计算方法与综合指数编制相同，不再作详细介绍。

（3）案例分析

金融行业三个主要的数据产品：股票价格数据、银行贷款利率数据和保险费率数据。在基期（2025年1月）和报告期（2025年2月）的价格数据如下。

基期（2025年1月）价格：股票价格数据 $P_{A0}=100$ 元；银行贷款利率数据 $P_{B0}=5\%$；保险费率数据 $P_{C0}=3000$ 元。

报告期（2025年2月）价格：股票价格数据 $P_{At}=110$ 元；银行贷款利率数据 $P_{Bt}=4.5\%$；保险费率数据 $P_{Ct}=3100$ 元。

① 简单算术平均法。

个体价格指数分别为：$I_A=(110/100)\times100=110$；$I_B=(4.5/5)\times100=90$；$I_C=(3100/3000)\times100=103.33$。

综合指数：$I_t=(110+90+103.33)/3=101.11$。

② 加权算术平均法（假设基期交易量为股票价格数据为 1000 单位，银行贷款利率数据为 500 单位，保险费率数据为 300 单位）。

基期市值分别为：市值$_{A0}$ = 100 × 1000 = 100000；市值$_{B0}$ = 5 × 500 = 2500；市值$_{C0}$ = 3000 × 300 = 900000。

个体价格指数分别为：I_A = (110/100) × 100 = 110；I_B = (4.5/5) × 100 = 90；I_C = (3100/3000) × 100 = 103.33。

综合指数：I_t = (100000 × 110 + 2500 × 90 + 900000 × 103.33) /

(100000 + 2500 + 900000)

= (11000000 + 225000 + 93000000) /

(1000000 + 2500 + 900000) = 103.10。

6.4.6.3 功能指数编制

（1）功能指数

用于评估和反映特定功能的数据产品价格水平的指标。通过选择在数据交易所上架的、基本功能相似的同质数据产品作为样本，反映实现特定功能的数据产品价格水平。

（2）功能指数编制的步骤

样本选择：确定功能及其对应的数据产品。

数据收集：收集样本数据产品在不同时间点的价格数据。

基期设定：选择一个合适的基期，并将其指数值设为 100。

指数计算：使用简单算术平均法或加权算术平均法计算各期的功能指数。

结果分析：分析指数结果，得出功能数据产品的价格水平变化趋势。

其中指数计算方法与综合指数编制相同，不再作详细介绍。

（3）案例分析

选择三个主要的数据产品：GPS 位置数据、移动通信基站数据和卫星影像数据。在基期（2025 年 1 月）和报告期（2025 年 2 月）的价格数据如下。

基期（2025 年 1 月）价格：GPS 位置数据 P_{A0} = 50 元/单位；移动通信基站数据 P_{B0} = 60 元/单位；卫星影像数据 P_{C0} = 70 元/单位。

报告期（2025 年 2 月）价格：GPS 位置数据 P_{At} = 55 元/单位；移动通信基站数据 P_{Bt} = 65 元/单位；卫星影像数据 P_{Ct} = 72 元/单位。

① 简单算术平均法。

个体价格指数分别为：I_A = (55/50) × 100 = 110；I_B = (65/60) × 100 = 108.33；I_C = (72/70) × 100 = 102.86。

综合指数：$I_t = (110 + 108.33 + 102.86)/3 = 107.06$。

② 加权算术平均法（假设基期交易量为 GPS 位置数据为 1000 单位，移动通信基站数据为 500 单位，卫星影像数据为 300 单位）。

基期市值分别为：市值 $A_0 = 50 \times 1000 = 50000$；市值 $B_0 = 60 \times 500 = 30000$；市值 $C_0 = 70 \times 300 = 21000$。

个体价格指数分别为：$I_A = (55/50) \times 100 = 110$；$I_B = (65/60) \times 100 = 108.33$；$I_C = (72/70) \times 100 = 102.86$。

综合指数：$I_t = (50000 \times 110 + 30000 \times 108.330 + 21000 \times 102.86)/(500000 + 30000 + 21000) = (5500000 + 3250000 + 2450000)/(101000) = 108.02$。

6.4.6.4 基本指数编制

（1）基本指数

基本指数是通过选择在数据交易所上架的特定一个数据产品作为样本，反映该数据产品本身的价格变动水平。

基本指数编制步骤如图 6-1 所示。

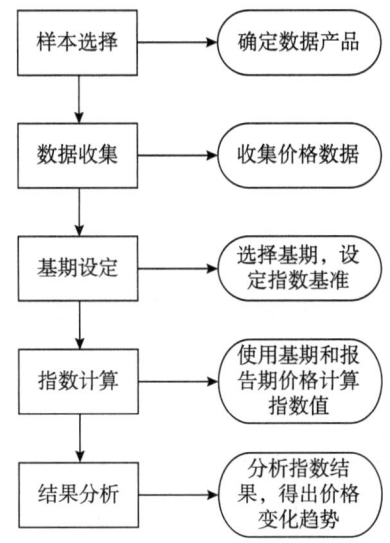

图 6-1 基本指数编制步骤

（2）案例分析

ABC 股票在基期（2022 年 1 月）和报告期（2022 年 2 月）的价格数据如下：

基期（2025 年 1 月）价格：股票价格 $P_0 = 100$ 元。报告期（2025 年 2 月）价格：股票价格 $P_t = 110$ 元。

计算基本指数：$I_t = (110/100) \times 100 = 110$。

可以看到，从基期到报告期，该股票价格上涨了10%。当然在实际应用中，可以对更长时间跨度内的价格数据进行分析，从而更全面地了解数据产品的价格变动情况。❶

A、B、C 股票在基期（2022 年 1 月）和报告期（2022 年 2 月）的价格数据如下。

基期（2025 年 1 月）价格：股票价格 $P_0 = 100$ 元。

报告期（2025 年 2 月）价格：股票价格 $P_t = 110$ 元。

计算基本指数：$I_t = (110/100) \times 100 = 110$。

可以看到，从基期到报告期，该股票价格上涨了10%。当然在实际应用中，可以对更长时间跨度内的价格数据进行分析，从而更全面地了解数据产品的价格变动情况。

6.4.6.5 其他指数编制

（1）指数介绍

可变构成指数用来反映数据要素赋能后的总平均指标变动程度。其公式为

$$K = \frac{\overline{x_1}}{\overline{x_0}} = \frac{\dfrac{\sum x_1 f_1}{\sum f_1}}{\dfrac{\sum x_0 f_0}{\sum f_0}} \quad （式18）$$

可变构成指数的分子减分母后所得的结果，反映了在数据要素赋能前后平均数增（减）的绝对量。

（2）结构影响指数公式为

$$K = \frac{\overline{x_1}}{\overline{x_0}} = \frac{\dfrac{\sum x_0 f_1}{\sum f_1}}{\dfrac{\sum x_0 f_0}{\sum f_0}} \quad （式19）$$

（3）固定构成指数公式为

$$K = \frac{\overline{x_1}}{\overline{x_0}} = \frac{\dfrac{\sum x_1 f_1}{\sum f_1}}{\dfrac{\sum x_0 f_1}{\sum f_1}} \quad （式20）$$

---

❶ 周文杰. 基于循证实践的可信数据空间构建：基本原理、行动方案与典型案例［J/OL］. 图书馆建设，1－12 ［2025－04－05］. http：//hfgga60aabc7d15084b00h96of9bfwcox96of0. fhaz. libproxy. ruc. edu. cn/kcms/detail/23. 1331. g2. 20250221. 1455. 002. html.

第三部分 典型案例

第7章

基于循证实践构建可信数据空间的原理、方案与案例

构建可信数据空间的目的是支撑一体化数据要素市场，实现数据要素的价值共创。梅宏等认为，可信数据空间赋予了数据产业高质量发展的新动力。❶ 孙杰贤认为，可信数据空间建设将很大程度上解决数据共享意愿不足问题，疏通数据跨地区、跨部门流通瓶颈，破解数据开发利用深度不够等难题。❷ 为此，国家数据局于 2024 年 12 月印发了《可信数据空间发展行动计划（2024—2028 年）》（以下简称《行动计划》）。《行动计划》提出，到 2028 年，可信数据空间运营、技术、生态、标准、安全等体系取得突破，我国将建成 100 个以上可信数据空间，形成一批数据空间解决方案和最佳实践，初步形成与我国经济社会发展水平相适应的数据生态体系。❸

循证实践（evidence-based practice，EBP）是一种以科学证据为基础的决策模式，强调在实际工作中通过整合最佳证据、专业知识与经验和利益相关者的需求与价值观，以便制定高效、可靠且可持续的解决方案，提高决策的科学性和效果。这种方法最早在医学领域发展（被称为循证医学），但如今广泛应用于教育、心理、管理、数据治理、社会工作等多个领域。❹❺

---

❶ 梅宏，黄罡. 可信数据空间：数据产业高质量发展的新动力［J］. 智慧中国，2024（12）：20-21.
❷ 孙杰贤. 构建可信数据空间，推动数据产业高质量发展［J］. 中国信息化，2024（12）：22-23.
❸ 国家数据局. 可信数据空间发展行动计划（2024—2028 年）［EB/OL］.（2024-11-20）［2025-01-16］. https://www.gov.cn/zhengce/zhengceku/202411/content_6996363.htm.
❹ 杨克虎，尚宏利，周文杰，等. 循证社会科学的统计基础［M］. 北京：科学出版社，2024.
❺ 周文杰，尚宏利，魏志鹏，等. 循证信息贫困研究：回归分析［M］. 北京：科学出版社，2024.

信息资源管理、循证实践与可信数据空间之间存在紧密联系，具体表现在：有效的信息资源管理是构建可信数据空间和进行循证实践的前提，循证实践可以不断优化信息资源管理的流程和方法并为可信数据空间提供更加可靠、准确的数据支持，可信数据空间为信息资源管理和循证实践提供了安全、可信的数据环境。着眼于三者的紧密联系，笔者旨在立足信息资源管理领域，从循证实践的角度出发，对可信数据空间构建的基本原理与行为方案展开论述，并对典型案例加以解析，以期为信息资源管理领域深度参与数字经济和数据要素市场基础制度建设提供有益参照。

7.1 基于循证实践构建可信数据空间的基本原理[①]

7.1.1 循证实践在构建可信数据空间中的作用

（1）证据的获取与筛选为可信数据空间的构建奠定基础

基于循证实践，信息资源的管理者通过丰富的证据来源为可信数据空间提供广泛的数据素材，避免了单一数据源的局限性，确保数据的全面性，以期更全面地反映社会现象和问题，从而为可信数据空间的构建奠定坚实基础。例如在企业市场策略选择的场景下，可综合企业内部市场营销、财务等部门数据，以及外部市场研究报告、经销商信息等实践证据，全面反映市场情况，构筑起多维立体的数据空间。

在循证实践的过程中，依据严格的纳入和排除标准筛选证据（如在系统评价中，对研究设计、样本选择、数据收集方法等方面进行考量），优先选择高质量且数据完整、无明显偏倚的证据。循证实践中的证据筛选机制如同可信数据空间的"守门人"，确保进入数据空间的数据的可靠性。显然，只有符合高质量标准的证据进入数据空间，才能确保数据的可信度，从而为可信数据空间提供切实可靠的质量保障。

（2）证据评价与整合有助于提升可信数据空间的质量

在循证实践过程中，对证据的质量从研究效度（包括内部效度和外部效度）和测量效度（如表面效度、构念效度、内容效度、效标关联效度）等维度展开综合评价，确保进入可信数据空间的数据科学可靠，提升了数据的质量和可靠性。同时，循证实践重在对筛选后的证据进行优化整合，有利于形成系统、全面、高质量的信

[①] 周文杰. 基于循证实践的可信数据空间构建：基本原理、行动方案与典型案例［J/OL］. 图书馆建设，1-12［2025-06-06］. https://www.docin.com/p-4837695478.html.

息集合。这种整合避免了数据的碎片化，使可信数据空间中的数据具有关联性和综合性，更好地服务于数字经济和数据要素市场，增强了数据在可信数据空间中的价值。

（3）基于证据的决策应用与反馈促进数据空间的持续优化改进

循证实践的基本特征之一是基于最优证据指导决策实践。可信数据空间通过存储和提供这些经过验证的证据，促进决策的科学化和精准化，提高可信数据空间在数字经济及数据要素市场中的参与质量和效果，从而使数据要素的价值得以彰显。同时，应用循证实践理念，在数据空间的实际效用进行后效评价，有助于及时调整和更新可信数据空间中的数据和决策建议，实现可信数据空间的持续改进与优化。

7.1.2 基于循证实践的数据空间核心能力建设

7.1.2.1 循证实践助力于数据空间可信管控能力建设

（1）身份认证与溯源

循证实践的证据收集与筛选机制能够有效强化数据空间的可信管控能力。具体而言，通过收集不同类型数据要素主体在身份认证方面的成功案例和失败教训（例如，多因素认证在金融行业防止身份冒用的案例，以及一些因身份认证漏洞导致数据泄露的事件），分析不同身份认证机制在安全性、便捷性、成本等方面的优缺点，结合可信数据空间的特定需求（例如参与主体的多样性、数据敏感程度等），对各种身份认证技术的适用性作出评价。最终，依据评估结果，选择适合可信数据空间的身份认证方案（例如集成公安、税务、市场监管等权威部门的身份核验机制），确保接入主体身份的真实性。❶再如，利用区块链等技术，在循证实践的基础上对数据使用过程进行存证与溯源，确保数据使用的合规性，保障参与各方的权益。❷

（2）数据安全评估

在可信数据空间的构建中，通过收集隐私计算、日志存证等证据（例如数据泄露事件的发生频率、数据使用过程中的异常行为监测记录等），据此评估现有管控策略的有效性，分析数据在不同流通环节存在的安全风险（例如数据在传输过程中的加密强度是否足够、数据在使用过程中的访问控制是否严格等）。进而，根据评估结果优化履约机制，例如调整数据访问控制策略，加强对敏感数据的加密保护，利用隐私计算技术在不泄露原始数据的前提下进行数据分析和计算，有效保障数据在产生、存储、计算、应用、销毁等数据流转全过程的各个环节中"可用不可见"。

---

❶ 汪振林，刘玲君. 电子证据载体的关联性问题研究［J］. 网络安全技术与应用，2024（8）：126-129.
❷ 张建卓. 区块链技术的发展给公安工作带来的挑战和机遇［J］. 公安研究，2024（9）：41-51.

7.1.2.2 循证实践助力于数据空间资源交互能力建设

(1) 互操作性验证

在循证实践中,通过收集不同数据资源在不同主体之间交互时的数据(例如数据格式转换的错误率、数据传输的延迟时间等),以及数据标识与语义转换技术在实际应用中的效果,解析数据标识的唯一性和可识别性,评估语义转换技术在不同数据源之间的兼容性和准确性,确定现有技术在实现数据资源跨主体交互时存在的问题和改进方向。最终依据评估结果,优化数据标识规则,采用统一资源标识符等国际标准的数据标识方法,提高数据的可识别性和互操作性。❶ 同时,基于证据可选择适合可信数据空间的语义转换工具和方法(如基于本体的语义转换技术),实现数据资源在不同主体之间的高效交互并保持其一致性。

(2) 目录标准化

循证实践的一个重要优势,是基于具体可信的纳排标准收集不同数据资源目录的设计与维护数据,如目录的更新频率、用户查询效率等,以及跨空间资源共享时目录的互认情况。基于系统评价与元分析等证据综合工具,可评估现有数据资源目录的一致性、合理性和有效性,分析目录在促进数据资源共享和数据要素流通方面存在的障碍,如目录信息不完整、分类不清晰等。最终,根据证据质量评估结果,改进数据资源目录的设计与维护,明确目录的分类标准和信息描述规范,提高可信数据空间中目录的可检索性❷和可理解性,促进跨空间的数据要素共享能力,实现数据产品和服务的统一发布、高效查询、跨主体互认。

7.1.2.3 循证实践助于力数据空间价值共创能力建设

(1) 动态价值评估

循证实践的重要内容是收集并综合评价数据资源开发与数据要素流通利用过程中产生的证据,例如数据产品的使用频率、用户反馈、产生的经济效益等,以及不同收益分配机制下的数据要素市场参与各方满意度的数据。在对这些数据资源加以收集的基础上,利用系统评价和元分析,综合考虑数据的质量、来源、用途等因素,评估数据资源的价值,分析现有收益分配机制的公平性和激励效果,确定是否需要优化收益分配机制。进而,依据评估结果,优化数据要素参与收益分配的机制,按照市场评价贡献、贡献决定报酬的原则,制定更合理、公平透明的收益分配规则,明确各方权责清单,保障参与各方的合法权益,激发各方参与数据开发利用的积极性,推动数据资源向数据产品或服务转化。❸

---

❶ 万力勇. 数字化学习资源质量评价研究 [J]. 现代教育技术, 2013, 23 (1): 45 – 49.
❷ 张建梅. 基于现代信息技术的高校档案育人功能研究 [J]. 兰台世界, 2010 (18): 42 – 43.
❸ 于莉, 唱晓阳. 企业数据资产入表流程研究 [J]. 国际商务财会, 2025 (1): 14 – 19.

（2）应用场景协同

通过循证实践，收集不同应用场景下的数据（如企业供应链协同中的数据共享需求、城市数字化治理中的数据融合应用案例等），以及各利益相关方共性或个性需求的证据信息，立足对真实场景的分析，识别不同场景下各利益主体对数据要素的共性需求和痛点，评估数字经济和数据要素市场中各利益相关方的实际诉求，明确各方利益协同的优化方向。进而，根据评估结果，指导数据资源的优化配置，为数据使用方和数据服务方等参与方提供更适宜的环境，促进多主体利益协同，推动数据产品和服务的创新，满足不同场景下的各利益相关方在数据经济和数据要素市场上的实际需求。

7.2 基于循证实践构建可信数据空间的行动方案

7.2.1 行动主体与职责

可信数据空间涉及了多个利益相关主体，这些利益主体构成了循证实践的行动主体。这些行动主体在基于循证实践构建可信数据空间中的职责如下。

（1）政府部门

在基于循证实践构建可信数据空间的过程中，政府部门的职责是制定相关政策法规，引导和规范可信数据空间建设；提供公共数据资源，推动政府数据开放共享；建立监管机制，保障数据流通的合法性与安全性；协调各方利益，促进跨部门、跨领域的数据合作。[1]

（2）科研机构与高校

科研机构和高校的职责在于，开展循证实践方法研究与技术创新，为数据空间建设提供理论支持和技术解决方案；培养专业人才，提升证据管理与综合分析能力；参与证据评价标准制定与质量评估，确保数据的科学性与可靠性。

（3）数据拥有者

包括企业、社会组织等在内的各类数据拥有者是开展循证实践的主体，也是可信数据空间的重要利益相关方。数据拥有者在构建可信数据空间中的职责主要包括按照证据质量标准规范整理和提供数据资源，确保数据的真实性、完整性和及时性；关注数据安全与隐私保护措施实施的证据信息，维护数据流通的信任环境；积极参与数据价值共创，基于证据线索探索实现数据资源优化配置的新模式与新

---

[1] 宋烁. 公共数据授权运营中的权责分配[J]. 法学论坛，2024，39（5）：99-111.

场景。

(4) 数据使用者

数据的使用者范围广泛，包括但不限于企业、研究机构、公共服务部门等。在可信数据空间的构建中，数据使用者依据合法合规的程序获取和使用数据，反馈数据应用效果与需求等方面的证据信息，促进数据资源的优化配置；遵守数据使用的相关规定，保护数据提供方的权益。

7.2.2 行动具体步骤

基于循证实践构建可信数据空间主要包括证据收集与分析、科学评估与反馈、构建数据空间可信管控能力、提高数据空间资源交互能力、强化可信数据空间价值共创能力、多主体协作与标准推广六个步骤。每个步骤的目标及关键行动如表7-1所示。

表7-1 基于循证实践构建可信数据空间的具体步骤

具体步骤	目标	关键行动
证据收集与分析	确保收集数据高质量与高可信度	来源筛选；采集与整理；质量评估；安全与隐私保护
科学评估与反馈	优化数据空间建设，确保透明性与效率	建立评估指标体系；数据审核与分级；建立反馈机制；动态调整机制
构建数据空间可信管控能力	数据空间的合规性、安全性，数据的可追溯性	身份认证机制建设；数据溯源与存证；数据安全管控评估
提高数据空间资源交互能力	提高数据的流通效率，确保跨平台、跨空间的数据共享	数据标识与语义转换；目录标准化；接口标准化
强化可信数据空间价值共创能力	优化数据资源流通与共享机制，促进数据价值的共同创造	数据交易与共享机制建设；协议等技术支持，提升资源交互能力；收益分配机制优化
多主体协作与标准推广	完善数据空间建设标准，推动标准应用	跨界协作；标准体系完善；标准推广与试点

(1) 证据收集与分析

一是过程证据的收集。根据《行动计划》的要求，收集可信数据空间中的过程数据，包括资源发布、交互、开发利用等行为证据。二是证据的分析。一方面，利用数据分析技术，如数据挖掘、机器学习等，对收集的数据进行深度分析，提取有价值的信息和证据，以支持数据要素流通的透明性与优化。另一方面，应用元分析等工具对证据加以综合，并对可能存在的偏倚进行识别、控制。

（2）科学评估与反馈

首先，应用循证领域广泛采用的 GRADE（grading of recommendations assessment, development and evaluation）等证据质量评价标准，[1] 建立量化评估指标体系，如数据流通效率、参与主体活跃度、数据安全等级等，对可信数据空间的运行状况相关证据进行全面评估。其次，结合国内外成功案例，提炼最佳实践，形成动态调整机制，不断优化可信数据空间的建设和运营策略。最后，建立循证反馈机制，及时收集用户反馈和业界动态相关证据，确保可信数据空间的建设和运营始终与实际需求保持一致。

（3）构建数据空间可信管控能力

首先，采用多因素认证、生物识别技术等最佳身份认证方案，获取多元证据信息，确保可信数据空间参与各方身份可信。利用区块链等技术实现数据资源的存证与溯源，确保数据使用的合规性。其次，基于隐私计算和日志存证技术，对数据安全管控策略的有效性进行评估，并根据评估结果优化履约机制，提升可信数据空间的信任管控能力。

（4）提高数据空间资源交互能力

一是数据标识与语义转换。通过研究不同行业和场景下的数据要素交互流通需求，制定统一的数据标识规则和语义转换标准，提高数据资源的互操作性，为证据获取提供统一标准。二是目录标准化。依据循证分析结果，改进数据资源目录的设计与维护，提高跨空间的资源共享能力。三是互联互通。统一目录标识、身份认证、接口要求等标准，实现各类数据空间的互联互通，基于最优证据促进跨空间身份互认、资源共享和服务共用。

（5）强化可信数据空间价值共创能力

首先，基于最佳证据，为数据使用方和数据服务方提供最优环境，支持其快速、高效参与数据产品和服务。制定公平、透明的运营规则，明确各方权责清单，确保数据要素流通过程中的各利益相关方的合法权益得到保障。其次，制定标准化的数据服务接入规范与指引，基于清晰明确的证据，促进数据服务方与可信数据空间运营者的合作，打造良好的证据生态体系。最后，利用循证模型评估数据资源开发与利用的价值，优化收益分配机制，形成相应循证指南，促进多主体合作和价值共创。

---

[1] 陈耀龙. GRADE 在系统评价和实践指南中的应用［M］. 2 版. 北京：中国协和医科大学出版社，2021.

（6）多主体协作与标准推广

通过学术界、业界和监管机构的合作，共同推动循证指南的落实，实现数据空间中多主体协同，完善数据要素的流通利用。进而，基于循证评价反馈，持续完善可信数据空间标准体系，提升循证指南的实用性和适配性。通过组织贯标试点和推广标准应用示范案例和样板模式，引导可信数据空间规范发展。

7.2.3 行动阶段目标

基于循证实践的可信数据空间的构建大致可分为基础构建与规划、循证机制与数据整合、数据流通与共享促进、持续优化与拓展四个阶段。这四个阶段的具体行动目标如图7-1所示。

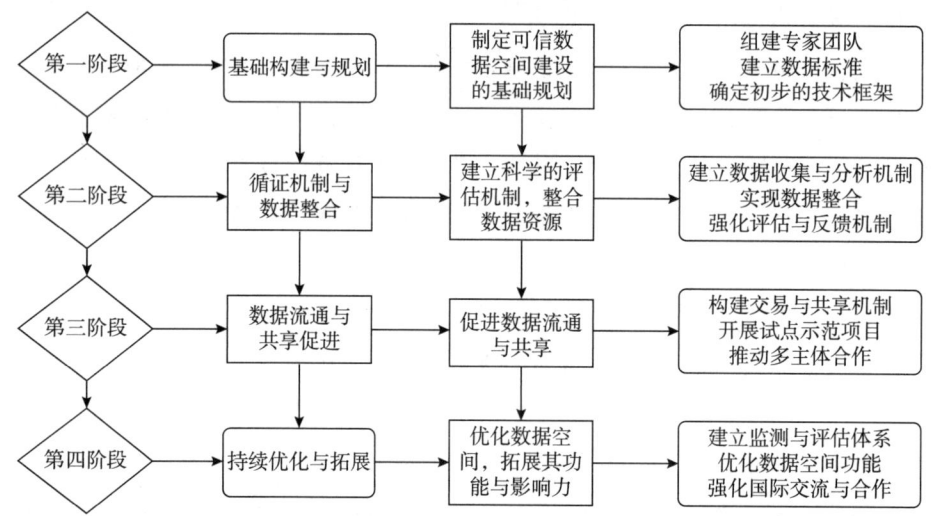

图7-1 基于循证实践构建可信数据空间的四个阶段

第一阶段：基础构建与规划。

组建包括数据科学、法学、管理学、信息技术等领域专家在内的跨学科专家团队，开展循证实践可行性研究与需求分析，制定可信数据空间建设的总体建设规划和技术架构。建立数据标准与规范体系，涵盖数据格式、编码规则、元数据标准、数据质量评估指标等方面，确保证据的一致性和互操作性。搭建包括数据存储、管理、安全防护等基础设施在内的可信数据空间的基础平台，基于系统评价和元分析，初步实现证据的汇聚与整合。

第二阶段：循证机制与数据整合。

制定证据采集与筛选的标准流程，依据严格的证据标准确定高质量的证据来源和采集渠道，重点整合具有较高可信度和应用价值的数据资源。建立证据质量评价与分级机制，运用循证实践中的评估工具和指标体系，对采集的证据进行质量审核和分级分类,标记数据的可信度和适用范围。加强数据安全与隐私保护技术的应用,采用加密、脱敏、访问控制等手段,确保数据在流通与共享过程中的安全性,建立数据追溯与审计体系,增强数据信任。

第三阶段:数据流通与共享促进。

构建数据交易与共享机制,设计合理的数据定价模型和交易规则,建立数据要素市场交易平台,促进数据供需双方的高效对接与合法交易,推动数据要素的市场化流通。开发数据流通的技术支持工具,如数据接口、数据交换协议、数据共享中间件等,提升数据流通的效率和便捷性,降低数据共享的技术门槛。开展数据流通的试点示范项目,选择重点行业或领域(如医疗、金融、制造业等),探索数据流通与共享的典型应用场景和商业模式,总结经验并逐步推广。

第四阶段:持续优化与拓展。

建立数据流通相关证据的监测与评估体系,实时跟踪数据的流通情况、应用效果和用户反馈,基于证据质量评价方法评估数据空间的运行绩效和存在问题。根据监测与评估证据,持续优化数据空间的功能与服务,改进数据采集、评价、共享等流程,拓展数据应用领域和场景,提升数据要素的价值创造能力。加强国际交流与合作,借鉴国外先进的数据空间建设经验和技术标准,形成最优证据,推动我国可信数据空间的国际化发展,提升我国在全球数据治理中的话语权。

7.2.4 资源需求

(1)人力资源

招聘和培养数据管理、数据分析、信息技术、法律合规、证据综合等方面专业人才;邀请国内外知名专家组成顾问团队,为开展循证实践提供技术指导和决策支持。

(2)技术资源

购置服务器、存储设备、网络安全设备等硬件设施;开发或采购证据提取与管理软件、数据分析工具、数据安全防护系统、数据交易平台等软件系统;建设高速稳定的网络通信环境,形成稳定的证据综合技术保障机制。

(3)资金

争取政府财政专项资金支持,用于基础平台建设、技术研发、标准制定等方面;吸引企业投资和社会资本参与,基于最佳实例,通过项目合作、股权融资等方式筹集资金;立足循证实践,合理安排资金预算,确保资源的高效利用。

7.2.5 风险评估与应对措施

一是数据质量风险。数据来源复杂可能导致质量不稳定,为此,要基于循证评估,立足于严谨的证据,建立严格的数据审核流程和质量控制机制,利用证据加强对数据提供者的培训与监督,运用数据清洗和修复技术提升数据质量。

二是安全与隐私风险。数据流通可能引发安全漏洞和隐私泄露,为此,要形成完善的安全与隐私风险循证机制,并基于最佳证据,采用先进的安全技术和加密算法,定期进行安全漏洞扫描和修复。同时,在证据的支持下建立严格的访问控制和数据脱敏制度,确保数据安全与隐私保护符合法律法规要求。

三是技术兼容性风险。不同系统和平台间的数据交互可能存在技术障碍。应立足实践证据,制定统一的数据接口标准和交换协议,推动技术的标准化和规范化;开展兼容性测试与验证,及时解决技术冲突问题。

四是市场接受度风险。数据使用者和提供者可能对新的数据空间缺乏信任和参与积极性。通过加强宣传推广,展示成功实践案例和应用效益;提供优质的服务和技术支持,建立用户反馈机制,不断改进服务质量,提高市场接受度。

7.3 基于循证实践构建可信数据空间的典型案例

7.3.1 企业供应链循证可信数据空间

7.3.1.1 案例场景

大型装备制造企业联合上游零部件供应商和下游用户企业搭建了可信数据空间。实现了设计图纸、装备运行等高敏感数据在上下游企业间的高效可信流通,推动了数据资源的开发利用,促进了整个应用和服务的创新。例如,企业通过该数据空间,能够更好地协同上下游企业,提高计划、采购、生产、交付、运维等全流程的协同效率,同时为中小企业提供普惠便利的数据服务。

7.3.1.2 案例分析

从证据获取与筛选方面来看,企业在构建数据空间时,必然需要收集多方面的证据。比如,在决定与哪些上游零部件供应商和下游用户企业合作时,会收集供应商的产品质量数据、生产能力数据、信誉数据等,以及下游用户企业的需求数据、市场反馈数据等。通过对这些数据的分析筛选,确定合适的合作对象,为可信数据空间的构建奠定基础。例如,企业可能依据以往的合作案例、行业报告等证据,选择在产品质量上一贯表现出色、交货准时率高的供应商,这体现了循证实践中依据证据进行决策的过程,确保了进入数据空间的数据来源可靠,避免了与不良合作伙伴共享数据可能带来的风险,从而保障了数据空间的可信度。

在证据评价与整合环节,企业对收集的证据进行多维度的评价。对于设计图纸和装备运行数据，运用证据质量评价标准评估其准确性、完整性和时效性等。通过整合这些经过评价的证据，使数据空间中的数据具有关联性和综合性。例如，将装备运行数据与设计图纸数据相结合，分析设备在实际运行中的性能与设计预期的差异，从而为产品改进提供依据。这种整合提升了数据的价值，使企业能够基于更全面准确的信息进行决策，促进了整个应用和服务的创新，这正是循证实践对可信数据空间质量提升的关键作用体现。

基于证据的决策应用与反馈方面，企业利用可信数据空间中的实践证据进行决策。例如根据上下游企业共享的库存数据、生产进度数据等，优化自身的生产计划和采购计划，提高了全流程的协同效率。在实施这些决策后，企业会收集反馈数据，如协同效率的提升程度、成本的降低幅度等。若发现某些决策效果不佳，例如数据共享后出现的信息理解偏差问题，企业会重新评估相关证据，对数据的格式、标注等进行调整完善，实现数据和决策的持续改进，这与循证实践的循环优化过程相契合，进一步推动了可信数据空间的不断完善。

此外，在数据空间的可信管控能力建设上，企业可能借鉴了行业内的身份认证和数据安全评估的成功案例与经验，采用了适合自身的身份认证方案，确保参与企业的合法性和数据使用的合规性，利用相关技术保障数据在流通和使用过程中的安全，这体现了循证实践在提升数据空间核心能力方面的助力作用。在资源交互能力建设方面，企业通过分析不同企业间数据交互的实际需求和问题，制定了统一的数据标识规则和语义转换标准，提高了数据的互操作性，促进了数据在上下游企业间的高效流通，这也是循证实践指导下优化数据空间资源交互能力的表现。在价值共创能力建设方面，企业依据数据使用的频率、产生的经济效益等数据，评估数据资源的价值，合理分配收益，激发了各方参与数据开发利用的积极性，推动了数据资源向产品和服务的转化，这充分展示了循证实践在促进可信数据空间价值共创方面的重要意义。

总之，在该案例中，循证实践贯穿于可信数据空间构建的全过程，从数据的获取、评价、应用到空间的能力建设和持续优化，两者相互促进、相辅相成，共同推动了企业间的数据合作与创新发展。

7.3.2　多主体联合打造行业可信数据空间

7.3.2.1　案例背景

行业可信数据空间是一种多主体联合打造的数据空间。在科技创新领域，行业可信数据空间推动了基础科学数据集、高质量语料库的汇聚，促进了人工智能驱动的科研范式创新应用；在农业农村领域，行业可信数据空间促进了多源涉农数据的融合创新和流通应用，提升了预警、监管、治理和决策水平；在工业领域，行业可信数据空间实现了工业数据资源的高效对接、跨域共享和价值共创，提高了产业生态的整体竞争能力；在服务领域，行业可信数据空间为金融保险、商贸物流、医疗健康等行业提供了数据支持，赋能了第一、第二、第三产业的融合发展。

7.3.2.2 案例分析

在证据获取与筛选阶段，行业内各主体需广泛收集多方面证据。在科技创新领域，要收集全球范围内不同科研机构在基础科学数据集和高质量语料库建设方面的最佳证据，包括数据收集渠道、整理方法、质量保障措施等。在农业农村领域，需汇总各类涉农数据的来源、准确性、时效性等信息，如气象数据、土壤数据、农产品市场数据等。通过严格筛选，选择可靠的数据来源和高质量的证据，如优先选择经过专业机构验证的气象数据，为可信数据空间引入优质数据资源，为后续应用奠定基础。

在证据评价与整合过程中，对不同领域数据从多维度证据质量评价。科技创新领域重点评估基础科学数据集对不同人工智能算法训练的有效性，农业农村领域分析多源涉农数据的一致性和互补性。在整合方面，科技创新领域实现数据集与语料库融合，推动科研范式创新；农业农村领域将气象、土壤等数据融合，提升预警和决策水平，充分发挥数据综合价值，体现基于循证实践提升数据空间质量的作用。

基于证据的决策应用与反馈方面，各行业依据可信数据空间数据决策。工业领域企业根据共享的工业数据资源调整生产流程、优化供应链；服务领域金融保险企业利用客户数据评估风险、设计产品。决策实施后收集反馈方面，工业企业关注生产效率提升和成本降低相关证据，服务企业分析客户满意度和业务增长数据。根据反馈优化数据和决策，工业领域改进数据采集指标，服务领域调整数据模型，持续改进可信数据空间。

在数据空间核心能力建设上，循证实践具有显著的助力作用。在可信管控能力建设中，借鉴其他行业身份认证和数据安全管理案例，如金融行业严格的身份验证机制，结合本行业特点制定方案，确保数据安全合规。资源交互能力建设方面，分析不同主体数据交互问题，如工业企业间数据格式差异，制定统一标准，提高数据互操作性。价值共创能力建设上，依据数据使用产生的效益等评估价值，如农业数据驱动农产品增值收益，合理分配利益，激发参与积极性，促进数据价值实现。

总之，此案例中循证实践全方位支撑行业可信数据空间构建与发展，从数据基础构建到核心能力提升和持续优化，推动多领域数据驱动创新与进步，凸显两者紧密关系和协同作用。

7.3.3 以公共数据为牵引的城市可信数据空间

7.3.3.1 案例背景

以公共数据为牵引的城市可信数据空间旨在帮助城市加快全域数字化转型，同时推动城市群数字一体化发展。例如，在城市规划建设、交通出行规划、医疗健康管理等典型场景中，实现公共数据、企业数据、个人数据的融合应用，构建城市数据资源体系，支撑城市建设、运营和治理体制的改革。此外，一些地区还因地制宜地建设产业数据专区，探索分建统管、跨域协同的数据空间运营模式，打造城市级可信数据流通服务生态链。

7.3.3.2 案例分析

在证据获取与筛选方面，为了构建城市数据资源体系，相关部门和机构需要广泛收集多源证据。在城市规划建设中，收集国内外不同城市的规划案例数据，包括成功的布局模式、功能分区效果以及失败的经验教训等；在交通出行规划方面，收集不同交通流量监测数据、出行方式偏好调查数据以及各类交通设施建设与运营数据；在医疗健康管理领域，收集疾病发病率与流行趋势数据、医疗资源分布与利用数据等。通过严格的筛选标准，如数据的准确性、时效性、代表性等，选择高质量的数据纳入可信数据空间，为后续的融合应用提供可靠基础。例如，只有经过专业医疗机构验证的疾病数据才会被用于医疗健康管理的分析中，确保数据的可信度。

在证据评价与整合环节，对于公共数据，评估公共管理相关政策的权威性和完整性；对于企业数据，分析其与城市发展需求的相关性和可靠性；对于个人数据，注重其隐私保护合规性和在特定场景下的有效性。通过整合这些经过评价的数据，实现在城市规划建设中，将地理信息数据、人口分布数据与企业的经济发展数据相结合，制定出更合理的城市功能布局规划；在交通出行规划中，整合交通流量数据、居民出行习惯数据和公共交通运营数据，优化交通线路和设施配置；在医疗健康管理方面，融合临床医疗数据、健康体检数据和公共卫生数据，提升疾病预防和医疗服务水平。这种整合有效提升了数据的综合价值，增强了可信数据空间的数据质量和可用性。

基于证据的决策应用与反馈在城市发展中至关重要。在城市建设、运营和治理过程中，决策者依据可信数据空间中的数据进行决策。在城市规划建设决策实施后，通过监测城市功能的完善程度、居民生活的便利性等指标，收集反馈信息；在交通出行规划方面，关注交通拥堵缓解情况、公共交通利用率提升等反馈数据；在医疗健康管理中，分析疾病防控效果、医疗服务满意度等反馈数据。根据这些反馈，及时调整和完善数据资源体系和决策策略。例如，如果发现某个区域的交通拥堵问题在新规划实施后没有得到有效改善，就会重新评估相关数据，包括交通流量监测数据的准确性、交通设施布局的合理性等，进而对交通规划进行优化，实现数据和决策的持续改进，推动城市的可持续发展。

在可信数据空间的核心能力建设方面，循证实践也起到了重要作用。在可信管控能力建设上，参考其他城市或领域的数据安全管理和身份认证的成功案例，结合本地城市特点，制订适合的身份认证和数据安全管理方案。例如，借鉴金融领域严格的身份验证技术，保障城市数据空间中用户身份的真实性和数据访问的安全性；利用区块链技术对数据使用过程进行存证与溯源，确保数据使用的合规性，特别是在涉及公共数据和个人敏感数据的应用场景中。

在资源交互能力建设方面，分析不同部门、企业和个人之间的数据交互需求和问题。通过研究不同数据源的数据格式差异、语义不一致等问题，制定统一的数据标识规则和语义转换标准，提高数据的互操作性。例如，在城市医疗健康管理与保险行业的数据交互中，制定统一的疾病编码和医疗费用数据格式标准，促进数据在不同主体之间的高效流通和共享，增强城市数据资源的协同利用效率。

在价值共创能力建设方面，依据数据在城市建设、运营和治理过程中产生的价值数据，如城市经济增长数据、居民生活质量提升数据等，评估数据资源的价值。根据不同主体在数据提供、处理和应用中的贡献，制定合理的收益分配机制，激发各方参与数据开发利用的积极性。例如，在城市智能交通系统建设中，根据企业提供的数据质量和应用效果，给予相应的经济激励或政策支持，促进数据资源向数据产品或服务转化，推动城市数字化产业的发展。

此外，一些地区建设产业数据专区并探索创新运营模式的实践，也是循证实践的体现。在建设过程中，借鉴其他地区的成功经验和模式，结合本地产业特点和需求，进行本地化调整和优化。通过分建统管、跨域协同的方式，充分考虑不同区域的产业优势和数据资源分布情况，实现数据空间的高效运营和价值最大化，打造城市级可信数据流通服务生态链，进一步推动城市全域数字化转型和城市群数字一体化发展。

总之，循证实践在理论和实践两方面都对可信数据空间建构都具有重要的参考借鉴价值。在理论层面，基于最优实例和最佳实践的理念为落实《行动计划》提供了清晰的理论指引；在实践层面，基于最优证据和最佳案例的循证实践策略为可信数据空间构建提供切实可行的解决方案。

第 8 章
数字化转型中的数据要素管理案例分析

西滩村的数字化转型故事为理解数据作为生产要素提供了实践案例。该案例中涉及的数据赋能传统农业、优化生产过程的方式，可以帮助读者更加具体地理解本书第一部分基础理论中关于数据要素的概念及其价值。在这里，数字化不仅是技术手段的应用，更是推动农业生产力提升的关键因素。通过精准农业和新型商业模式，西滩村展示了数据如何转化为可用的经济资源。

8.1 案例正文

"数字化"能值多少钱？——西滩村的故事

在甘肃省天祝藏族自治县的西滩村，初秋的夜风掠过这片静谧的土地，带着藏族独有的歌声和神秘。村长小王刚结束了一天的忙碌，打算出门呼吸一下新鲜空气。走出家门，小王首先巡视了村口的那片白牦牛放牧地，确保牛群在安全地吃草。随后，他继续沿着村道前行，途中会打开"西滩数字乡村治理平台"，选择一块农田进行扫码。很快，这片土地的农作物生长、养殖情况以及近期农户活动记录都呈现在小王的眼前。"这块土地的白牦牛生长得不错，草场管理得当……"小王对这片放牧地给予了相应的评价，评价完成后还增加了一些积分。

2019 年，西滩村根据国家发布的《数字乡村发展战略纲要》，决定在村里推广数字化管理模式。每块土地、每只白牦牛都有独特的数字标识，村民们可以通过扫码了解详细信息并为土地和牛群进行评价。这些评价和管理行为都会转化为积分，而高积分的村民将在农产品销售中获得更多的优先权和额外收益。这一策略极大地激发了村民们的积极性，大家争先恐后地参与到数字化管理中来。

远处的雪山矗立，与高原上的藏寨相映成趣，西滩村在数字乡村建设与乡村治理中不断发展，展现出藏地独有的魅力和潜力。然而，在此之前，西滩村因地理位置偏远、数字基础设施缺乏而面临许多困难，村民对乡村数字化发展持有怀疑态度。如今，一切都在朝着更美好的方向发展。

8.1.1 缘起：农村数字鸿沟与西滩村的觉醒

近年来，西滩村在数字化建设和网络应用方面取得了不俗的进步。这也推动了村民的数字化素养日益增长。然而，在这波数字化浪潮中，西滩村也面临一些独特的挑战。许多村民，尤其是年纪较大的，对现代科技还存在疑虑和抗拒。一些村民家中有了智能手机，但往往只会使用其中的一两项功能，例如打电话和发短信。而当村里推广数字支付、线上村务管理等服务时，许多村民感到不适应，他们说："这些新鲜事物听起来很好，但我不知道怎么使用，也害怕自己操作失误。"

事实上，西滩村在数字化推进中的主要问题是数字鸿沟。尽管年轻一代的村民对数字技术颇为熟悉，但许多中老年人对此还感到陌生和迷茫。他们更习惯于传统的生活方式，如现金交易、面对面沟通等，因此难以迅速适应数字化的生活方式。尤其在村务管理和服务中，村民们更希望能够得到实实在在的帮助和支持，而不仅仅是一个虚拟的数字平台。

基于上述情况，西滩村的村长和工作人员深感责任重大。他们认识到，单纯的技术推广并不足以解决问题，更需要加强村民的数字化教育和培训，使其真正掌握和应用这些技术。此外，村里也开始探索与各类社会机构合作，如开展线上线下结合的培训课程、引入专家开展讲座等，希望能够帮助村民逐步提高其数字化素养，真正实现数字化转型。

8.1.2 蜕变：数字风潮中的西滩村觉醒

（1）数字之梦，智慧新生

春意盎然，当西滩村的村民们坐在自家院中，晒着太阳，一家人便开始议论起新时代的数字化转型。在这个美丽的村庄里，传统生活与数字化的触角正发生着趣味的交织。在村长的心中，数字化并不是一个遥远的概念，他说："从2018年开始，我们村的年轻人纷纷回到家乡，带来了外面的新知识，也带回了与数字化息息相关的生活方式。"

这股新的气息,似乎让西滩村的氛围都焕发了新的活力。有的年轻人开始在自家的小院里开办线上小店,用手机实时为远方的客户直播当地的特色产品;有的家庭则是把老旧的手工艺传统与数字化相结合,通过各种平台推广自家的手工制品,收获了一批忠实的粉丝。

不过,并非所有村民都能够迅速适应这种转变。老一辈的村民对这突如其来的数字化有些许的迟疑。他们常常感叹:"小时候,家里连电视都没有,如今却要学习怎么用智能手机和电脑。"然而,村里的年轻人并没有因此而灰心,他们积极地为老人们开设了一系列数字化培训课程,让他们了解并掌握基本的互联网知识和技能。

在西滩村的广场上,经常可以看到这样的画面:年轻人与老人坐在一起,互相交流着手机的使用技巧,笑声和愉快的交谈声此起彼伏。村民们对这种新的学习方式产生了浓厚的兴趣,纷纷表示:"原来,数字化离我们这么近,如此简单。"

随着数字化技能的普及,西滩村的村民们也逐渐体会到了其带来的便利。他们开始使用各种 App 进行线上购物、支付和学习,与外界的交流也变得更加方便。村长深有感触地说:"数字化不仅是一种技术,更是一种精神。它不仅让我们的生活变得更加便捷,还为村里带来了更多的机会。"

正是由于这种精神的驱动,西滩村在数字化的道路上走得更加坚定。随着村民们数字化素养的不断提升,西滩村也在新的时代中焕发出了新的生机与活力。

(2)跨代沟通,寻求平衡

面对数字化风潮的冲击,西滩村的情况似乎更为复杂。在年轻一代热衷于接触和使用数字化技术的同时,村里的长辈们却对此显得陌生和迟疑。村长和村干部们都明白,要真正实现西滩村的数字化转型,必须跨越这道难以逾越的代沟。

带着这样的初衷,村长和村干部们决定组织一系列的跨代沟通活动。他们请来了一些在城里工作的年轻村民,与村里的长辈们分享他们如何利用数字化技术改变生活的经验。这些年轻人带着他们的智能设备,向长辈们展示了在线支付、健康管理、远程教育等方面的应用。面对这种"魔法",许多长辈们初时都表示震惊和不解。

"我从没想过,原来手机还可以这样用!"一位年长的村民感慨道。但与此同时,他们也对自己是否能够掌握这些技能表示担忧,担心自己跟不上时代的步伐。

村长和村干部们决定,不能仅仅停留在简单的展示阶段。他们开始组织定期的数字化培训班,专门为村里的长辈们培训。在培训课程中,年轻的"导师们"从基础操作开始,循序渐进地教授村民们如何使用各种数字化工具。

在培训的过程中,村民们的热情也逐渐被点燃。他们在课堂上提问,积极互动，甚至在课后也会找到年轻的"导师们"请教。这种跨代沟通的方式，不仅促进了村民们数字化技能的提升，更拉近了不同年龄层之间的距离。

经过一段时间的努力，西滩村的数字化转型已初见成效。许多长辈们都能熟练地使用手机、电脑进行日常操作，与此同时，年轻村民们也为村里的长辈们感到自豪，他们认为，这是一个共同努力的成果。

西滩村的数字化转型，更多地依赖于村民之间的沟通和协作。而这种跨代的合作，正是数字化风潮中西滩村的一道亮丽风景线。

（3）"网"聚力量，共创未来

随着互联网的普及和数字技术的进步，西滩村的变化也如火如荼地进行着。对于村民来说，不再是种地和劳作，更是迎来了与数字世界的碰撞与融合。村长一直在思索如何将这种数字化风潮融入西滩村的生活中，带动西滩村的振兴。

"西滩村的村民，尤其是中老年群体，对于数字化技术还存在一定的隔阂。我们需要寻找一个可以连接他们与现代数字技术的桥梁。"村长深知，要想使西滩村真正融入数字时代，首先要解决的是村民的数字化素养问题。

为此，村长特地联络了几位在大城市工作的村民回村开展数字技能培训。他们共同组建了一个名为"网聚西滩"的团队，意为通过互联网技术聚集起西滩村的力量，一同创造未来。这个团队组织了一系列的线上和线下培训活动，教授村民如何使用各种智能设备，如何上网浏览信息，如何在线交流和购物等基础技能。

此外，为了激励村民积极参与，村长和"网聚西滩"团队还设计了一个村民积分系统，根据村民的学习进度和参与度给予相应的积分奖励，积分可以用来兑换实物奖品或参与村里的各种活动。

这个创新的做法迅速吸引了大批村民参与。许多年长的村民在初次接触智能设备时表现出的茫然和担忧逐渐被兴趣和好奇所替代。他们开始主动地学习，与年轻人交流，互相帮助。很快，整个西滩村都沐浴在了这场数字化风潮之中。

"'网'聚力量，共创未来"不仅是一个口号，更是西滩村在新时代中所秉持的信念。在村长和"网聚西滩"团队的带领下，西滩村的村民不再被数字化时代所遗弃，反而成为这个时代的积极参与者，一同走向一个更加美好的未来。

8.1.3 转型：数字时代下的西滩村觉醒

（1）点亮智慧，连接乡情

面对数字中国的号召，西滩村曾跟许多乡村一样，对于如何应用数字化技术感到迷茫和无助。许多村民和干部们在听说要实施数字化建设时，心里满是疑惑，甚至还有一些怀疑：这样高大上的技术真的适合我们这样的小村吗？但不久之后，西滩村找到了自己的答案，选择了从身边的事情入手，即通过培训提升村民的数字化素养。

"云间连心计划"便是西滩村在数字化建设上的一大尝试。首先针对空地、未开垦的土地以及村里的闲置土地，建立了"云中园地"。村民们可以通过智慧终端设备进行土地的预约、管理和种植。在"云中园地"，每块土地都安装了传感器，可以为农户提供土壤湿度、养分等信息。

村里成立的数字化服务中心提供了统一的种植建议、天气预报、市场行情等服务。村民们只需根据建议进行操作，不仅减轻了工作负担，也大大提高了产出。

每一片"云中园地"都有标签，标明负责此片土地的村民及其联系方式的二维码。在智慧终端上，每个村民还可以看到其他村民的种植情况，并给予评分和建议，这种相互学习、互帮互助的方式，也拉近了村民们之间的距离。

除了农作物的种植，"云间连心计划"还包括了农村电商、智慧旅游等多个领域。不同于传统的电商模式，西滩村的农村电商平台更加注重地方特色和文化传承。智慧旅游则是利用数字化技术，提供给游客更加便捷、智能的旅游体验。

看着村里的变化，看着村民们通过数字化技术收获的快乐和便利，西滩村真正体会到了数字化带来的变革和力量。

（2）跨代交流，共筑网络家园

随着数字乡村建设逐渐在西滩村落地生根，一个名为"智慧西滩"的理念也逐渐深入每个村民的心中。在2020年春节前夕，西滩村首次举办了"网络家园"数字年俗节。此次活动，不同于传统的团年饭，它结合了现代技术与传统文化，让远在他乡的村民能与家人在线上团聚，感受昔日的年味。

在这次数字年俗节上，村民们与网络上的游客一起，体验了数字化的"看年画""拜年""云端拜神"等传统活动。更有技术达人在直播间教授村里的老人们如何通过视频通话与外出务工的子女进行互动，使得每一个家庭都能在春节这一天得到团圆的感觉。

"大爷，您试试这个App，可以跟您在外地工作的孙子视频聊天，看他过年怎么样。"原本只知道打电话的老人，现在也能通过视频感受到孙子的亲近。对于这样的变化，老人们表示："现在的年，真的是既有传统的味道，又充满了新的气息。"

西滩村的"网络家园"不仅是一个线上活动，更是一个实实在在的跨代交流平台。在这里，年轻人带领着老一辈的村民走进数字时代，而老一辈的村民也用他们的经验和智慧引导年轻人更好地认识和传承乡村文化。这种跨代的互动，使得西滩村在走向现代化的道路上，始终没有忘记他们的初心和传统。

通过"跨代交流，共筑网络家园"的活动，西滩村成功地将传统文化与现代技术完美结合，使得村里的每一位村民都能感受到家的温暖，也为乡村治理模式提供了一个崭新的方向。

（3）抗击难题，技术立功劳

2020年新冠疫情席卷全球，给西滩村带来了前所未有的挑战。在这场无硝烟的战争中，"智慧西滩"项目展现了它强大的技术后盾作用。为了对抗疫情，西滩村启用了社区数字管理系统，通过网格化控制策略进行疫情防控。

西滩村内有五大通道，但考虑到防疫需要，每个通道都要安排严格的人员检查。尽管人力需求巨大，西滩村并没有请外来人员。相反，大量的村民前来报名，自愿参与到这场特殊的防疫行动中。通过"智慧西滩"平台，西滩村为每位志愿者建立了详细的电子档案，这不仅涉及他们的个人信息，还有他们在疫情期间的工作时间和贡献。

每位村民的努力都会被"智慧西滩"系统实时记录，并计算成相应的积分。每周和每月的贡献都会在"荣誉榜"上公开显示，而且一旦被系统记录，就不能被任何人更改。这种透明公正的奖励机制，大大激发了村民们的积极性。

疫情期间，许多人担心防疫工作可能出现人手不足的情况。但实际上，每当村里发出招募通知，半小时内志愿者就能全部到位，这得益于"智慧西滩"的高效协调。

"智慧西滩"的设计思路不仅是简单的积分统计，更重要的是根据多维度、多角度的评价，为每个志愿者打造一个全面的"数字画像"，其中包括他们的工作表现、服务时间、村民评价等。为了确保公正，该系统还设有举报机制，确保每个人的权益都受到保障。

在这场疫情防控中，西滩村通过数字技术，成功地将传统的人力物力整合为一个高效的防疫体系，也让村民真正体会到了数字技术带来的实实在在的益处。

8.1.4 赋能：西滩村村民数字化素养提升之路

西滩村在迈向数字化的进程中，积极响应国家的数字乡村建设方针，把握数字中国的脉搏，致力于为村民创造一个全新的数字生活环境。为此，西滩村与甘肃先锋科技公司联手，推出了"西滩智慧"数字平台——滩慧通。与早期的数字化服务相比，滩慧通覆盖的乡村生活领域更加广泛，村民参与度更高，功能也更为完善。

滩慧通由微信小程序和滩慧通区块链技术两大部分构成。村民可以通过滩慧通参与乡村活动，为自己和家庭赢得荣誉，参与乡村的公共事务决策，或者为乡村提供宝贵的建议。为了确保每一位村民，特别是老年人，都能享受到数字化的便利，西滩村还特地推出了"滩慧卡"。这种卡片上带有村民的专属二维码和基本信息，通过扫描即可参与各种活动，实现数字化参与。

每位注册滩慧通的村民都能作为数字时代的参与者，参与各种乡村活动，增加自己的积分和信用值。滩慧通还会根据每周的活跃度和贡献，选出"周之星"，在首页进行展示。参与度越高，积分和信用值越多，也就意味着能够享受更多的福利和权益，进一步激发了村民的积极性。在区块链技术的支持下，西滩村的数字诚信体系也日渐完善。

随着滩慧通的不断推广，西滩村的数字化进程也在加速。不仅村民的数字素养得到了显著提升，乡村治理、公共服务、农业生产等各方面也都呈现出前所未有的活力。数字化不仅改变了西滩村的面貌，更为村民开启了全新的生活方式，数字化的蝶变正在这片土地上悄然发生。

8.1.5 尾　　声

清秋的日落，天空霞光满溢。村长像往常一样，在晚餐后轻轻点亮了手机上的滩慧通，这是西滩村在2022年推出的全新直播功能。梨花大叔、核桃大娘、野生菌小王、白牦牛小张……村长满心欣慰地看着一个个熟悉的面孔摇身一变，成为村里的"网络红人"，为西滩村的特色产品和风土人情代言。每一个村民，都像是那片山间独有的牦牛，稳步而坚韧地行走在数字化的道路上。村长微微一笑，对西滩村的数字化未来，充满了无尽的希望和憧憬。

西滩村立志成为数字乡村建设的领头羊，紧紧抓住数字化的历史机遇，通过区块链和其他先进技术来加强乡村治理，推动产业的数字化升级，为乡村振兴注入新的活力。未来的道路，西滩村将进一步资源整合，不断强化滩慧通的功能，使其覆盖农业、文化、旅游等更多的领域。在这绿色的土地上，西滩村计划整合5G、物联网、大数据、云技术、AI等技术，持续在乡村治理、产业发展、乡村都市一体化等方面加大力度，绘制乡村振兴的美好图景。

从每一颗果实、每一头牦牛、每片青草开始，村长相信，滩慧通将不仅在西滩村中开花结果，还将在更多的乡村中广为传播，让更多的人看到西滩村的数字化魅力。梦想着那一天，整个乡村都被数字化的春风吹绿，西滩村的数字乡村治理愿景正在逐渐成真。"链"上的情深意切，"乡"间的风和日丽，期盼着在白牦牛和青稞的季节中，西滩村的数字化旅程能越走越稳、越走越远。

8.2 启发思考题

（1）分析什么是产业数字化？它与传统产业有何不同？
（2）如何理解数字化"赋能"传统产业？
（3）"滩慧通"有价值吗？
（4）如何测算"滩慧通"的价值？

8.3 数据叙事的逻辑主线

8.3.1 案例涉及的关键概念

产业数据化是该案例的基础概念，是指将数字技术应用于传统产业的各个环节，从生产、管理、营销到服务，通过数字化手段提升产业效率、创新商业模式以及优化社会资源配置。在西滩村的案例中，数字化的实践不仅帮助了农业产业的转型，而且推动了村民生活质量的提升，产生了积极的社会效益。

数字化"赋能"是该案例的核心概念，数字化"赋能"传统产业的本质是通过引入现代科技手段，提高产业生产效率和竞争力，创造新的价值。具体到西滩村，数字化赋能体现在以下几方面。一是精准农业。通过传感器和数据分析，西滩村可以实时监测土地状况，优化耕作方式，从而提高农业产值和生产效率。二是新型商业模式。村民通过滩慧通平台开展电商销售，摆脱了传统的线下市场限制，拓展了收入来源。三是管理效率提升。通过数字化平台，西滩村的村务管理变得更加透明高效，减少了传统纸质管理的成本和错误。

8.3.2 数据叙事画布

在该案例中，数据叙事画布的核心目的是帮助大家理解如何通过数字化转型赋能传统产业，以及如何评估数字化技术在乡村振兴过程中的价值。数字化赋能不仅体现在基础设施建设上，更体现在提升村民的数字素养、促进经济发展、改善社会服务等多个层面（见图 8-1）。

主题：
探讨数字化技术如何在西滩村推动乡村振兴，特别是在提升产业效益和社会服务方面的作用

受众：
政府官员、乡村振兴研究者、乡村企业家、数字化技术提供商、教育机构等

目标：
评估数字化技术在西滩村的应用效果，特别是在提升农民数字化素养、促进产业升级和优化村务管理方面的价值

场景：
藏地村落，偏远高原地带，以白牦牛养殖和传统农业为主。
故事的开始：基础设施覆盖差，网络覆盖薄弱，村民数字化素养低，村民对数字化持怀疑态度，2018年国家数字乡村战略、返乡潮带来数字化意识萌芽。
故事的展开：年轻一代通过直播电商，在线培训推动数字化，年长群体习惯现金交易和面对面沟通。
通过难慧卡，实体二维码卡片破解老年人使用障碍。

重要观点：
数字化技术能够提升传统农业生产的效率，优化产业链管理，增加产品的市场竞争力，尤其是提升了农产品的销售和流通效率。通过系统的数字化技能培训，村民不仅掌握了基本的技术技能，还能够提高生活质量。
数字化手段来提高生活质量。"难慧通"平台在提升信息流通和资源配置方面具有巨大潜力，促进农村经济与外界的对接

结论：
在数字化转型后，西滩村的农业在提高单产和增加销售渠道方面，数字化起到了积极作用。
通过数字化技能培训，村民不仅掌握了基本的技术技能，还能受到便捷的线上服务，生活质量有所提升。"难慧通"平台在提升信息流通和资源配置方面具有巨大潜力，但村民对新技术的接受度仍需进一步提高

之前：
案例中的受众对数字化技术的表面理解，缺乏对数字化技术如何赋能乡村振兴的深刻认识
之后：
受众能够深入理解如何利用数字化技术赋能传统产业升级、实现价值增值

之后：
受众可以迁移到其他数字乡村建设，为乡村振兴加油助力。此外还可以在以下几个方面进一步发展。
技术选代路径：5G+AI预警系统文化传承创新（如唐卡数字化版权交易平台）、生态扩展方向（如跨村数字联盟、共享数据）流和客源调配）、"数字游牧"模式（吸引城市创作者生地）

图 8—1 该案例的数据叙事画布

数据叙事的总体框架如表 8-1 所示。

表 8-1 数据叙事的总体框架

模块	内容描述
主题	探讨数字化技术如何在西滩村推动乡村振兴,特别是在提升产业效益和社会服务方面的作用
受众	政府官员、乡村振兴研究者、乡村企业家、数字化技术提供商、教育机构等
目标	评估数字化技术在西滩村的应用效果,特别是在提升农民数字化素养、促进产业升级和优化村务管理方面的价值
问题	分析什么是产业数字化?它与传统产业有何不同? 如何理解数字化"赋能"传统产业? "滩慧通"有价值吗? 如何测算"滩慧通"的价值?
背景	西滩村通过一系列数字化培训与技术引入,促进了村民的数字素养提升,尤其是年轻人带动了村里的数字化转型,逐渐融入现代化的生活与工作模式
情境	西滩村以"云间连心计划"为契机,开始推进数字化转型,尤其关注如何通过教育提升村民的数字素养,连接传统农业与现代数字技术

数据叙事的核心工具如表 8-2 ~ 表 8-5 所示。

表 8-2 该案例数据集的选择和描述

数据集	内容描述
数字化技术培训数据集	记录村民参与数字化培训的情况,包括培训人数、培训内容、培训时长等。通过此数据评估村民对数字技术的学习情况
经济产值数据集	包括西滩村传统产业(如农业、手工艺等)与数字化转型后的产业产值对比,评估数字化转型对经济的影响
村务管理数字化数据集	记录数字化技术在村务管理中的应用,包括线上村务处理、数字支付和信息公开等,评估村民接受度与实施效果
社会服务数据集	记录村民在健康、教育、支付等社会服务中的数字化参与情况,分析数字化技术对村民生活质量的改善效果

表 8-3 该案例的数据分析

分析维度	数据说明	分析目标
村民数字素养	通过参与数字化培训的人数和培训前后的测评数据,分析村民的数字化素养提升情况	评估数字化培训是否有效提升村民的数字技能与自信心

续表

分析维度	数据说明	分析目标
经济效益提升	比较数字化转型前后农业生产的产值变化，结合数据分析每亩产值、总产值和销售额的变化	测算数字化对农业和相关产业经济效益的提升作用
社会服务效果	分析数字化技术在村务管理中的应用情况，如线上支付、信息传递的便捷度、服务效率等	评估数字化技术对村民社会服务的便捷性与效果
滩慧通的价值	测算"滩慧通"这一数字平台对村民生活、信息流通、产业发展等方面的实际贡献	计算"滩慧通"平台的投资回报率、效益和影响力

表8-4 该案例的观点与描述

观点	内容描述
数字化"赋能"传统产业	数字化技术能够提升传统农业生产的效率，优化产业链管理，增加产品的市场竞争力，尤其是提升了农产品的销售和流通效率
数字化培训带来社会效益	通过系统的数字化技能培训，村民不仅掌握了基本的互联网操作技能，还能够通过线上购物、支付和社交等方式提高生活质量
滩慧通的潜力与挑战	"滩慧通"平台能够大大提升信息流通的效率和透明度，促进农村经济与外界的对接，但仍面临一部分村民对数字技术的排斥和适应性问题

表8-5 该案例的结论与分析

结论	具体分析
数字化对农业产业效益的提升作用显著	在数字化转型后，西滩村的农业产值、销售额有所增长，尤其是在提高单产和增加销售渠道方面，数字化起到了积极作用
培训提高了村民的数字素养和生活质量	通过数字化培训，村民不仅掌握了基本的技术技能，还能享受便捷的线上服务，生活质量有所提升
"滩慧通"平台具有可持续发展潜力，但面临适应性挑战	虽然"滩慧通"平台在提升信息流通和资源配置方面具有巨大潜力，但一些村民对新技术的接受度仍需进一步提高

通过数据叙事画布的构建，大家可以更直观地感受数字化在西滩村的应用，尤其是在提升传统产业效益、优化社会服务、提升村民素养等方面的作用。

8.4 主要知识点

8.4.1 产业数字化

产业数字化指的是利用数字技术（如大数据、人工智能、物联网、区块链等）对传统产业进行转型和升级的过程。通过数字化技术，传统产业可以实现生产过程的智能化、管理流程的自动化、供应链的优化，以及服务的个性化，从而提升生产效率、降低成本、增加产品和服务的附加值，最终增强企业的市场竞争力。产业数字化通常包括以下四个方面。

数字化生产：通过智能设备、传感器等技术优化生产过程，提高生产效率。

数字化管理：利用信息系统和大数据分析改善企业管理，提高决策效率。

数字化营销与销售：借助电子商务、社交媒体等平台，拓展市场渠道和提升客户体验。

数字化服务：通过数字平台为用户提供个性化和定制化的服务。

8.4.2 数字化"赋能"传统产业

数字化"赋能"传统产业是指数字技术通过提升传统产业的各个环节（生产、管理、销售、服务等）赋予其新的活力和能力，从而推动产业的升级和创新。数字化赋能帮助传统产业打破原有的生产和管理模式，使其更具灵活性、智能性和高效性。

在传统产业中，数字化赋能的作用体现在以下四个方面。

提高生产效率：利用物联网和大数据分析，对生产设备进行实时监控和预测性维护，从而减少停机时间，降低生产成本。

精细化管理：通过数字化管理系统，企业能够实时掌握库存、财务、供应链等关键数据，作出更精准的决策。

增加产品附加值：借助数据分析和智能化设计，企业可以提供更符合市场需求的个性化产品，提升品牌价值。

优化客户体验：通过大数据和人工智能，企业能够深入了解客户需求，提供定制化服务，从而提高客户满意度和忠诚度。

西滩村的数字化进程就是一个典型的"赋能"传统产业的例子。通过"滩慧通"平台，西滩村的传统农业和畜牧业得到了数字化赋能，村民可以通过平台参与各种乡村活动，获得积分和信用值，还能利用区块链技术进行数字诚信管理。这些数字化手段提升了村民的参与度和生产效益，同时增强了农业和畜牧业的整体竞争力。

8.4.3 "滩慧通"的价值

"滩慧通"是西滩村为推动乡村振兴和数字化建设而推出的数字平台。这个平台整合了微信小程序和区块链技术，为村民提供了一个数字化的参与和服务平台。在"滩慧通"的帮助下，西滩村能够实现以下目标。

提高村民数字素养：通过平台，村民可以参与更多的数字化活动，学习如何使用智能手机、应用程序和在线平台，提升他们的数字技能。

增加村民的参与感和归属感：通过滩慧卡和其积分系统，村民可以根据活动参与度和贡献获得奖励，激发他们的积极性。

促进乡村治理的透明性和公正性：区块链技术的使用保证了村民信息的透明和不可篡改性，提高了治理的公平性。

推动数字化农业和畜牧业：通过与农业生产、畜牧管理等领域的数字化结合，村民可以利用平台获取更多信息和资源，从而提高产量和收入。

"滩慧通"不仅增强了西滩村的数字化能力，还为乡村振兴注入了新的活力。

8.4.4 "滩慧通"的测试

"滩慧通"价值的测算可以从经济价值、社会价值和环境价值等多个维度进行评估。

（1）经济价值

数字平台"滩慧通"能够提升农业和畜牧业的生产效率、增加农民收入。具体可以通过以下两个方面测算。

生产效率提升：通过平台提供的数字工具，农民能更好地管理生产过程，减少资源浪费，提高单产。假设每亩地的产量提高了10%，而西滩村的总耕地面积为1000亩，则平台能直接带来的经济效益为：增产收益 = 1000 亩 × 每亩增产量 × 增产单价。

收入提升：数字化平台通过为村民提供更多的市场信息、产品销售渠道等，帮助村民拓展市场。假设每个村民通过平台获得了2000元的额外收入，假设村民总数为500人，平台的年收入增加为：总收入增加 = 500 × 2000 = 1000000 元。

（2）社会价值

"滩慧通"促进了村民数字素养的提升和乡村治理的透明性，带来了更高的社会参与度和社会信任度。可以通过以下两个指标测算社会价值。

村民参与度：数字化平台的使用提高了村民的参与感，测量参与率（如平台活跃用户占比）和社会活动的参与频率。

社会资本增加：通过区块链技术，村民之间的信息透明度提高，信任度增加，这有助于社会资本的积累。可以通过村民对平台信任度的调查或投票等方式进行测量。

（3）环境价值

数字化工具有助于资源的高效利用和环境的可持续发展。例如，通过精细化的农业管理，减少了化肥和农药的使用，促进了绿色农业的发展。这些变化可以通过以下方式估算。

减少化肥使用：假设数字化农业管理能够使化肥使用减少5%，而西滩村年均化肥使用量为10吨，则可以估算减少的环境负担。化肥减少量 = 10 × 5% = 0.5 吨。

第 9 章
数字劳动与在线知识生产

本书第 2 章重点讨论了数字劳动的本质,特别是用户如何通过在线行为成为"产消者",推动平台的商业化运作。在数字时代,用户行为生成的劳动成果不仅被视为商品,还与资本的积累和价值规律紧密相关。与此同时,数据作为重要的生产资料,通过其"记录"与"可计算性"属性,为数字劳动的形成和数字平台的运行提供了必要的基础。第 5 章则进一步分析了数据要素在数字劳动中的角色,尤其是数据如何通过其双重属性影响数字劳动者的层次性和互动方式。数据的"记录"和"可计算性"属性,不仅为数字劳动提供了物质基础,还为平台的知识创新、精准营销和产品优化提供了驱动力。

该案例便是对这一理论框架的具体应用。通过分析花粉俱乐部这一开放创新社区,我们可以直观地看到用户如何通过生成内容和互动行为,参与平台的知识生产,以及通过数据的积累和流通,推动平台商业化和社会价值的创造。

9.1 案例正文

网友是如何生产知识的?——基于花粉俱乐部的探索

坎贝尔是一位热衷于科技和创新的年轻人,他在互联网上积极参与各种开放式创新社区。最近,他被华为公司的一项知识创新项目吸引了注意。

这个名为花粉俱乐部的项目是一个基于互联网建立的交互型开放式创新社区,旨在吸收外部创新资源,通过用户间的知识协同来推动创新。坎贝尔对这种新型的知识协同过程充满好奇。

花粉俱乐部是一个闪烁着数字光芒的创新乐园。在这里，不仅有着最新的科技动向，还有一种奇妙的力量，那就是知识的魔力。

坎贝尔对科技充满热情，花粉俱乐部的土壤正是培育创新的最佳之地。坎贝尔进入这个数字乐园，感受到了前所未有的创意氛围，他的好奇心像点燃的火把一样在这里燃烧。

坎贝尔看到，花粉俱乐部不仅是一个聚集科技爱好者的地方，更是一座知识的宝库。会员们通过评论、转发、收藏、点赞等互动，展开一场关于科技的盛宴。这些互动像是交织在一起的音符，奏响了一首充满激情和创意的交响乐。

他决定加入这场盛宴，成为花粉俱乐部的一员。坎贝尔开始分享自己的见解，与其他会员们共同构建起了一座数字城堡。他的每一次点赞，都像是对创意的认可；每一次评论，都是一场思想的碰撞。在这里，他不仅是一名参与者，更是一名创作者，共同书写未来的篇章。

这个开放式创新社区成为坎贝尔灵感的源泉，他的知识在这里得到了滋养，不断生长。他发现，这不仅是一个数字的乐园，更是一个汇聚智慧的海洋。在与其他会员的交流中，他激发出更多的创意，拓展了自己的思维边界。

花粉俱乐部就像一座梦幻般的城堡，每一个会员都是这座城堡的守护者和建筑师。在这里，知识是一种流动的力量，激发着每一个灵魂的创造力。坎贝尔明白，他不仅是这个社区的一员，更是参与了一场属于数字时代的知识盛宴，成为这个城堡中闪耀的一颗星星。

在花粉俱乐部的每一天，坎贝尔都在创新的海洋中航行，发现新奇的岛屿。这个社区不仅是一个汇聚智慧的地方，更是一座通往未知领域的桥梁。他与其他会员们一同谱写数字时代的传奇，留下了属于他们的足迹。

这就是坎贝尔在花粉俱乐部的故事，一个充满创意、激情和智慧的故事。这个开放式创新社区，如同一座数字之城，为每个参与者打开了通往未来的大门，让知识的火花在这片数字的土地上绽放。

在社区里，坎贝尔不仅能够与其他用户进行评论、转发、收藏、点赞等互动，还可以分享自己的见解和知识。这个社区通过用户间的这些互动行为构建了一个庞大而不断发展的用户知识协同网络，形成了一个螺旋式的用户知识体系。

坎贝尔意识到，社区的开放性和互动性为知识的流动提供了良好的平台，而他自己的知识贡献也在不断地被社区吸收和重组。他开始思考，这种知识协同的过程是如何影响整个社区的知识创新呢？

为了深入了解这个问题，坎贝尔开始使用Python爬虫技术，获取花粉俱乐部

20万条用户关联数据、生成内容数据、属性定量数据。然后，他利用各种软件包，如 NetworkX、NLTK、Pandas 对数据进行文本挖掘、自然语言处理，构建了用户知识协同网络，并计算了网络特征相关变量。

他的研究不仅聚焦于用户交互层面，还关注了知识协同层面。通过复杂网络分析法，他揭示了用户间关系强度、用户位置以及结构洞位置对于知识交换广度和深度的影响。他发现，在社区中，适度且合理的冗余关系可以提高用户认知，激发知识创造思维，但过度冗余会降低知识交换效果。

令人振奋的是，坎贝尔发现知识交换在用户协同交互对用户知识贡献的影响中发挥了重要的中介作用。他通过实证检验，验证了用户交互网络和知识协同网络特征对用户知识贡献的影响路径。

他的研究结论不仅为社区运营者提供了多方面的参考建议和保障策略，以实现更有效的知识创新效果，也为未来研究开放式创新社区用户知识协同提供了一定的研究基础和参考。坎贝尔在这个充满创新和合作的社区中，不仅分享了自己的知识，也在知识的螺旋发展中不断汲取新的灵感，成为知识创新的一分子。

9.2 启发思考题

（1）什么是开放式知识创新社区？解释开放式知识创新社区的基本概念，并讨论其如何依托外部用户和公司内部技术人员的合作，推动知识的共享与创新。

（2）花粉俱乐部的功能是什么？描述花粉俱乐部作为一个开放式创新平台，如何实现用户的知识共享与创新。可以具体探讨其在线交流平台、线下活动和互动体验的结合，及其在用户协同创造中的作用。

（3）用户在花粉俱乐部的作用是什么？分析用户在花粉俱乐部中的多重角色，如知识贡献者、协作伙伴、社区建设者等。重点讨论核心用户如何引领社区创新方向，并推动知识的传播和分享。

（4）花粉俱乐部实现知识创新的原理是什么？探讨花粉俱乐部通过开放式创新逻辑，如何建立用户知识协同网络，实现知识的共同创造与持续创新。

（5）在社交网络数据分析中，如何确定哪些因素对知识发现有重要影响？讨论社交网络数据分析中常用的方法和技术，如何识别影响知识发现的关键因素（如用户互动、内容分享、网络结构等）。

（6）当面临数据隐私和伦理问题时，如何在保证有效分析的同时保护个人隐私？结合花粉俱乐部的案例，探讨在数据分析过程中如何平衡隐私保护与数据使用的需求。考虑数据匿名化、加密技术等隐私保护措施。

9.3 数据叙事的逻辑主线

9.3.1 案例涉及的关键概念

开放式创新依赖于外部用户和公司内部技术人员的合作,通过外部的创新资源补充内部创新不足,推动知识的共享和协作。用户交互网络是该案例的基础概念,是指用户在平台上通过各种互动方式(评论、点赞、转发等)建立的联系网络。这个网络促进了知识的传播与创新协作,使得不同的用户可以通过相互连接的方式,共享和重组知识,最终形成创新成果。知识交换是指在平台中,通过互动行为(如发帖、评论、点赞等),用户共享、交换、传递和重组知识。这一过程是开放式创新社区中至关重要的组成部分,是该案例的核心概念,包括知识交换广度和深度。知识交换广度与深度之间相互促进,广度增加了知识传播的范围,而深度则增强了用户之间的知识融合和创新能力。用户知识协同与知识交换密切相关,通过评论、转发、点赞等行为,用户在平台上进行知识的协同分享,推动了创新成果的不断演进。开放式创新是指通过与外部资源的合作,促进知识和创新的共享与合作,具体关系如表9-1所示。

表9-1 核心概念逻辑关系

核心概念	定义	逻辑关系
开放式创新	通过与外部用户协作,吸收外部创新资源,提升产品和服务的技术创新能力	开放式创新依赖于用户之间的协作与知识共享,促进企业与外部资源的有效互动,推动技术创新
知识交换	用户通过互动(发帖、评论、点赞等)交换、共享和传递知识	知识交换通过用户间的互动实现,广度和深度共同作用,推动知识在用户之间的流动与再创造
用户知识协同	用户之间通过协作共享知识,并共同推动创新进程	用户知识协同依赖于知识交换,通过协同的方式促进创新,用户在平台上的交互影响创新的深度和广度
用户交互网络	通过评论、点赞、转发等方式形成的用户互动网络,推动知识的协同共享	用户交互网络加速了知识的交换和协作,网络越广,知识传递的效率和创新能力越强

在开放式创新社区中,知识交换是促进创新的核心机制,广度和深度的结合加

速了知识的流动与整合。而用户知识协同则在知识交换的基础上推动了创新的生成。通过用户交互网络的建设,平台能够增强不同用户之间的联系和协作,从而提高创新效率和质量。开放式创新的实施通过吸收外部用户的创新力量,推动知识共享、协作和创新的整体提升。

9.3.2 数据叙事画布

在该案例中,数据叙事画布的构建旨在通过系统化的数据管理和分析,帮助大家理解如何在开放式创新社区中进行知识生产与协作。

该案例数据叙事画布的核心作用在于帮助大家厘清分析框架,并通过数据化方式展示社区内用户如何通过互动创造和分享知识,同时考虑不同因素对知识生产的影响,如图 9-1 所示。

(1)情景与场景设定

该案例探讨了花粉俱乐部,一个开放式创新社区中的知识生产过程。通过社群成员之间的互动、讨论和协作,技术创新得以推动。社区成员以兴趣为导向,通过频繁的互动分享知识,进而实现技术创新和知识积累。该案例的学习目标是让受众掌握如何利用数据分析揭示社区成员之间的知识流动、创新协作及其对知识管理策略的影响。

学会如何通过数据分析识别社区成员之间知识流动的路径与机制,并分析哪些因素对知识的生成和传播起到关键作用。例如,讨论频率、互动深度、社群成员之间的联系等因素如何影响知识的共享与创新。

掌握如何通过社区成员之间的互动促进创新的生成。通过实际数据的收集与分析,了解不同成员之间的合作与交流如何推动技术创新,并且如何借助社会网络分析工具分析知识传播路径。

学习如何评估每个成员的知识贡献,分析哪些行为(如发布原创文章、参与讨论、评论、点赞等)对知识传播和创新产生了显著影响。

(2)案例故事:坎贝尔的探索

角色背景:坎贝尔是一位年轻的科技爱好者,热衷于参与各类开放式创新社区。他通过加入花粉俱乐部,发现社区中丰富的互动模式和知识碰撞让他不断激发新的创意。他通过与其他成员的讨论和共享,拓展了自己的技术视野,并积极参与了技术创新的推动。

初识花粉俱乐部:坎贝尔进入花粉俱乐部后,发现这里充满了不断创新和思想碰撞的氛围。每次的评论和分享都让他从中获得灵感,这些互动促使他从不同角度看待问题,提升了个人的创新能力。

主题：
探讨花粉俱乐部这个开放式创新社区中的知识生产过程

受众：
学习数据管理的学生、企业管理者及数据分析师。通过案例学习，他们能够理解如何利用开放式平台的用户数据推动知识创新，并优化知识管理策略

目标：
通过该案例，受众掌握哪些因素影响知识的生成与传播？用户之间的互动如何促进创新？如何衡量一个成员的知识贡献？

之前：
该案例的受众停留在对技术平台的功能和互动的表面理解，缺乏对数据如何推动知识创新与协作的深刻认识。

之后：
受众能够深入理解如何利用数据分析工具揭示用户在社会网络与开放式创新社区中协作并产生知识

场景：
在一个开放式创新社区中，该社区的参与者通过互动，讨论和数据分析共同推动知识的生成与应用。牧贝尔是一位热衷科技和创新的年轻人，他积极参与各种开放式创新社区，被花粉俱乐部吸引成为其中的一员。故事的展开：
牧贝尔进入花粉俱乐部后，发现社区里的互动模式类似于一场不断碰撞与创造的思想交流。每一次讨论和分享都让他获得新的创意，拓展了自己的视野

重要观点：
社会网络分析的核心概念是研究个体（或节点）如何通过关系（或边）与其他个体连接。在花粉俱乐部中，社会网络模型可以帮助理解不同用户之间的信息流动，协作模式和知识传播路径。社会网络的分析有助于识别关键节点和影响力人物，这对优化社区运营至关重要

结论：
开放式创新社区，如花粉俱乐部，通过用户间的协同互动，有效推动了知识的生产和创新。用户在此过程中不仅是知识的传播者，还是创新建设者。这动者和社区为数字时代的知识创新提供了新的路径和思路

之后：
受众可以迁移到开源社区、教育平台、企业协作、交媒体等多个领域，并为相关行业提供宝贵的经验与启示。同时，学习这种协作和知识管理模式，有助于提升个人和团队的创新能力，培养跨学科合作精神，具有积极的推动作用

图 9-1 该案例的数据叙事画布

社会网络分析的应用：在社区中，成员之间的互动不仅是知识的交换，还是创新的催化剂。坎贝尔意识到，通过对社区内的互动数据进行分析，可以揭示哪些成员是创新的核心，哪些是知识传播的"节点"。他使用了社会网络分析可视化不同成员之间的联系和互动，发现了知识流动的关键路径和高效的创新协作模式。

数据分析与知识协作：坎贝尔进一步使用数据分析工具，如 Python 爬虫、网络分析工具，收集社区互动数据，分析哪些因素促进了知识的有效传播。他通过分析评论互动的频率、讨论话题的热度以及分享的深度，进一步理解如何在开放式平台上推动创新和知识协作。

（3）重要观点：社会网络分析的核心概念

社会网络分析：主要研究个体（节点）如何通过社会关系（边）与其他个体相连接。通过社会网络分析，受众能够理解在花粉俱乐部这样的开放式创新平台中，成员如何通过互动、讨论和合作促进知识的传播和创新。

在社会网络分析中，每个社区成员都可以视为一个"节点"，而成员之间的互动（如评论、分享、点赞）则形成了连接这些节点的"边"。通过分析节点和边的关系，受众能够识别出社群中的"核心人物"，即那些知识传播的核心节点。

网络的密度反映了成员之间互动的频繁程度。高密度的社交网络通常意味着更高效的信息流动和知识共享。通过分析社区网络的结构，受众可以识别出知识流动的瓶颈与关键推动者，从而优化平台的互动模式和知识管理策略。

（4）应用场景与迁移

企业创新管理：企业可以通过构建开放式创新平台，鼓励员工或外部专家进行协作，共享创新想法。借助社会网络分析和数据分析工具，企业管理者可以实时跟踪知识流动路径，识别创新的关键人物，优化内部创新资源的配置。

学术研究协作：高校或研究机构可以利用此类数据分析方法，研究科研人员之间的合作模式，分析哪些研究者在学术创新中起到关键推动作用，促进跨学科的合作与创新。

互联网社交平台：社交平台可以通过数据分析进一步优化用户互动策略，提高用户黏性和参与度。例如，社交平台可以识别最活跃的用户，分析他们在内容创作和评论中的影响力，从而推动平台内容的创新和多样性。

9.4 主要知识点

9.4.1 相关理论

9.4.1.1 社会网络

社会网络的概念最初由英国人类学家阿尔弗雷德·R. 布朗（Alfred Radcliffe - Brown）提出。布朗认为，个体的行为和生存通常依赖于其与他人的互动关系，他的研究相对简单且没有考虑实际人际交往的复杂性。结构主义学派提出，个体是网络的一部分，个体与其他个体之间的联系会对其决策和行为产生影响，即网络的整体结构决定个体的行为。[1] 随着社会的发展，学者韦尔曼（Wellman）提出了较为成熟的社会网络定义。他将社会网络视为个体和组织之间相互联系的一种社会结构，通过交互和互动来建立和维持，包括信息、资源和支持的流动。社会网络研究有助于深入理解社会组织和个人行为之间的互动关系。[2] 学者达文（Davern）则对社会网络的定义进一步明确，认为社会网络是群体中个体之间存在的特定的关联和互动，这些联系构成了该群体中的社会行为结构。[3] 上述学者对社会网络的定义聚焦于分析其关系特征和结构特征，关系维度的网络特征关注社会行动者之间的黏性关系，以社会关系的强弱性和冗余性（关系不简洁、重复程度高）等特征描述网络中参与者特定的行为和过程。结构维度的网络特征主要反映了个体在网络中的位置结构并探讨此结构的生成模式。下面对用户网络特征不同维度（结构、关系）进行具体阐述。

（1）结构要素

网络的结构特征可以用以下两个指标来刻画。

一是结构洞。罗纳德·伯特（Ronald Burt）于 1992 年在 *American Journal of Sociology* 上发表了题为《结构洞》的论文，首次提出了"结构洞"的概念。Burt 认为，结构洞为个体提供了获取独特信息和资源的机会，从而带来了竞争优势。他的研究启示人们重视并利用社会网络中的结构洞的潜在价值。[4] 社会网络中结构洞

---

[1] GRANOVETTER M S. The strength of weak ties [J]. American Journal of Sociology, 1973, 78 (6): 1360 - 1380.

[2] WELLMAN B, BERKOWITZ S D. Social structures: a network approach [M]. New York: Cambridge University Press, 1988.

[3] DAVERN M. Social networks and economic sociology [J]. American Journal of Economics and Sociology, 1997, 56 (3): 287 - 302.

[4] BURT R S. Structural holes and good ideas [J]. American Journal of Sociology, 2004, 110 (2): 349 - 399.

的指标通常采用约束性、有效规模、网络效率来衡量。

二是中心性。反映各个节点在网络位置中的中心程度。在网络中，一些节点比其他节点拥有更多的直接联系，这种特殊的节点被称为中心节点。中心性的概念起源于 Bavelas 和 Leavit 对交流网络的研究。当一个参与者涉及网络中的所有关系时，该参与者就被视为处于中心位置，从而具备更多的权力和利益。衡量参与者中心性的方法之一是将参与者涉及的关系占网络总关系的比例作为指标。因此，中心性表示在网络中某些节点的重要性和影响力。

（2）关系要素

学者格兰诺维特（Granovetter）首次提出联结强度的概念，以用于描述节点间的联结情况，并将其归结为强联结和弱联结两种类型。他对互动频率、情感强度、亲密程度和互惠交换四个维度进行研究，用于区分不同类型的联结，研究发现在知识和信息资源传递过程中联结强度的差异。❶ 格兰诺维特认为，弱联结是获取新颖、非冗余信息的重要途径，但并不是所有的资源都可以通过弱联结获得。强联结是一种重要的社会关系，它不仅可以帮助个体与外部世界建立联系，而且能够促进知识和信息的流动，它不仅包括信任、合作和稳定，还能够传达出高质量、复杂或隐性的知识。但是，如果连接太紧密或太松弛，就会阻碍新的信息的获取，从而让拥有类似知识和技能的人们被困在狭窄的社交圈子里。强联结通常更容易传递高质量的知识和信息资源。然而，过于封闭或过于松散的联结均会限制新知识的输入，使得具有相似知识和技能的行动者局限于自己的小圈子中。因此，在考虑联结产生的结果时，需要权衡强联结和弱联结的优劣。此外，还需要注意联结的程度，过于集中或过于分散的联结都会对知识和信息的传播造成阻碍。

通常来说，网络关系的特征表现为以下方面：①关系强度。根据格兰诺维特的理论，当网络参与者之间的互动次数多、情感强烈、关系亲密、互惠交换多时就会形成强关系；反之，就是弱关系。强关系连接指的是组织间连接，其时间、情感投入和紧密程度（相互信任）都较强。②冗余性。这种冗余关系的度量是由 Liang 和 Fu 提出的。❷ 例如，如果节点 a 与节点 b 连接，同时节点 b 与节点 c 连接，那么节点 a 和节点 c 之间也可能有连接。这意味着从节点 c 传递信息到节点 b 再到达节点 a，因为节点 b 和节点 c 相连，所以节点 a 和节点 b 可以访问相同的信息，节点 c 的努力可能被视为"浪费"，具体表现为网络不简洁，重复程度高。❸

---

❶ GRANOVETTER M S. The strength of weak ties [J]. American Journal of Sociology, 1973, 78 (6): 1360–1380.
❷ LIANG H, FU K. Network redundancy and information diffusion: the impacts of information redundancy, similarity, and tie strength [J]. Communication Research, 2016, 46 (2): 250–272.
❸ 李娜. 开放式创新平台中网络冗余与用户知识贡献的影响研究 [D]. 济南：山东大学，2021.

9.4.1.2 知识交换和知识网络

(1) 知识交换相关研究

知识交换是指在一个共享的环境中,个体之间通过交互进行知识的共享和交流从而实现知识转移的过程。知识的传递需要经过语言的调制,即将语言视为一种媒介,将知识资源在个体之间进行转移。❶ 在开放式创新社区中,用户可以通过发帖或评论对自身创新资源进行公开表达,以此对知识进行调制、传递、交流。通过参与评论或查看用户创意,其他用户可以学习并获取来自他人的创新知识,从而实现知识的交流,促进自身知识贡献。

在概念界定方面,开放式在线知识社区研究中常常涉及知识共享和知识交换这两个概念。虽然这两个概念都关注个体之间通过沟通和交流进行知识转移的过程,但知识共享更加强调知识的提供者向接收者转移知识,而知识交换则更加注重个体间通过互动进行知识的传播和交流,丰富接收者的个人知识体系。个体之间的知识交换和整合可以促进新知识的产生和价值的提升。早期有关知识创造的研究已经表明,获取新知识并以新的方式重新组合或整合原有知识是形成创新思维的重要方式。通过知识交换,创新者可以重新组合知识,产生新的想法。❷ 此外,基于在线开放式创新社区的研究同样表明,社区用户之间的知识交换最终可以促进知识创新,❸ 用户所获取的关注和被关注关系能够为用户带来知识交换,从而促进用户创新质量和数量的增加,❹ 用户通过评论和回复进行针对某些问题的知识交换。❺

(2) 知识网络相关研究

1985 年,美国学者 E. 加涅首先提出"知识网络"概念。他认为,知识网络是基于技术生产和知识交流传播的活动。这种网络的发展需要依靠人们分享信息和互相合作。加涅还指出,知识网络的发展与信息技术和数字化转型密切相关,而这一发展趋势已经深刻影响社会的各个方面,开放式创新社区的知识网络反映了用户成员之间对知识进行交换、转移、传递、整合的过程。美国科学基金会以宏观视角重新定义了知识网络,认为知识网络是一个交流传递信息知识的空间,它可以将信息和知识有效地整合在一起,从而打破时空和地域限制的社会网络。在相关知识网络

---

❶ 汪应洛,李勖. 知识的转移特性研究 [J]. 系统工程理论与实践,2002,22 (10):8 - 11.

❷ STEPHEN A T, ZUBCSEK P P, GOLDENBERG J. Lower connectivity is better: the effects of network structure on redundancy of ideas and customer innovativeness in interdependent ideation tasks [J]. Journal of Marketing Research,2016,53 (2):263 - 279.

❸ 李杰,李欢,杨芳,等. 基于理论视角的虚拟社区知识共享研究综述 [J]. 情报科学,2018,36 (5):171 - 176.

❹ 陈佳丽,吕玉霞,戚桂杰,等. 开放式创新平台中创新用户的互惠行为研究以乐高创意平台为例 [J]. 软科学,2019,33 (3):96 - 100.

❺ 张蒙,刘国亮,毕达天. 多视角下的虚拟社区知识共享研究综述 [J]. 情报杂志,2017,36 (5):6.

的研究中,不少学者聚焦于科学文献的研究。比如孙震等人基于知识元共现的前沿知识演化网络研究以及王曰芬等人的科学文献传播网络研究。❶❷

知识元素不是原子化的而是通过相互关联形成相应的知识网络。将用户的知识交换基础视为一种网络结构,用户可以利用该网络中知识的共现关系来获取类似的知识元素,探索知识元素之间的组合和重新组合的机会以及潜在的可能性。即在前人知识资源的基础上获得更深入的知识挖掘,丰富已有的知识元素;对于新的知识元素,用户可以通过交互将新元素引入网络内,从而扩大网络规模,同时也意味着产生新内容、新思想、新创意,加快完成知识创新活动。

9.4.2 开放式知识创新社区

随着大数据、人工智能、互联网等技术的持续发展,基于数字技术创新所产生的新经济模式随之出现。信息获取变得越发容易,数字化技术的应用已经深入各个领域,产品功能和使用体验的差异越来越小,导致企业难以通过科研人员的水平和技术的发展等内部资源进行创新,使用内部创新资源来优化产品或降低成本以获得超额利润也越发困难,封闭式的创新活动面临严峻的挑战。因此,企业应积极融合内外部创新资源,促进创新思想的产生和应用。2003 年,哈佛大学教授切萨布鲁夫(Chesbrough)最先提出了开放式创新理论,企业利用开放式创新的模式可以最大程度地实现商业价值。开放式创新理论的提出,推动了企业打破原有的封闭式创新模式,实现内外资源和技术的整合。❸ 在这种开放式创新的前提下,有学者将这种基于网络技术连接企业内外部创新资源的在线社区称为开放式在线社区。❹ 这种社区具有开放性、共享性、交互性等特征,即允许用户自由地创建、分享、评论和交流各种形式的内容和信息,企业通过采取开放的搜索策略,利用企业外部用户和外部资源帮助他们维持社区创新氛围;为了获取更多的社区创意,众多企业创办了开放式创新社区。开放式创新社区的建立为用户提供了参与企业产品设计、开发、内测等创新活动的新渠道,也为企业开展开放式创新实践提供知识资源基础。

随着互联网通信技术的快速发展和 Web 2.0 技术的广泛应用,出现了许多网络社区平台用于提供数字化服务。这些平台吸引了各式各样的创新用户,这些用户因

---

❶ 孙震,冷伏海. 一种基于知识元共现的 ESI 研究前沿知识演进分析方法 [J]. 情报学报, 2021, 40 (10): 16.

❷ 王曰芬, 丁玉飞. 基于知识进化视角的科学文献传播网络演变模型构建及仿真 [J]. 情报学报, 2019, 38 (9): 8.

❸ CHESBROUGH H W. Why companies should have open business models [J]. MIT Sloan Management Review, 2007, 48 (2): 22 – 28, 91.

❹ LAURSEN K, SALTER A. Open for innovation: the role of openness in explaining innovation performance among U. K. manufacturing firms [J]. Strategic Management Journal, 2006, 27 (2): 131 – 150.

共同的兴趣爱好聚集在一起,互相分享创意和想法。同时,用户可以通过转发、评论、回复、点赞等方式自由互动,促进了创意的涌现。平台还吸引用户参与内部产品的创意、研发和推广等创新相关活动中,实现了企业外部知识资源、用户发布行为及反馈建议等方面的全面互动和耦合,大大降低了知识信息发现及创新的成本。

开放式创新社区将内部技术人员与外部创新用户联系起来,促进人员间的交流和协作,提高了企业产品技术和服务创新的开发效率。微软、苹果、华为、小米等众多国际知名企业都建立了相应的开放创新平台,开放式创新社区的兴起为其开展技术创新策略研究提供了丰富的技术支持和优质资源。

随着企业逐渐实施开放式创新战略,创新的过程不再由企业内部单独承担。从检索、组织、生成到交换和交流知识,这些步骤都需要不同的创新参与主体协同完成。在知识创新活动中,用户交互的重要性不言而喻,知识元素通过用户的交互行为得以通过社会化、内化、外化、组合化等相互作用不断向上,实现从隐性化到显性化的知识创新转变。这一过程不仅涉及用户主体之间的互动、用户基于知识行为的互动,还包括知识层面的协同参与。换言之,开放式创新社区的知识交换是一个要素间、主体间协同的过程。

概括而言,开放式知识创新社区是一个利用在线数字技术的平台,旨在通过集聚外部资源,促进用户之间的知识共享与合作,从而推动产品和服务的创新。该社区的概念已经引起学者们的广泛关注和研究。切萨布鲁夫在《开放式创新》一书中指出,开放式创新社区是由一群独立个体组成的社区,这些个体彼此之间依托于数字化和网络技术通过协作和共享知识和资源,以实现共同的创新目标。❶ 朱卫杰认为,开放式创新社区是由来自不同单位、部门的成员组成的非正式协同团队实现他们共同创新目标的在线虚拟平台。❷ 开放式创新社区是一个基于互联网平台的用户协同创新环境,它能够吸收外部消费者用户的创新力量,促进企业与用户间的知识共享和协同创新,以实现产品或服务的优化和创新。随着互联网 Web 2.0 技术的发展,开放式创新社区的内容不断丰富,它能够降低企业参与开放式创新的门槛,借助互联网平台直接把大众用户内化到创新过程中。依托于开放式创新社区,企业能够吸收先进的技术成果促进内部创新,通过引导消费者深度参与产品的设计和创新过程,为企业的产品和服务创新提供有效支撑。综上所述,在线虚拟社区已经成为许多公司,尤其是科技企业和初创企业进行外部创新的重要途径,这些社区汇集了企业大量信息和创新资源,因此被称为开放式创新社区。

---

❶ CHESBROUGH H W. Open innovation: the new imperative for creating and profiting from technology [M]. Boston: Harvard Business Press, 2003.
❷ 朱卫杰,鲁若愚. 创新模式的演化机理:基于参与主体的角度 [J]. 科技和产业,2018,13(12):5.

9.4.3 花粉俱乐部的功能

花粉俱乐部是华为公司唯一官方粉丝交流互动平台，社区用户庞大，涵盖了不同产品类型的 30 多个版块，每个板块中还包括不同的分组，例如 Beta 尝鲜、HarmonyOS 桌面、问题与建议、活动与公告、其他、玩机技巧、HarmonyOS2、分享交流、版本更新、HUAWEI HiCar、长辈关怀、无障碍、场景设计、EMUI 其他、畅连和 EMUI_11 等。该社区有众多长期参与的用户，这些用户活跃度高、知识创新能力强。其参与用户不受身份、地位和时间的限制，基于兴趣以最低的成本汇聚在花粉俱乐部平台，可以自由地发布新创意、新思想、新技术和新方法。花粉俱乐部的功能主要包括以下几个方面。

- 知识分享与交流。花粉俱乐部为用户提供了一个开放的平台，用户可以在这里分享自己的知识和经验。通过论坛、讨论区和博客等形式，成员能够进行深入的知识交流，提升集体智慧。这种知识的互相传递不仅丰富了用户的个人视野，也促进了社区整体的创新能力。

激励机制。为了鼓励用户积极参与知识贡献，花粉俱乐部设计了多层次的激励机制。这包括积分制度、荣誉勋章和现金奖励。①积分制度：用户在分享有价值的知识时可以获得积分，积分可以用于晋升等级或兑换奖励。②荣誉勋章：通过设立多样的勋章，用户的贡献可以被显著标识，增强个人成就感。③现金奖励：针对高质量的知识贡献，花粉俱乐部可以提供现金奖励，激励用户持续参与。

社交互动。花粉俱乐部重视用户间的互动与合作，致力增强成员之间的信任与联系。通过在线群组、活动组织和线下交流等方式，用户不仅能够建立朋友关系，还能够形成知识共享和合作的网络，促进共同成长。

知识热点引导。为了引导用户关注当前的知识趋势和热点，花粉俱乐部设置了专门的知识热点区。平台会根据用户的讨论情况和兴趣设置相关话题，引发用户深入讨论和分享。这种机制不仅能提升用户的参与感，还能确保新知识和热点知识的均衡发展。

个性化推荐系统。花粉俱乐部通过建立用户数据库，收集用户的行为、偏好和历史记录，形成个性化的智能推荐系统。该系统能够根据用户的知识需求，推送相关的内容和资源，进一步提升知识服务的精准度。

用户知识协同创造文化氛围。花粉俱乐部注重营造积极向上的文化氛围，推动用户的知识贡献行为。通过线下活动和互动体验，社区能够激发用户的创造灵感，增强群体认同感，促进群体合作。

核心用户引领作用。核心用户在花粉俱乐部中扮演重要角色，他们不仅拥有丰富的知识,还引领社区的创新方向。通过激励核心用户的参与,社区能够更好地促进信息的传递和知识的协同创造。

知识产权保护。花粉俱乐部十分重视用户的知识产权保护,积极宣传知识产权的重要性,建立相关制度以减少用户在知识共享过程中的风险。通过合理的知识产权保护措施,增强用户的信任感,鼓励更多用户参与知识的创造与分享。

通过以上功能,花粉俱乐部能够有效促进知识的共享与创新,为用户提供一个高效、安全且富有活力的知识协同平台。

9.4.4 用户在花粉俱乐部中的作用

开放式创新社区将用户和企业产品服务相互联系,通过用户交互,从而对知识进行共享和表达。一方面,用户基于兴趣聚集在开放式创新社区,通过分享自己的知识技术储备实现自我价值,同时也可以与其他用户进行交流互动,丰富自身知识体系;另一方面,企业可以突破内部创新的限制,获取大量的用户创新想法从而开拓创新思维。❶ 在开放式创新背景下,为了让企业能够收集到大量的创意和意见,平台需要吸引更多创新用户参与到创新活动中。用户是平台活跃的灵魂,而基于用户生成内容所提取的创意则是用户价值的体现。因此,相关研究围绕用户的参与、贡献、管理以及创意的收集、提取、吸收和转化等方面,已成为当前的主要研究内容。❷❸❹❺

综上所述,开放式创新社区是以企业产品服务为基础,依托于用户间的互动,旨在实现知识的分享、交流、传播和价值创造的网络在线交流平台。因此,用户在花粉俱乐部中扮演多个重要角色,主要包括知识贡献者、协作伙伴、核心用户的桥梁作用、社区建设者,以及创新推动者。

(1) 知识贡献者

用户作为知识贡献者,通过分享自身的专业知识、经验和见解,积极参与社区的知识创造与传播中。这不仅能够提升用户个人的声望与认可度,还能增强社区整体的知识库,为其他成员提供学习和交流的资源。用户的贡献行为不仅体现了个人

---

❶ SCHENK E, GUITTARD C, PENIN J. Open or proprietary? choosing the right crowdsourcing platform for innovation [J]. Technological Forecasting and Social Change, 2017, 144: 303-310.

❷ CAMACHO N, NAM H, KANNAN P K, et al. Tournaments to crowdsource innovation: the role of moderator feedback and participation intensity [J]. Journal of Marketing, 2019, 83 (2): 138-157.

❸ DISSANAYAKE I, MEHTA N, PALVIA P, et al. Competition matters! self-efficacy, effort, and performance in crowdsourcing teams [J]. Information & Management, 2019, 56 (8): 1-12.

❹ GUAN T, WANG L, JIN J, et al. Knowledge contribution behavior in online Q & A communities: An empiricalinvestigation [J]. Computers in Human Behavior. 2018, 81: 137-147.

❺ 任亮. 开放式创新社区知识协同创新研究 [D]. 长春: 吉林大学, 2020.

价值，也为整个社区营造了积极向上的学术氛围。

（2）协作伙伴

用户之间的互动与合作是花粉俱乐部活跃度的重要推动力。通过参与讨论、协作项目以及知识分享，用户能够建立起信任关系和合作网络。这种协作不仅促进了知识的多样化，还能激发创新灵感，推动社区共同解决当前的知识创新挑战。用户的相互支持与合作使得社区成员在面对复杂问题时，能够形成合力，提升整体的知识创造能力。

（3）核心用户的桥梁作用

核心用户在花粉俱乐部中发挥着核心作用，他们不仅拥有丰富的知识积累和广泛的社交网络，更是连接社区管理者与普通用户的桥梁。这些活跃用户能够传递管理者的指引和政策，同时也能反馈普通用户的需求和建议，从而促进社区的良性循环。核心用户的参与能够显著提升知识协同的效率，使得知识的传播和分享更加顺畅。

（4）社区建设者

用户在花粉俱乐部中还承担社区建设者的角色。通过积极参与社区活动、组织线下交流和分享会，用户能够增强社区的凝聚力和归属感。用户的参与不仅能拉近彼此的距离，促进交流与合作，还能为社区的发展提供宝贵的建议和反馈，推动社区向更高水平发展。

（5）创新推动者

在知识创新的过程中，用户通过提供新鲜的视角和独特的见解，能够有效推动社区的创新实践。用户的参与不仅限于知识的分享，还包括对创新产品的优化建议和对知识热点的关注，这些都为社区的知识进步和技术发展提供了动力。

综上所述，用户在花粉俱乐部中不仅是知识的分享者和传播者，更是协作的伙伴和社区的建设者。他们的积极参与和贡献是推动社区持续发展的重要力量。

9.4.5 花粉俱乐部实现知识创新的原理

第一，基于开放式创新社区用户知识协同逻辑构建用户知识协同网络。首先，界定了开放式创新社区用户知识协同概念内涵，将用户要素和知识要素均视为协同过程中的主体，通过用户的评论、转发、收藏、点赞等互动所施展的一系列知识共享、交换、传递、重组等行为后，促进了知识的显性表达，构成了相互作用且不断向上的螺旋式的用户知识体系，作用于用户的知识贡献及创新。用户知识协同贯穿于上述流程的各个环节，以用户交互和知识传递重组为支撑，最终实现了用户知识贡献。在上述用户知识协同过程中，建立用户的互动关系、用户知识元素从属关系、知识元素间共现关系，将以上关系以网络形式呈现构建用户知识协同网络，旨在探究用户的关联关系如何形成，如何促使用户知识共享、传递、重组，对提升社区平台知识创造有一定的参照意义。

第二，探究用户交互网络如何通过知识交换传递其影响至用户知识贡献，明确知识交换作为中介变量的用户知识协同的具体路径。开放式创新社区不同用户主体交互协同能施展出一系列知识交换行为，从而激发用户产出新创意形成高质量的知识贡献。笔者根据知识交换的不同方式，将知识交换分为知识交换广度（通过交互扩大知识元素规模）和知识交换深度（通过交互增强知识元素之间的关联）。笔者揭示了以知识交换为中介的具体路径：基于知识交换广度的路径和基于知识交换深度的路径。综合两条路径可以发现不同的知识交换方式均可以提高用户知识贡献质量，但和知识交换广度相比，用户所进行的深度的知识交换行为更有利于用户知识贡献的提高；用户所施展出的广度知识交换行为只是将知识元素引入用户知识储备，而深度知识交换行为增加了知识元素间的关联重组，即在前人研究基础上进行了更深层次的知识挖掘，因此知识交换深度能有利于提升用户知识贡献。

第三，依托用户知识协同网络，实证检验用户交互层面的网络特征和知识协同层面的网络特征对用户知识贡献的影响。基于不同主体的网络特征方面，用户关系强度越大且用户越处于网络的中心位置和结构洞位置越能够为用户带来知识交换的广度和深度的利益，可以同时提高用户知识贡献。而用户关系冗余系数与知识交换和用户知识贡献之间是倒 U 型的关系，且用户关系冗余系数通过知识交换的中介作用间接影响用户知识贡献。结论表明，在用户交互过程中，适当且合理的冗余关系可以提高用户认知且更深入地了解当前创新前沿知识，激发知识创造思维，但过度冗余且重复程度高的关系和知识创造之间存在知识有效吸收的不平衡，导致用户间的知识交换降低，从而抑制用户知识贡献。基于知识协同层面的网络特征则表明，用户进行的知识交换越多，用户越能得到用户成员认同和平台认可的高质量的知识贡献行为。由此可见，知识交换在用户协同交互对用户知识贡献的影响中发挥了重要的中介作用。

第 10 章
数据要素价格指数编制的一个可行解决方案

本书第 6.4 节中详细探讨了数据要素价格指数体系的编制,介绍了如何从理论上构建并系统化这一指数,以便更好地反映数字经济中的数据要素价格波动。而在本章中,笔者将通过一个具体的案例进一步扩展这一理论框架,将引导读者了解数字经济中数据要素价格的变动趋势,并展示如何通过构建和分析数据产品价格变动指数(data product price index,DPPI),帮助读者更清晰地理解如何在实际应用中编制数据要素价格指数。

10.1 案例正文

在宁静的大学校园里,Z 老师是一位标新立异的数据管理硕士课程的任课老师。他是那种充满激情的教育者,总是寻找机会鼓励他的学生探索新的数据管理领域。近日,他有了一个野心勃勃的计划,这个计划就是编制一个类似于居民消费价格指数(consumer price index,CPI),用来衡量数字经济背景下,数据产品价格变动的整体趋势,他把这个指数称为数据产品价格变动指数。

统计指数作为一门历史悠久、广泛应用的领域,在数据管理硕士的学习中占有特殊的地位。与社会经济生活密切相关的统计指数,距今已有两个多世纪的历史。然而,在数字时代的潮流下,一群富有热情和创新精神的学生们,受到了数据管理硕士 Z 老师的启发,进入了统计指数领域的新时代。

Z 老师的班级共有 14 名学生,每个人都怀抱利用自己的数据管理专业知识,在数字经济时代大展拳脚的职业理想。他们愿意探索数据要素市场这个新领域,并谋划着将统计指数的理念延伸到数字经济背景下的数据产品价格指数。他们认为，DPPI 的产生源于对数据产品价格变动的深入研究，这个新的指数将帮助人们更好地理解数字经济中的价格趋势和变动。

Z 老师并不打算独自完成这个雄心勃勃的计划。他知道，要想成功，他需要集结那些对数据管理充满兴趣的年轻人。所以，他决定和这 14 名追求知识的热情的同学们一起，共同完成这项创举。

学生们立刻被这个项目吸引了。DPPI 代表了数据要素宏观管理的未来，这个指数将为数字经济提供全新的洞察和方向。学生们纷纷表示他们愿意加入这个项目，为这个抱负很大的目标努力。

Z 老师意识到，在如此具有创新意义的一个领域，仅有师生的力量是不够的。为此，他决定邀请国内顶级行业专家 W 主任加入。W 主任是一位在数据管理领域拥有丰富经验的专家，在国内外都享有盛誉，他将为这个项目带来宝贵的指导。

当 W 主任进入教室时，学生们的眼睛都亮了起来。W 主任与 Z 老师一同分享了他的经验和见解，他们开始探讨如何构建 DPPI，需要考虑哪些数据元素，以及如何确保数据的准确性和可靠性。对话充满了激烈的辩论和思考，但每个人都对这个项目感到兴奋。

W 主任：大家好，我非常高兴能在这里与大家一起探讨数据产品价格变动指数的构建。首先，让我们明确统计指数的作用。统计指数在实际应用中有 4 个主要作用。

学生 A：教授，您能告诉我们第一个作用吗？

W 主任：当然。第一个作用是测定一个复杂现象的总变动程度。复杂现象通常由一系列简单现象构成，而这些简单现象往往在计量单位、使用价值和性质等方面存在差异。这使得直接对一系列简单现象的数量进行加总和比较变得困难。统计指数的应用可以反映这个复杂现象的总变动程度，就像 DPPI 一样，综合了多个数据产品价格的变动程度。

学生 B：这是很有用的，因为数字经济中的数据产品价格涉及多种因素。

W 主任：确实，数字经济中的数据产品价格受多个因素的影响。第二个作用就是分析和测定一个总量指标变动中各相关因素的影响方向与程度。这意味着可以通过 DPPI 分析数据产品价格变动中的各个因素，以及它们对总价格变动的影响。

学生 C：这将有助于我们更好地理解价格的波动是由哪些因素引起的。

W 主任：正是如此。第三个作用是测定一个总平均指标在变动中所受的影响方向和程度。这意味着可以使用 DPPI 研究数据产品价格变动中各个因素的影响程度和方向。这对于了解数据产品价格的整体趋势非常重要。

学生 D：最后一个作用是什么呢？

W 主任：最后一个作用是研究和探索现象在一段较长时期内的变化规律与变动趋势。通过 DPPI 和其他统计指数，我们可以研究数字经济中数据产品价格的长期趋势，探索价格变化的规律。这对政府、企业和学者都有重要意义。

学生 E：非常感谢您的解释，W 主任。这使我们更明白为什么 DPPI 对数字经济如此重要。

W 主任：不客气，我期待与大家一起继续探讨这一重要课题。DPPI 将在数字经济时代提供宝贵的数据洞察。

听了 W 主任的介绍，同学们开始兴奋起来。一个同学高声说道，既然 DPPI 这么有用，怎么才能编制一个这样的指数呢？

W 主任：当涉及编制总指数时，情况确实变得更加复杂。总指数是用来衡量多个数据产品价格变动的综合变动程度。为了编制 DPPI，我们需要进行一系列步骤。

学生 G：那么，第一步是什么？

W 主任：第一步是将不同数据产品价格的变动转化为可相加的价值量。不同数据产品有不同的使用价值，但是产品的实物产量不能直接相加。由于每种产品都有一个价格，价格是它们的共同属性。因此，我们可以将各种实物产量转化成价值量，然后对这些价值量进行求和。

学生 H：这使得不同产品的数据产品价格变动可比较。

W 主任：对的，这样就可以在统一的价值尺度下比较不同数据产品的价格变动。然后，将报告期的价值量与基期的价值量进行对比。

学生 I：这个对比将产生一个总指数，对吗？

W 主任：是的，这个对比将生成总指数。总指数反映了数据产品价格的综合变动程度。在计算中，我们要考虑权重，以确保各种数据产品的不同价格对总指数的影响得以体现。

学生 J：那么，权重是如何确定的呢？

W 主任：权重通常根据每种数据产品在市场上的重要性确定。较重要的产品在计算中具有更高的权重。这确保了 DPPI 更好地反映市场实际情况。

学生 K：这听起来确实复杂，但也非常重要。编制 DPPI 需要综合考虑多个因素。

W 主任：正是如此，DPPI 的编制是一项复杂而精细的工作。但它将为我们提供宝贵的数据，帮助我们更好地了解数字经济中数据产品价格的变动趋势和程度。

学生 L：非常感谢您的详细解释，W 主任。我们现在更明白如何着手编制 DPPI 了。

W 主任：我很高兴能够与大家分享这些知识，我期待着与你们一起完成这个重要的项目。DPPI 将为数字经济提供有力的分析工具。

学生 M：W 主任，我听说在编制总指数时，需要考虑同度量因素。能否解释一下同度量因素的作用以及它是如何影响总指数的编制的？

W 主任：当编制总指数时，同度量因素发挥了重要的作用。它有两个主要作用，一是媒介作用，二是权数作用。

首先，不同度量因素在统计指数中的媒介作用允许我们将不同度量的指标过渡到可以相加的指标。这是非常关键的，因为不同产品或商品可能有不同的使用价值和度量单位，导致它们的实物产量不能直接相加。同度量因素的引入，如出厂价格，允许我们将这些实物产量转化为可以相加的总产值或总价值。

学生 N：那么同度量因素在权数作用中扮演了什么角色？

W 主任：在权数作用中，同度量因素用来平衡不同指标的重要性。例如，在产量总指数的编制中，不同产品的出厂价格不仅允许我们将产量相加，还允许各种产品的出厂价格与相应的产量相乘。然而，由于不同产品的出厂价格不同，这也将影响总指数的计算结果。这意味着更高价格的产品将在总指数中具有更大的影响。

学生 O：那么，如何确定同度量因素的选择？

W 主任：同度量因素的选择通常取决于总指数的编制对象和研究问题的性质。在不同情况下，可以选择不同的同度量因素，以便更好地体现研究的目的。

学生 P：明白了，同度量因素对于总指数的编制至关重要，它们确保了不同度量的指标能够进行合理的比较。

W 主任：正是这样。同度量因素是编制总指数的关键步骤之一，它帮助我们将不同度量的指标转化为可比较的指数，同时平衡了各指标的重要性。这将确保 DPPI 的准确性和可靠性。

学生 Q：非常感谢您的解释，W 主任。这些知识将帮助我们更好地理解如何编制 DPPI。

W 主任：不客气，我很高兴能够与大家分享这些关键信息。编制 DPPI 需要深思熟虑和仔细计划，但它将为数字经济提供重要的数据指标。我们继续努力吧！

随着时间的推移，班级内的合作变得更加密切，学生们开始展现出卓越的团队合作和数据管理技能。他们不仅学到了数据管理的理论知识，还获得了实际项目经验。这个过程充满挑战，有时困难重重，但每一次挑战都被看作成长的机会。

最终，DPPI 编制完成了。这个团队取得了不错的成就。DPPI 的编制代表了团队的智慧和毅力。这个指数将为数字经济的发展提供宝贵的数据，帮助政府、企业和学者更好地理解数字经济中的价格趋势和变动。

10.2 启发思考题

(1) 个体指数的含义是什么？
(2) 综合指数与个体指数的联系和区别是什么？
(3) 什么是同度量因素？
(4) 同度量因素的作用是什么？
(5) DPPI 的作用是什么？

10.3 数据叙事的逻辑主线

10.3.1 案例涉及的关键概念

统计指数是该案例的关键概念，用来反映现象变动程度的相对数，构成了该案例知识传授的核心体系。具体而言，该案例涉及关键概念的定义、要素及其构成如图 10-1 所示。

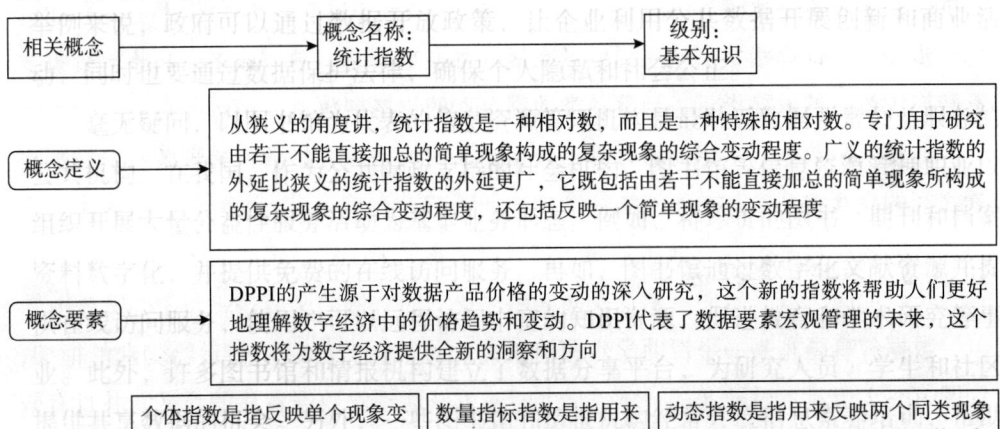

图 10-1 该案例的关键概念解析

在宁静的大学校园里，Z老师通过引导学生探索数字经济中的数据要素价格指数，为数据管理专业的学员提供了一个实战项目。这个项目的核心在于引导学生通过数据管理的视角，解决如何衡量数字经济背景下数据的价值问题，并设计一个类似于消费者价格指数的计算模型。

在该案例中，核心概念围绕统计指数的构建展开，特别是将不同数据要素转化为可以进行比较和加总的统计指数。主要概念如下。

统计指数：用来反映现象变动程度的相对数，构成该案例知识传授的核心。

同度量因素：用于解决不同度量的指标不能直接相加的问题。通过引入基期价格等因素，将不同使用价值的产品和数据转化为可以相加的价值量或劳动量。

同度量因素的作用：在计算指数时，同度量因素如基期价格、单位成本等起着关键作用，可以使不同度量单位的数据转化为一个统一的标准，从而实现加总和比较。

编制数据要素价格指数的关键在于解决不同度量单位的转化问题。该案例通过以下三个步骤阐述如何将不同度量的指标转化为可以加总的指标。

步骤一：定义要素和指标。

步骤二：选择基期和报告期数据。通过选择一个基期作为参考，收集报告期的数据，并进行价格比较。

步骤三：计算指数。使用同度量因素（如基期价格、单位成本）将不同数据要素转换为统一的价格指标，计算各类数据要素的价格指数。

通过实际数据，学生能够计算出数据要素的价格综合指数，并理解不同数据要素之间的相互关系。

10.3.2 数据叙事画布

数据叙事画布是一个帮助学生厘清思路、将数据分析结果传递给受众的框架，如图10-2所示。通过这一画布，学生能够更好地理解数据背后的意义，并且有效地进行数据管理和项目管理。该案例基于"数据要素价格指数编制的一个可行解决方案"，学生将学习如何编制DPPI，理解数字经济中数据要素价格变动的方式，并通过数据叙事有效地传递这些变动所代表的经济和市场趋势。

该案例的数据叙事画布由主题、受众、目标、案例发生前后情况介绍、案例设置的场景、案例中的三个关键数据集和案例的主要结论八个板块构成。该数据画布上半部分旨在帮助读者对该案例中数据叙事工作有一个总体全面的了解。它可以确保数据故事是以受众为导向、以目标为驱动。下半部分才是真正的数据叙事的工具，分别由"设置场景""提出观点""确定结论"三个主要部分组成。对于这三

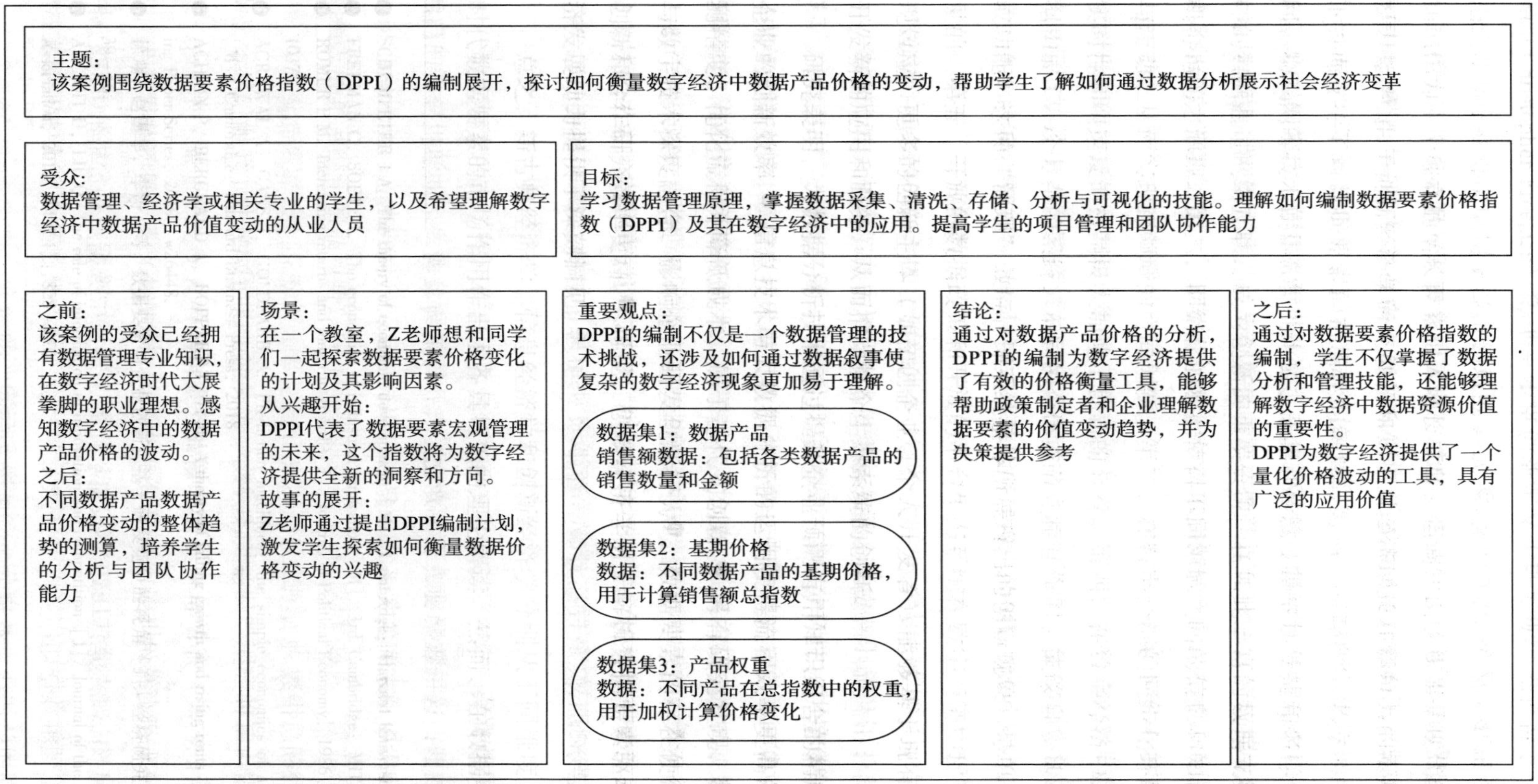

图 10-2 该案例的数据叙事画布

主题：
该案例围绕数据要素价格指数（DPPI）的编制展开，探讨如何衡量数字经济中数据产品价格变动，以及希望理解数字经济中数据产品价值变动的从业人员。

受众：
有数据管理专业知识，经济学或相关专业的学生，在数字经济时代发展中，拳脚数字职业理想。感知数字经济中的数据产品价格的波动。

之前：
该案例围绕数据要素价格指数（DPPI）的编制展开，探讨如何通过数据分析展示社会经济变革，帮助学生了解如何通过数据分析展示社会经济变革

目标：
学习数据管理原理，掌握数据采集、清洗、存储、分析与可视化的技能。理解如何编制数据要素价格指数（DPPI）及其在数字经济中的应用。提高学生的项目管理和团队协作能力

之后：
通过对数据要素价格指数的编制，学生不仅掌握了数据分析和管理技能，还能够理解数字经济中数据资源价值的重要性。DPPI为数字经济提供了一个量化价格波动的工具，具有广泛的应用价值

场景：
在一个教室里，乙老师和同学们一起探索数据价格变化的计划及其影响因素。从兴趣开展的，DPPI代表了数据要素管理的未来，这个指数将为数字经济提供全新的洞察和方向。故事的展开：乙老师通过提出DPPI编制计划，激发学生探索数据要素如何衡量数据价格变动的兴趣

之后：
不同数据产品数据的整体趋势的测算，培养学生分析与团队协作能力

重要观点：
DPPI的编制不仅是一个数据管理技术挑战，还涉及如何通过数据叙事使复杂的数字经济现象更加易于理解。

- 数据集1：数据产品销售额数据：包括各类数据产品的销售数量和金额
- 数据集2：基期价格数据：不同数据产品的基期价格，用于计算销售额总指数
- 数据集3：产品权重数据：不同产品在总指数中的权重，用于加权计算价格变化

结论：
通过对数据产品价格的分析，DPPI的编制为数字经济提供了有效的价格衡量工具，能够帮助政策制定者和企业理解数据要素的价格变动趋势，并为决策提供参考

部分中的每一个部分，都有一些关键的因素，比如在开头与受众建立联系，阐述 DPPI 代表了数据要素宏观管理的未来。这个指数将为数字经济提供全新的洞察和方向，激发起受众的兴趣，通过一个个知识点启发受众的探索精神。

为理解该案例中数据分析的逻辑，我们需要从画布的"背景"部分扩展到"受众"部分。更确切地说，在分析该案例时，读者要结合案例的阅读，解析故事之前和之后所了解的、所相信的、所感觉的或者想要得到的信息。这样就可以清楚地让受众感受到数据产品价格变动趋势，掌握计算方法。特别是要解析受众对这个主题的态度是什么，之后（理想化地）又会是什么？这将有助于读者把数据故事集中在真正重要的关键部分。

（1）主题与受众

主题：该案例通过编制 DPPI 帮助学生理解如何衡量数字经济中数据产品的价格波动。通过构建和分析 DPPI，学生可以掌握数字经济中数据要素如何影响经济决策和市场变化。

受众：目标受众是学习数据管理、统计学或经济学的学生，特别是对数字经济、数据价值分析和统计指数构建感兴趣的群体。

（2）设置场景

在数据叙事画布的设置场景中，Z 老师通过提出 DPPI 编制计划，激发学生探索如何衡量数据价格变动的兴趣。通过这一设定，学生面临如何收集数据、清洗数据、计算价格指数等实际问题，情节中既有挑战也有创新思维的启发。

场景：Z 老师带领学生通过实际项目经历，解决如何计算和应用数据要素价格的难题。数据分析不仅是数字计算，还涉及如何通过数据反映和预测社会经济变化。

（3）关键数据集

销售额数据：这一数据反映了各类数据产品的市场表现，帮助学生分析产品的市场需求与价格变动之间的关系。

基期价格数据：通过基期价格，学生能够将不同数据产品的价格标准化，计算出统一的销售额总指数。

权重数据：每种数据产品在整体指数中的权重可以帮助学生计算加权平均，从而更真实地反映各类产品的价格变化对整体经济的影响。

（4）提出观点与结论

该案例的核心观点是，DPPI 不仅能量化数字经济中数据产品价格的变化趋势，还能帮助学生理解数据如何影响经济决策和社会发展。通过数据叙事和项目实战，学生能够提高团队协作、数据分析和解决实际问题的能力。

结论：DPPI 的编制为数字经济提供了一个可行的定量分析工具，可以帮助政策制定者、企业和学者理解数据产品的价格波动趋势。通过数据叙事，学生能够更好地掌握用数据讲述复杂的经济故事。

数据叙事不仅能帮助分析数字经济中的数据变化，还能帮助受众理解和解释复杂的统计结果。通过该案例，学生将学会如何利用数据叙事将数字经济中的抽象数据转化为具体的故事，增强数据的可理解性。

10.4 主要知识点

10.4.1 统计指数的概念

从狭义的角度讲，统计指数是一种相对数，而且是一种特殊的相对数。专门用于研究由若干不能直接加总的简单现象构成的复杂现象的综合变动程度。从广义的角度讲，统计指数是指用来反映现象变动程度的相对数。

10.4.2 统计指数的种类

按反映对象的范围不同来划分，分为个体指数和总指数。个体指数是指反映单个现象变动程度的相对数。例如，反映一种商品价格的变动程度，即物价个体指数等。总指数是指用来反映不能直接加总的多个现象综合变动程度的相对数，如产品产量总指数、物价总指数、上证指数、单位产品成本总指数等。

按反映的现象特征不同，分为数量指标指数和质量指标指数。数量指标指数是指用来反映数量指标变动程度的相对数，如产量指数、销售量指数、职工人数指数等。质量指标指数是指用来反映质量指标变动程度的相对数，如价格指数、单位产品成本指数、劳动生产率指数等。

按反映的现象所属时间不同，分为动态指数和静态指数。动态指数是指用来反映两个同类现象在不同时间上对比关系的相对数，如上证指数、物价指数、工业产品产量指数等。静态指数是指用来反映两个同类现象在同一时间条件下对比的相对数。静态指数还可进一步分为比较指数和计划完成情况指数。

动态指数按采用的基期不同，分为定基指数和环比指数。定基指数指在数列中以某一固定时期的水平作为对比基准的指数，环比指数则是以其前一期的水平作为对比基准的指数。

总指数按编制方法不同，分为综合指数和平均数指数。综合指数是通过同度量因素，将两个时期不能共同度量的现象指标过渡到能够共同度量的指标，然后对比而求得的总指数;平均数指数是对个体指数进行加权平均后得到的总指数。

10.4.3 统计指数的作用

(1) 测定一个复杂现象的总变动程度

统计指数能够帮助我们测量由多个因素构成的复杂现象的整体变化。例如,数字经济中各种数据要素(如数据产品价格)的波动情况无法通过单一指标反映出来,因此需要通过综合指数(如 DPPI)来量化整体市场的价格水平和变化趋势。

(2) 分析和测定一个总量指标变动中各相关因素的影响方向与程度

应用统计指数可以分析和测定一个总量指标在变动中所受的影响因素,以及每一个因素的变动对总量指标的影响程度和影响的方向。这种分析不仅限于短期波动,而是着眼于更长时间段内的变化趋势。例如通过对比不同时期的数据产品价格指数,可以掌握数据市场在各个阶段的变化规律,并为未来市场预测提供依据。

(3) 解决不同度量单位之间的可比性问题

数据要素价格指数编制的一个关键挑战是如何处理不同数据产品或服务的价格波动。由于不同数据要素的定价标准、交易方式、市场需求等方面存在差异,直接比较和加总这些数据是困难的。统计指数通过引入"同度量因素"(如基期价格、单位成本等)来解决这一问题,使得不同的数据要素可以转化为一个统一的标准进行加总与比较。在该案例中,通过设计同度量因素,将各种数据产品价格转化为可以进行比较的统一标准,从而构建综合的价格指数。

(4) 研究和探索现象在一段较长时期内的变化规律

统计指数还用于研究现象的长期变化规律,特别是在数据要素市场中,这种作用尤为突出。通过构建数据要素价格指数,我们不仅能够看到当前市场的变化,还能分析出市场长期发展的方向。

10.4.4 同度量因素的概念与作用

(1) 同度量因素的定义

同度量因素是指在编制统计指数时,用于将不同度量单位的指标转化为统一标准的因素,如基期价格、单位成本等,使得不能直接加总的不同数据得以在同一基准下进行比较和加总。

(2) 同度量因素的媒介作用

同度量因素的媒介作用是将不同度量的指标过渡到可以相加的标准。例如,通过将价格乘以销量(基期销售量)来计算销售额总指数。不同数据产品之间的价格无法直接加总,但使用同度量因素后,它们可以转换为可以加总的单位(如总销售额）。

(3) 同度量因素的权数作用

在计算总指数时，同度量因素也起到了权重的作用，决定了某一指标在总指数中的重要性。例如，在计算销售额总指数时，选择不同的同度量因素（如价格或单位成本）会影响最终的指数值和分析结果。

10.4.5 指数编制

10.4.5.1 个体指数与总指数的编制

统计指数分为个体指数和总指数。个体指数的计算比较简单，例如，计算某一种产品产量的个体指数时，用某种产品报告期产量与该种产品基期产量对比；计算某一种商品价格的个体指数时，用某种商品报告期价格与该种商品基期价格对比即可。因此，该案例对个体指数的计算不作详细说明，主要讨论总指数的编制。

为了便于说明综合指数的含义和基本思想，下面以企业数据量总指数为例进行分析。甲、乙是 A 公司的两种数据要素，其资料如表 10-1 所示。

表 10-1 各种指标计算

产品名称	计量单位	数据量		单位价格/元		数据价值/万元			
		基期 q_0	报告期 q_1	基期 p_0	报告期 p_1	基期 $q_0 p_0$	报告期 $q_1 p_1$	基期假定 $q_0 p_1$	报告期假定 $q_1 p_0$
甲	单位	2000	2400	500	600	100	144	120	120
乙	单位	4000	5000	1000	1100	400	550	440	500
合计	—	6000	7400	—	—	500	694	560	620

首先，讨论数据量个体指数的计算。根据个体指数的定义，可计算得到甲、乙两种产品数据量的个体指数分别为

$$\text{甲产品数据量个体指数} = \frac{2400}{2000} \times 100\% = 120\%$$

$$\text{乙产品数据量个体指数} = \frac{5000}{4000} \times 100\% = 125\%$$

然后，讨论数据量总指数的编制。在编制数据量总指数时，不能对各数据量个体指数进行简单平均。因为个体指数是动态相对数，而对各动态相对数求和再平均是没有意义的。同样，也不能以甲、乙两种报告期产量之和与甲、乙两种产品基期数据量之和作对比。不同使用价值的数据产品，其实物数据量不能直接相加。根据马克思论述的商品两重性原理可知，任何商品都具有使用价值和价值。从使用价值上讲，不同的数据产品其使用价值是不同的，因此其实物数据量不能直接相加，但

是任何数据产品都有其商品的价值,数据产品的价值是任何商品的共同属性,任何商品的价值是可以相加的。那么,如何把不同使用价值的数据产品数据量转化成可以相加的价值量?可利用数据产品的价格,把各种数据产品数据量转化成价值量,然后再对不同商品的价值量求和,最后作动态对比。具体计算如下

$$\frac{2400\times 600+5000\times 1100}{2000\times 500+4000\times 1000}\times 100\%=\frac{6949000}{5000000}=138.8\%$$

据此,我们可能发现138.8%不是数据量总指数,而是总价值指数。因为这个指数中既包含了数据量的变动,又包含了数据产品价格的变动。为了单纯地反映数据量指标的综合变动程度,应该把基期的价格固定不变,即报告期的价格与基期的价格一致,只观察两种数据要素产品数据量的综合变动程度。因此,数据量总指数的计算方法为

$$\frac{2400\times 500+5000\times 1000}{2000\times 500+4000\times 1000}\times 100\%=\frac{6200000}{5000000}\times 100\%=124\%$$

这表明,虽然甲种产品数据量增长20%,乙种产品数据量增长25%,但两种产品数据量平均增长24%。从数据量总指数的计算过程中可以看出,数据量总指数的分子、分母都不是数据产品的实际数据量,而是通过基期价格这个因素把实际数据量转化成了总价值。其中分母是基期实际的总价值,分子是报告期假定的总价值,即假定自基期以来,数据产品价格从未发生变动的情况下,根据报告期的甲、乙两种产品数据量计算的总价值。根据以上分析,价值总指数的计算公式为

$$\frac{假定价格不变的报告期的总产值}{两种产品基期实际的总产值}\times 100\%$$

$$=\frac{甲产品报告期数据量\times 甲产品基期价格+乙产品报告期数据量\times 乙产品基期价格}{甲产品基期数据量\times 甲产品基期价格+乙产品基期数据量\times 乙产品基期价格}$$

$\times 100\%$

由此可见,凡是一个总量指标可以分解成两个或两个以上的因素乘积时,将其中一个或一个以上的因素固定下来,只观察某一个因素的综合变动程度,这样的相对数称为综合指数。

在编制总价值总指数时,由于不同使用价值的数据产品价值量不能直接相加,笔者引入了基期价格这个因素,把不能直接相加的数据产品数据量过渡到可以相加的总价值,这个因素在统计指数中称为同度量因素。所谓同度量因素就是指把不能直接相加的指标过渡到可以相加指标的那个因素。

在编制数据要素价格综合指数时,首先必须解决不同度量的问题,使不能直接相加的指标转化为可以相加的指标。借助同度量因素,可将各种产品或商品由使用价值形态转换为价值量或劳动量指标,使不同度量的指标转变为可以加总的指数。

例如在分析总价值总指数时,可以把各种数据产品基期总价值分别乘以其基期价格或单位成本计算总价值总指数。在分析报告期价格总指数时,分别乘以相应的总价值,求得报告期价格总指数。当然,根据总指数的编制对象、研究问题的性质不同,可选择不同的指标作为同度量因素。

10.4.5.2 数量指标数据要素指数的编制

现仍以表10-1中的资料为例,说明编制数量指标数据要素指数的一般原理。

第一,以基期的价格为同度量因素,计算其总价值总指数。计算公式为

$$\overline{K_q} = \frac{\sum q_1 p_0}{\sum q_0 p_0} \times 100\% = \frac{620}{500} \times 100\% = 124\%$$

由于数据量的增加而增加的总产值 $\sum q_1 p_0 - \sum q_0 p_0 = 620 - 500 = 120$。这表明,以基期价格为同度量因素计算的数据量总指数为124%,数据量的增加使得总产值增加了120万元("+"号表示增加,"-"号表示减少)。

第二,以报告期的出厂价格为同度量因素,计算产量总指数。计算公式为

$$\overline{K_q} = \frac{\sum q_1 p_0}{\sum q_0 p_0} \times 100\% = \frac{694}{560} \times 100\% = 123.93\%$$

由于数据量的增加而增加的总产值 $= \sum q_1 p_0 - \sum q_0 p_0 = 694 - 560 = 134$。这表明,以报告期价格为同度量因素而计算的数据量总指数为123.93%,即由于数据量增长而增加的总产值为134万元。

值得注意的是,以基期价格为同度量因素计算的数据量总指数,是在价格不发生变动的情况下,单纯地反映了数据量的综合变动程度;其绝对数也同样是在价格不发生变动的情况下,单纯地反映了由于数据量的增加而增加的总产值。以报告期的价格为同度量因素计算的价值总指数,虽然分子、分母均使用报告期价格,但事实上这个价值总指数中已经包含了价格由基期变为报告期的成分,因此它不再是单纯地反映数据量的综合变动程度,其绝对数也是同样道理。计算公式的分解如下

$$\sum q_1 p_1 = \sum q_1 [(p_1 - p_0) + p_0] = \sum q_1 (p_1 - p_0) + \sum q_1 p_0 \quad (式1)$$

$$\sum q_1 p_1 = \sum q_0 [(p_1 - p_0) + p_0] = \sum q_0 (p_1 - p_0) + \sum q_0 p_0 \quad (式2)$$

以报告期价格为同度量因素计算的数据量总指数为

$$\overline{K_q} = \frac{\sum q_1 p_1}{\sum q_0 p_1} = \frac{\sum q_1 p_0 + \sum q_1 (p_1 - p_0)}{\sum q_0 p_0 + \sum q_0 (p_1 - p_0)} \quad (式3)$$

与同度量因素固定在基期计算的数据量总指数相比,增加了价格变动因素,即$(p_1 - p_0)$。以报告期价格为同度量因素计算的由数据量变化引起总价值变动的绝对

额为 ($\sum q_1 p_0 - \sum q_0 p_0$) + $\sum (q_1 - q_0)(p_1 - p_0)$。

它同以基期价格为同度量因素计算的绝对数相比，增加了 $\sum (q_1 - q_0)(p_1 - p_0)$，而 $\sum (q_1 - q_0)(p_1 - p_0)$ 归根结底是因为价格变动而产生的。

综上所述，为了单纯地反映数据量的综合变动程度，同度量因素应固定在基期。

上述数量总指数的编制原理和方法同样适用于编制其他数量指标总指数，因此数量指标总指数的计算公式为

$$\overline{K_q} = \frac{\sum q_1 p_0}{\sum q_0 p_0} \times 100\% \quad \quad (式4)$$

式中，K_q 为数量指标总指数；q 为数量指标；p 为质量指标；0 为基期；1 为报告期。

一般而言，在编制数量指标总指数时，把质量指标固定在基期水平。

此外，在计算总指数时，往往需要进行绝对量的分析。只有这样，统计指数分析才具有完整的意义。

10.4.5.3 质量指标数据要素指数的编制

现仍以表 10-1 中的资料为例，说明编制质量指标指数的一般原理。根据表 10-1 中的资料，计算数据产品价格总指数，以及由于价格变动引起总价值变动的数额。

由于不同数据产品的经济内容不同，因此不同数据产品的价格不能直接相加，必须使用同度量因素，这时需要选择产品数据量指标作为出厂价格的同度量因素，使不能直接加总的出厂价格过渡到可以相加的总产值，然后再进行动态对比。

第一，以基期的数据量指标为同度量因素，计算价格总指数。

设 K 代表价格总指数，其他符号同前。价格总指数为

$$\overline{K_q} = \frac{\sum q_1 p_0}{\sum q_0 p_0^*} = 100\%$$

将表 10-1 中的计算资料代入公式，得价格总指数为

$$\overline{K_q} = \frac{560}{500} \times 100\% = 112\%$$

由于价格的提高而增加的总产值为

$$\sum p_1 q_0 - \sum p_0 q_0 = 560 - 500 = 60$$

这表明，两种产品价格上涨 12%，由于价格的提高而增加的总产值为 60 万元。

第二，以报告期的数据量指标为同度量因素，计算价格总指数。价格总指数为

$$\overline{K_q} = \frac{\sum q_1 p_0}{\sum q_0 p_0} \times 100\% = \frac{694}{620} \times 100\% = 111.94\%$$

由于价格的提高而增加的总价值为 $\sum q_1 p_0 - \sum q_0 p_0 = 694 - 620 = 74$。

这表明，两种产品价格上涨 11.94%，由于价格的提高而增加的总价值为 74 万元。

可见，在计算价格总指数时，由于同度量因素固定的时期不同，其结果也不同。同度量因素究竟固定在哪个时期呢？可从以下两个方面进行分析。

首先，从经济意义上分析。以基期数据量为同度量因素，$\sum q_0 p_1 - \sum q_0 p_0$ 说明由于单位价格的提高使"基期"增加的总价值，它没有任何现实的经济意义。

以报告期数据量为同度量因素，$\sum q_1 p_1 - \sum q_1 p_0$ 说明由于单位价格的提高使"报告期"增加的总价值。显然，它具有现实的经济意义。

其次，从指数体系的完整性分析。报告期比基期增加的总价值为

$$\sum q_1 p_1 - \sum q_0 p_0 = 694 - 500 = 194$$

总价值增加的原因有两个：一是由于数据量的增加而增加的总价值为 120 万元（此时同度量因素价格固定在基期，不是固定在报告期时的 134 万元，其原因在前面已经阐述）；二是由于单位价格提高（基于用户感知的有用性）而增加的总价值为 74 万元（此时同度量因素产量固定在报告期，不是固定在基期时的 60 万元）。两者合计正好等于总产值总的变动额 194 万元，保证了指数体系的完整性。

所以在计算价格总指数时，数据量应固定在报告期。

上述价格总指数的编制原理和方法同样适用于编制其他的质量指标总指数。因此，质量指标总指数的计算公式为

$$\overline{K_q} = \frac{\sum q_1 p_1}{\sum q_0 p_0} \times 100\%$$

式中，K 为质量指标总指数；其他符号同前所述。

一般而言，在编制质量指标总指数时，把数量指标固定在报告期水平。

10.4.5.4 编制综合指数时应注意的问题

一是关于基期的选择问题。编制综合指数时，都是以报告期有关指标与基期有关指标对比，这里有一个选择基期的问题。基期的选择应从以下两个方面考虑：要选择能说明数据要素交易活动中有重要意义的时期作为基期。基期不宜离报告期太远，因为基期离报告期越远，指数的代表性就越差。以物价指数为例，如果基期时间过远，不仅商品价格的相对数趋势随时间而变化，而且消费形态和商品质量也将随时间而变化，所以基期不宜离报告期太久远。

二是关于同度量因素的选择问题。在计算一个总指数时，能够充当同度量因素的往往不止一个，选择哪一个指标为同度量因素，要根据研究的目的来确定。例如，在计算总价值总指数时，既可用销售价格作同度量因素，也可用单位产品成本作同度量因素，究竟以哪一个指标为同度量因素，这就要看研究的目的。如果是为了分析生产费用的变化，就应选择单位产品成本作同度量因素；如果是为了分析总数据量的变化，或者是为了反映销售规模的变化，这时就应选择价格为同度量因素。一般而言，计算数量指标总指数时，把质量指标固定在基期；计算质量指标总指数时，把数量指标固定在报告期。但不能把这种计算方法和结论绝对化，一定要根据所研究问题的性质确定同度量因素的所属时期。例如，在分析单位产品成本计划完成情况时，用实际产量（q_1）为同度量因素所计算的成本计划完成程度指数，符合以经济内容。

依据编制综合指数的要求，计算式为 $\dfrac{\sum Z_1 q_1}{\sum Z_n q_1}$，式中 Z 为计划单位成本，反映在实际的生产量构成下成本计划完成程度。为了防止个别企业用破坏产品品种计划来完成成本降低任务，应选择计划产量为同度量因素，计算式为 $\dfrac{\sum Z_1 q_1}{\sum Z_n q_1}$，以计划产量为同度量因素计算的成本计划完成程度指数更有现实意义。

三是拉式综合指数和派氏综合指数的选择和构造问题。从指数的发展历史来看，关于同度量因素时期的选择主要有两种：一种是以基期作为同度量因素时期的拉氏指数法；另一种是以报告期为基础的派氏指数法。德国经济学家拉斯贝尔（Laspeyres）1864 年首先提出，无论计算质量指标综合指数还是数量指标综合指数，同度量因素都选择在基期。这种以基期作为同度量因素所属时期的综合指数编制方法，统称为拉氏指数法。其计算公式称为拉氏公式，具体表示为

$$\overline{K}_q^{la} = \frac{\sum q_1 p_0}{\sum q_0 p_0} \times 100\% \qquad (式5)$$

$$\overline{K}_p^{la} = \frac{\sum q_0 p_1}{\sum q_0 p_0} \times 100\% \qquad (式6)$$

式中，K 为拉氏质量指标指数；la 为拉氏数量指标指数。

德国经济学家派许（Paasche）于 1874 年提出，无论计算质量指标综合指数还是数量指标综合指数，同度量因素都选择在报告期。这种以报告期作为同度量因素的综合指数编制方法，统称为派氏指数法，其计算公式具体表示为

$$\overline{K}_q^{pa} = \frac{\sum q_1 p_1}{\sum q_0 p_1} \times 100\% \qquad (式7)$$

$$\overline{K}_p^{pa} = \frac{\sum q_q p_1}{\sum q_q p_0} \times 100\% \qquad (式8)$$

式中，K 为派氏数量指标指数；pa 为派氏质量指标指数。

由于拉氏指数和派氏指数含义明确，构造清晰，因此在经济领域中得到广泛应用。但这两种指数都存在一定的不足，正如在上述案例计算数据量总指数时，如果采用派氏指数法，选择报告期销售价格为同度量因素，则产量总指数中不仅包括了数据量的变动，还包括了销售价格的变动，因此它不能单纯地反映产量的综合变动程度；在计算价格总指数时，如果采用拉氏指数法，选择基期数据量为同度量因素，则销售价格指数既没有现实的经济意义，又不能保证指数体系的完整性。

综合以上分析，编制综合指数的普遍做法是：在编制数量指标综合指数时，采用拉氏指数公式，选择基期的质量指标为同度量因素；在编制质量指标综合指数时，采用派氏指数公式，选择报告期的数量指标为同度量因素。

10.4.5.5 数据要素生产指数的编制

数据要素生产指数是相对指标，反映某一时期数据要素价值的景气状况和发展趋势。数据要素生产指数编制时，以代表数据要素产量为基础，用报告期除以基期取得数据要素产量的个体指数，以数据要素增加值计算的权数来加权平均计算出数据要素产量的分类指数和总指数，而总指数就是数据要素综合发展速度。如同其他相对指标一样，在使用数据要素生产指数时，必须注意资料的可比性，必须同绝对指标结合起来使用，才能比较客观、全面地说明问题。

权数形式有 3 种不同的计算公式：权数固定在基期、权数固定在报告期、基期权数和报告期权数同时使用。我国采用权数固定在基期的计算公式为

$$K = \frac{\sum \frac{Q_1}{Q_n} W_0}{\sum W_0} \qquad (式9)$$

式中，K 为总指数或分类指数；Q_1 为报告期数据要素产品产量；Q_n 为基期数据要素产品产量；W_0 为基期权数。

计算数据要素生产指数的总体方案主要包括代表数据要素产品的确定、权数的计算与指数的计算几个方面，相应分为三个步骤。

第一步，确定本级代表产品目录，这是计算数据要素生产指数的一个重要环节。代表数据要素产品的选取是否科学合理，直接影响到生产指数计算结果的准确性。其选取的基本原则主要包括：从各个行业分品种和规格来选择代表产品，并注重价值量比较大、处于上升趋势、经济寿命期长，且在一定的时期内处于相对稳定

的产品。

第二步，搜集权数基期年的有关基础资料，计算并确定权数。计算权数的基础资料主要包括代表数据要素产品的价格、单位数据要素产品增加值、分行业数据要素总产值和增加值、代表数据要素产品基期年产量等，数据要素产品增加值的计算是权数计算的关键。可以说，确立一套权数，是编制数据要素生产指数难度最大的工作。

第三步，依据数据要素代表产品的个体指数，并用各自的权数加权平均计算出分类指数（行业指数）和总指数。

10.4.5.6 数据要素消费价格指数编制

（1）居民消费消费价格指数的意义

数据要素消费价格指数是一种反映数据市场中各类数据产品和服务价格波动的统计指数。

反映市场供求关系。数据要素消费价格指数可以客观地反映市场中的供需关系。随着数字经济的快速发展，数据成为重要的生产要素。数据市场的需求和供给变动直接影响数据要素的价格，而价格指数可以精准追踪这些变化，为市场参与者提供重要参考。

展示生产力发展水平。数据要素价格的变动不仅反映市场需求，还体现了技术进步和生产力发展的水平。例如，随着人工智能、机器学习等技术的发展，某些类型的数据（如训练数据、标签数据等）的需求和价格可能上升，从而推动整个数据市场价格水平的变化。

促进市场透明度与信息对称。通过编制和发布数据要素消费价格指数，可以提高数据市场的透明度，使市场参与者更好地了解价格趋势、市场健康度以及数据产品的价值动态。这有助于降低市场交易中的信息不对称，促进各方更加理性地参与交易。

降低交易成本，促进市场发展。数据要素价格指数能够提供一个统一的定价基准，帮助买卖双方明确数据产品的市场价值，从而降低交易中的不确定性和成本。此外，随着指数的建立和应用，数据市场的规则会更加明确，这有助于数据要素市场的培育与壮大。

为政策决策提供依据。数据要素价格指数作为反映数据市场动态的晴雨表，不仅为市场参与者提供决策支持，也为政府和监管部门提供有效的经济决策依据。通过对数据价格指数的监控，可以判断数字经济中潜在的泡沫、价格波动等问题，并为宏观经济调控提供数据支持。

应用于经济指标和社会研究。数据要素价格指数不仅可以作为数字经济的重要经济指标，也能在社会经济现象的研究中发挥作用。例如，在研究大数据如何影响消费者行为、市场营销或政策制定时，数据要素价格指数可以作为衡量和评估不同数据产品或服务价值的工具。

（2）数据要素消费价格指数编制的关键原则

同度量因素转换。由于不同的数据要素具有不同的计量单位和表现形式（如数据存储、处理能力、用户行为等），编制数据要素消费价格指数时需要确保使用统一的计量单位或同度量因素。这有助于解决不同数据类型在指数计算时的可比性问题。

权重的计算与选择。在计算数据要素消费价格指数时，需要为每种数据产品分配权重。权重的计算基于数据产品的市场需求量、交易频率或经济影响力。这可以确保在指数计算中，不同数据产品对总指数的影响与其市场重要性相匹配。

基期与报告期的选择。如同传统的消费价格指数一样，数据要素消费价格指数也需要选择一个基期进行参考。通过比较报告期与基期的价格差异，可以直观地反映数据要素价格的变动情况。

市场反映与动向跟踪。数据要素消费价格指数不仅是一个静态的价格衡量工具，还是动态跟踪数据产品价格变化趋势的重要手段。通过不断更新和发布指数，可以为市场提供及时的价格信息，并为数据市场的长期稳定发展提供支持。

（3）数据要素消费价格指数的编制步骤

分类和代表规格品的选择。在编制数据要素消费价格指数的过程中，不可能把所有的数据要素产品价格都采集到，必须结合本地的实际情况，在众多的规格等级数据要素产品中选出在本地最有代表性的数据要素产品。作为代表性数据要素产品必须同时满足两点：一是要选择在当地消费量大的数据要素产品作为代表性数据要素产品；二是要选取价格变动趋势和变动程度有很强代表性的数据要素产品，即代表性数据要素产品价格的变动程度能很好地反映该类数据要素产品的价格变动趋势和变动程度。

选择基期和报告期数据。选择某一时期为基期，通过计算以后各个时期数据产品的平均价格相对于基期价格的百分比。

确定权数。根据市场中不同数据产品的交易量和交易金额计算权重。

数据收集和价格调查。选定数据交易平台或市场，收集各类数据产品在不同时间点的交易价格。

（4）居民消费价格指数的计算

现以表10-2为例，说明数据要素消费价格指数的计算。

表 10-2 数据要素消费价格指数的示例

代表数据产品	计量单位	平均价格/元	权数 W	价格指数/%
用户行为数据	千条数据	120	0.6	120
地理信息数据	千条数据	55	0.4	110
小类数据服务				114
市场数据	千条数据	60	0.3	118
社交媒体数据	千条数据	90	0.3	116
中类数据服务				116
数据服务大类			0.7	116
技术服务大类			0.3	118
总指数（DPPI）				116.6

第一步：计算每个数据产品的价格个体指数。

数据产品与居民消费品不同，可能是虚拟的或基于不同种类的数据服务。在这个步骤中，我们要计算每种数据服务在报告期与基期价格之间的变动。例如行为数据和地理数据。

① 行为数据（用户行为数据）。

基期价格：100 元/千条数据。

报告期价格：120 元/千条数据。

价格个体指数：行为数据指数 = (100/120) × 100% = 120%。

② 地理数据（地图数据）。

基期价格：50 元/千条数据。

报告期价格：55 元/千条数据。

价格个体指数：地理数据指数 = (50/55) × 100% = 110%。

第二步：计算小类（细类）的价格指数。

根据各数据服务的小类（例如，行为数据和地理数据可以归为数据服务的用户数据和地理数据小类），我们可以使用固定权数加权计算出小类的价格指数。

假设用户数据和地理数据占据小类数据的权重分别为 0.6 和 0.4，那么，小类数据指数 = (120% × 0.6) + (110% × 0.4) = 114%。

第三步：根据中类的价格指数加权计算出大类价格指数。

假设在数据要素市场中，除了用户数据和地理数据，还有市场数据和社交媒体数据等其他中类数据服务。通过加权算术平均法计算中类的价格指数。假设用户数据占大类数据服务的 40% 权重，市场数据占 30% 权重，社交媒体数据占 30% 权重。

假设已有这些中类的价格指数，即用户数据为114%、市场数据为118%、社交媒体数据为116%，大类价格指数可以按以下方式计算。

大类数据指数 =（114% ×0.4）+（118% ×0.3）+（116% ×0.3）=116%。

第四步：计算总指数。

最终，根据各大类数据服务的价格指数及其对应的权数，计算出数据要素消费价格指数。假设大类数据服务的权数分别为数据服务和技术服务类，且其权重分别为 0.7 和 0.3。

假设数据服务大类的价格指数为 116%，而技术服务大类的价格指数为 118%。那么，总数据要素消费价格指数 =（116% ×0.7）+（118% ×0.3）=116.6%。

后 记

本书是过去几年中我们对数据要素市场和数据基础制度建设问题研究的结晶。本书成果近三年来在中国人民大学图书情报专业硕士（数据管理方向）顶点课程的课堂上接受了行业专家和同学们的检验。本书属于一本"专著型的教材"。从专著的角度来看，本书的初衷是立足于在前序研究中所发展的"社会认识层次论"及相关学说，从信息资源管理学科的视角，为数据要素的管理和数据基础制度的建设提供理论洞见；从教材的角度来看，本书旨在着眼于培养高素质、复合型的数据管理人才，试图将鲜活的社会场景纳入数据要素管理的视野之中，以便为面向数字劳动的专业管理人才培养提供教学资料。

当前，数字经济发展方兴未艾，数据要素管理的探索正在进入深水区。面对数字劳动、受众商品及产消一体化等诸多层出不穷的崭新社会现象，信息资源管理领域正面临着理论重建的重大任务。着眼于此，笔者认为，数据要素管理从来不是纯粹的技术命题，甚至也不完全是一个经济命题，而是关乎人的主体性如何在数字文明中安放的一次哲学拷问。有鉴于此，笔者期待更多学者关注数据要素化进程中的"暗物质"，共同破解数智化时代带来的一系列难题。然而，由于数据要素是一个高度抽象且存在多学科、跨领域特征的研究话题，我们为探索数据要素管理的理论本质和实践特性而作出的一系列阐释仍可能存在诸多方面的局限。为此，笔者愿意以最开放的心态，期盼在后续研究中听取并吸纳来自读者的评点与指正。

中国人民大学信息资源管理学院周文杰教授设计了本书的整体框架并提出了主要的理论观点，西北师范大学管理学院副教授、中国人民大学信息资源管理学院博士后杨阳共同参与了本书撰写。本书是中国人民大学信息资源管理学院2024年研究项目资助成果，同时也是中国人民大学"信管科研种子团队培育计划"中"AI时代数据治理赋能产业数据价值化研究"（项目主持人：王彦妍副教授）的具体成果之一。付梓之际，诚挚感谢中国人民大学信息资源管理学院刘越男院长、闫慧书记、牛力副院长和学院各位同人及数据管理硕士班各位同学和行业专家的关心、帮助与支持。同时，也感谢知识产权出版社的编辑以及所有为此书编写和出版提供帮助的人。